“十四五”时期水利类专业重点建设教材

水利工程经济

主编　李爱云　张玉胜　韩军

中国水利水电出版社
www.waterpub.com.cn
·北京·

内 容 提 要

本书主要讲述水利工程经济的计算理论与计算分析方法，主要内容包括：绪论、水利工程的主要技术经济指标、资金的时间价值与等值换算、工程经济效果评价、水利建设项目的经济评价、综合利用水利工程投资费用分摊、水利工程效益计算方法、水利工程项目后评价、工程经济评价与分析实例。

本书可作为水利水电、农业水利、水文水资源等专业的教材，亦可供广大水利工作者参考。

图书在版编目（CIP）数据

水利工程经济 / 李爱云，张玉胜，韩军主编. 北京 : 中国水利水电出版社，2024. 10. -- （“十四五”时期水利类专业重点建设教材）. -- ISBN 978-7-5226-2874-5

Ⅰ. F407.937

中国国家版本馆CIP数据核字第2024RX5213号

书 名	“十四五”时期水利类专业重点建设教材 **水利工程经济** SHUILI GONGCHENG JINGJI
作 者	主 编 李爱云 张玉胜 韩 军
出版发行	中国水利水电出版社 （北京市海淀区玉渊潭南路1号D座 100038） 网址：www. waterpub. com. cn E-mail：sales@mwr. gov. cn 电话：（010）68545888（营销中心）
经 售	北京科水图书销售有限公司 电话：（010）68545874、63202643 全国各地新华书店和相关出版物销售网点
排 版	中国水利水电出版社微机排版中心
印 刷	天津嘉恒印务有限公司
规 格	184mm×260mm 16开本 13.75印张 335千字
版 次	2024年10月第1版 2024年10月第1次印刷
印 数	0001—2000册
定 价	**42.00**元

凡购买我社图书，如有缺页、倒页、脱页的，本社营销中心负责调换

前　言

水是一切生命的源泉，是人类生活和生产活动中必不可少的物质基础。在人类社会的生存和发展中，需要不断地适应、利用、改造和保护水环境。水利事业随着社会生产力的发展而不断发展，并成为人类社会文明和经济发展的重要支柱。

水利工程项目的经济评价不仅关注直接经济效益，还涉及项目在经济、社会和环境等多个方面的综合考量，是建设开发水利工程时需要做好的一项重要技术工作。结合党的二十大精神，通过全面和深入加强水利工程项目的经济评价，可以推进水利工程项目建设，保障水利工程安全运行，充分发挥水利工程效益，促使我国水利事业沿着正确的道路前进，进而实现可持续发展和国家的长远目标。

本书依据水利工程经济课程教学大纲的要求而编写，主要讲述水利工程经济的计算理论与计算分析方法。主要内容包括：绪论、水利工程的主要技术经济指标、资金的时间价值与等值换算、工程经济效果评价、水利建设项目的经济评价、综合利用水利工程投资费用分摊、水利工程效益计算方法、水利工程项目后评价、工程经济评价与分析实例等。本书在编写过程中受到山西省基础研究计划项目（基于光伏出力不确定性的光伏提水泵站系统容量优化配置研究，202203021212271）、山西省研究生教育教学管理改革项目（研究生教学管理与科研管理信息化平台开发研究，2023JG031）、山西省科技创新人才团队专项（黄土高原水循环演变与生态多维调控，202204051002027）的资助，且本书部分内容参考了我国水利工程有关科研单位、高等院校及设计单位的科研成果，在此一并表示感谢！

本书共九章，主编为李爱云、张玉胜、韩军，副主编为吴建华。其中第二章及第六章由太原理工大学李爱云编写，第一章、第三章、第四章及第五章由太原理工大学张玉胜编写，第七章、第八章及第九章由山西省水利水电勘测设计研究院有限公司韩军编写，附录和参考文献由太原理工大学吴建华编写。

由于编者水平有限，书中难免有不妥之处，恳请广大读者批评指正。

编者

2024 年 5 月

目　录

第一章 绪 论

【教学内容】 水利工程经济的概念、内容和方法，国内外水利工程经济的发展概况，水利工程建设项目的建设程序。

【基本要求】 掌握水利工程经济的概念以及水利工程建设项目的建设程序内容。

【思政教学】 党的二十大报告明确指出："教育、科技、人才是全面建设社会主义现代化国家的基础性、战略性支撑。""水利工程经济"是水利类工科专业一门专业基础课程，是随着科学技术和水利事业发展而逐步形成的，对水利政策、技术方案开展经济评价与分析的一门课程，强调将工程经济学中的基本原理与方法应用到水利建设与管理决策中，其中有不少关于价值引领与思想道德教育的内涵元素。

通过学习，学生将熟练掌握各种经济分析方法和技术，以便在未来的职业发展中更好地为水利工程建设和管理提供决策支持。作为一名未来的工程师，除了要求过硬的专业基础知识，更要具有高尚的道德文化修养和思想品质。为了中华民族伟大复兴，以勤奋、踏实、严谨的作风投入到学习中去，做个有理想、有道德、有知识、有能力的"四有"新人。

第一节 水利工程经济概述

水利工程经济是一门运用工程经济学基本原理，结合水利工程实际，对水利工程进行经济评价、方案比较及其他技术经济分析，以达到资源（包括自然资源、资金和劳动力等）合理利用的交叉学科。工程经济学本身也是工程学与经济学结合而形成的交叉学科。工程经济学以一般的工程项目为对象，运用一系列定量的经济分析方法，研究工程技术实践活动的经济效果，实现资源的有效利用。工程经济学原理可与各类具体工程结合，形成各类工程经济交叉学科，如交通工程经济、建筑工程经济等。水利工程经济是工程经济与水利工程相结合而形成的一门交叉学科，是一门应用工程经济学基本原理，研究水利工程经济问题和经济规律，研究水资源领域内资源的最佳配置，寻找技术与经济的最佳结合以求可持续发展的学科。

按照水利工程开发目标，水利工程经济可分为防洪工程经济、治涝工程经济、灌溉工程经济、水力发电工程经济、工业和城乡供水工程经济、航运工程经济、水土保持工程经济、水利旅游经济、水产养殖经济等。主要内容包括：水利建设项目的费用和效益分析、水利建设项目影子价格的测算、水利建设项目的经济评价、水利建设项目的区域经济和宏观经济影响分析和社会评价、水利项目建设方案比选、水利建设项目经济效果不确定性分析、综合利用水利工程的投资费用分摊、水利建设项目后评价等。

水利工程经济研究的问题有：对于新建工程，根据水利方面的技术要求、水利建设规章制度、规程规范和财务部门的有关规定，通过经济计算，对不同工程措施或方案进行经济效果的评价，为决定工程方案的优劣和取舍提供依据；通过经济计算和经济效果评价，修订水利的技术政策、规章制度、规程规范和财务规定；通过对已建水利工程的经济效果进行评价分析，改进现有的经营管理模式，以及制定符合实际情况的水费标准和管理办法等。

经济评价，即从经济的角度出发，采用经济分析方法，对建设项目的经济合理性和可行性进行全面的分析比较。水利工程一般都有投资额度大、建设工期长等特点。而资金毕竟是有限的，如何有效地使用投资，获得既定的效益目标，就需要对水利建设工程进行经济方面的合理性和财务方面的可行性研究，也就是水利工程的经济评价。工程经济评价的目的在于最大限度地避免风险，提高投资效益，即如何以较省的投资、较快的时间获得较大较稳定的产出效益。经济评价是对计算期内项目的投入和产出等诸多经济因素进行调查、预测、计算、论证、优选方案的一系列过程。它是项目建议书和工程可行性研究的组成部分和重要内容，亦是项目决策科学化的重要手段。水利工程项目的经济评价一般包括国民经济评价与财务评价。

水利工程经济评价是建立在项目经济评价理论及工程经济学的理论基础之上的。项目经济评价理论的基本思想是根据项目对国民收入的增长来评价项目的价值。工程经济学是"从经济角度选择工程项目的最佳方案的原理与方法"，它的核心内容是对项目进行经济效益和费用的计算，而后根据计算结果来进行多方案的比选，或制订项目运营计划等。无论是水利工程国民经济评价还是财务评价，都与工程经济学的最终目的一致，就是要确保有限资源得到正确的选择和合理的使用，或者挑选最佳的决策实施方案。

一、中国水利工程建设和运行的特点

水利工程是合理开发利用水资源而兴建的工程，其服务对象与其他工程相比，有影响面广、建设规模大、工期长、投资额度大、工程技术复杂等特点。基于水利工程本身的这些特点，其建设和运行的特点如下：

（1）工程建设的影响范围大。按服务对象，水利工程可分为防洪工程、农田水利工程、水力发电工程、航道与港口工程、水利排水工程等。水利工程项目是缓解区域性缺水主要的工程措施。在引水过程中，需要兴建管道、建设多级泵站、设立办公维护点，因而其建设涉及范围较广。此外，农业灌溉用水、工业用水以及生活用水是水资源利用的三大主要领域，因而工程建设涉及的对象群体范围也较广。

（2）工程建设的投资额度大。水利工程建设项目属于国家投资的公共建设项目，也是基础性建设，其静态投资额一般高达上亿元，特别是一些大型的水利工程，投资高达几百亿元。如此巨大的投资额度对国民经济有着举足轻重的影响，在进行经济评价时，尤其要考虑投资效果的好坏以及对国民经济的影响。

（3）工程的建设期长，寿命期长。由于水利工程规模大，工程技术复杂，因而具有较长的建设期。例如三峡工程，从1993年年初开始施工到2009年竣工投产，共历时17年。建设期长，寿命期长，使得工程建设受物价的影响大，对于工程建设的投资来说，建设期利息的负担会很重。同时，使用寿命长也要求工程在运行期具有一定的经济效益以维持工程的正常运行。经济评价的目的要确保工程在运行期间也要有能维持运行的经济效益产出。

（4）工程建成后的季节性运行。水利工程的建设离不开水资源，而水资源量往往受到引水区域、季节变换以及自然灾害的影响。如在枯水期，水利工程能否保障工程的预期取水量，以及能否保障工程的水利率等均需要在工程经济评价中进行考虑。

（5）有些大型水利工程的水库淹没损失大，对库区农业经济影响大，移民任务艰巨。三峡工程除了建设任务外，最艰巨的就是淹没区的“百万大移民”。三峡工程淹没库区涉及重庆、湖北两省市，其中重庆库区淹没指标和移民搬迁任务量均占全库区的85%左右，产生113万移民，这在世界工程史上也是绝无仅有的。

（6）很多大型水利工程具有综合利用效益，可以同时解决防洪、防凌、治涝、发电、灌溉、航运、城镇及工业供水等中的两项以上的国民经济任务。例如三峡水电站若电价暂按0.18～0.21元/（kW·h）计算，每年售电收入可达181亿～219亿元，除可偿还贷款本息外，还可以向国家缴纳大量所得税。

（7）工程建成投产后，不仅直接经济效益很大，间接经济效益也很大。例如三峡工程旅游效益，三峡工程通过形成一个巨大的人造湖，增加了长江三峡地区的旅游资源和吸引力。根据数据显示，三峡工程建成后，三峡水库区域的旅游业得到了快速发展，每年吸引数百万的中外游客，创造了数百亿元的旅游收入。

（8）由于工程技术比较复杂、投资集中、工期长，因此，不确定性因素较多。

（9）大型水利工程的建设对社会经济发展影响深远，许多效益和复杂的影响不能用货币表示，甚至不能定量计算。

二、水利工程经济评价的目的

水利工程建设经济评价的目的是通过经济评价为建设项目进行投资决策提供依据。建设项目经济评价是项目建议书和可行性研究报告的重要组成部分，其任务是在完成市场预测、厂址选择、工艺技术方案选择等研究的基础上，对拟建项目投入产出的各种经济因素进行调查研究，计算及分析论证，推荐最佳方案。国家发展改革委、建设部于2006年7月3日发布的《关于建设项目经济评价工作的若干规定》指出：“建设项目经济评价是项目前期工作的重要内容，对于加强固定资产投资宏观调控，提高投资决策的科学化水平，引导和促进各类资源合理配置，优化投资结构，减少和规避投资风险，充分发挥投资效益，具有重要作用。”“建设项目经济评价应根据国民经济与社会发展以及行业、地区发展规划的要求，在项目初步方案的基础上，采用科学的分析方法，对拟建项目的财务可行性和经济合理性进行分析论证，为项目的科学决策提供经济方面的依据。”

开展水利建设项目经济评价，可以量化水利建设项目的经济效益，如对农业、工业、居民生活等方面的改善，以及对国家或地区的经济增长的贡献。同时经济评价可以对项目的投资回报和效益进行全面、细致的评估，以确定项目的可行性。通过测算项目的内部收益率、净现值、投资回收期等指标，评价项目的经济效果，判断项目的可行性。这对于决策者来说具有重要的决策意义，可以避免盲目投资和资源浪费。

从优化项目方案来看，通过经济评价，可以对不同方案进行比较，选择最经济、最优化的方案。通过对不同方案的经济效益评估，可以比较方案间的资源利用效率、投资回报率、生产力增长潜力等指标，选择最有利于经济和社会发展的方案。这对于提高项目投资效益、优化资源配置、推动经济发展具有重要意义。

从评估项目的经济效益来看，通过经济评价，可以对项目的直接经济效益、间接经济效益进行评估。直接经济效益主要包括项目的水力和电力产出、农田灌溉利用、供水等方面的效益；间接经济效益主要包括项目对区域经济的拉动效应、就业增加、产业结构调整等方面的效益。通过评估项目的经济效益，可以为项目的可持续发展提供依据，为项目所带来的经济效益提供参考。

从具体的建设项目来看，经济评价可以对项目的投资风险进行识别和评估。通过分析项目的投资回报率、投资回收期、资金流动性等指标，评估项目的投资风险。通过制定风险应对措施，可以降低项目投资风险，提高项目的可行性和可持续性。

三、水利工程经济评价的基本内容

水利工程经济评价包含国民经济评价和财务评价两个基本内容。国民经济评价主要是从国家的角度出发，来宏观地判断水利工程项目对国民经济发展的影响，通过现金流的分析，计算出经济净现值（net present value，NPV）、内部收益率（internal rate of return，IRR）及经济效益费用比（economic benefit cost ratio，EBCR）来判断项目是否符合国民经济发展的需要。而财务评价则是从财务核算的角度出发，依据现行的财税制度和价格体系，对项目的效益费用进行计算，还要对项目的清偿能力、盈利能力等作出分析。

水利工程的影响范围大、工期长，经济效益涉及因素多，而评价的结果往往会受到很多因素的影响，如工期、投资、收益的变动以及自然灾害等，很多数据都难以测定，大多来自测算和估算，难以定量。因此还需要对项目的经济评价作出不确定性分析。在确定影响因素变化的幅度后，计算对项目经济评价指标的影响以及其敏感程度。通过对项目的敏感性分析，得出其敏感性因素的临界值，对工程建设及未来运行的风险规避提供借鉴依据。也就是说在水利工程建设项目的经济评价中，存在许多不确定性。为了评价结果更加真实可靠，有必要在经济评价中进行相应的不确定性分析。

四、水利工程经济研究的意义

经济评价为水利工程建设项目决策提供重要的依据，同时水利工程经济评价也是项目建议书和可行性研究报告的重要组成部分。其目的是满足国民经济发展的要求，在市场需求预测和工程技术方案研究的基础上，对拟建项目工程造价和生产效益进行预测，分析建设项目的财务可行性和经济合理性。水利工程经济评价的目的在于最大限度地规避风险，提高投资效益，以求用最少的投资，较快的时间，获得较大的产出。

从国民经济的宏观管理来看，经济评价可使社会的有限资源得到最好的利用，发挥资源的最大效益，促进经济的稳定发展。通过经济评价，对比选方案进行合理的排队和取舍，促进资源的合理配置，同时提高工作的经济质量。

现阶段，水利工程的设计理论和施工技术都日渐成熟，优选的设计方案、规范的施工管理和大型机械化作业都为水利工程建成后的技术目标奠定了优良的基础。在市场经济的大前提下，不仅要求工程的建设又快又好，而且更要省。因而水利工程的经济评价就成为水利工程项目建议书和可行性研究报告中不可缺少的一部分。相比设计理论与施工技术的日臻成熟，关于项目的投资及效益分析的经济评价便成了工程建设中的薄弱环节。

水利工程一般都是由国家投资兴建，大多不以营利为目的。现阶段对其经济评价的研究主要是国民经济评价和财务评价，并以国民经济评价结果为主。评价方法有静态评价法和动态评价法，并以动态评价法为主，主要应用于多方案比选，以及在一定投资额度下，评价项目本身是否经济合理。评价指标主要有净现值、内部收益率及投资回收期。而未评价水利工程给周围环境带来的改善或破坏，以及对当地经济发展的影响。就评价本身而言，估算资金的存在，敏感性分析的不彻底也给项目经济评价结果造成一定的影响。

在我国社会主义市场经济条件下，研究拓展水利工程的经济评价，对水利工程作出全面、准确的经济评价是水利建设项目和方案比选的重要依据，也对水利工程和国民经济的发展有着积极的意义。此外，还应把拟建工程的技术、经济与社会环境、政治联系起来，进行综合评价，统筹考虑，以期达到最优效果，选出最佳方案。

五、水利工程经济评价的方法

从工程经济学发展而来的水利工程经济学，其工程评价的方法也沿用了工程经济学中评价的有关方法，具体如下：

（1）定量、定性相结合的分析方法。定量分析即水利工程经济评价中的国民经济评价和财务评价。但是水利工程建设项目属于基础设施基础产业，其影响范围要比其他工程大，而且涉及水资源的多变性，就水利工程而言，从国民经济、费用、效益等资金角度分析是远远不够的，其对人文、生态环境的影响难以量化，因此就需要结合定性分析的方法，来对其作出综合的经济评价。特别是对于大型的水利工程，其影响范围和牵涉因素更多，采用定量、定性相结合的分析方法才能更加全面反映工程的近期及长远的经济性。

（2）主目标优化与多目标协调相结合的方法。水利工程的建设牵涉多部门，以柳林县薛家坪提黄灌溉工程为例，沉砂池的地点选在了黄河岸边，而整个工程的建设地大多是现有公路无法到达的，在修建此工程时，除了基本的水利设施外，还需要另建公路，还有办公人员的办公楼等。因此一个大型的水利工程往往涉及河道、土地、地质、公路等相关部门，其经济效益也由参与的各部门的经济效益组成，亦是各部门经济效益平衡协调的结果。但制定的工程方案往往不能照顾到各个部门，只能从国民经济整体出发，选择总体效益最佳的方案。对于综合水利工程而言，往往会确定其一个或两个主导目标，如柳林县薛家坪提黄灌溉工程便是以工业水利和农业灌溉效益作为主导目标。多方案比选时，主目标优化、多目标协调相结合的方法尤为适用，通过优化、协调平衡，可以从宏观上拟定合理方案，并通过计算分析筛选出综合效益最大和主目标最优的方案。

（3）总体评价和分项评价相结合的方法。总体评价与分项评价相结合的方法是从建设工程的整体和分项出发，作出综合的评价。大型水利工程往往会涉及多个部门乃至多个地区，这种情况下就要首先从工程整体的角度出发，计算其总的效益和总的费用，作出总体的评价。而后再将效益、费用根据实际情况分摊到各地区或部门，作出分项的经济评价，以研究工程对各个地区或部门的经济效益。

（4）逆向反证法。这种方法主要应用于大型水利建设工程，譬如三峡工程。由于大型水利工程涉及的社会、经济及技术问题复杂，在对其进行综合评价时往往会有不同的看法。因而在对大型水利工程进行综合分析评价时，要从与正面结论不同的反面入手，通过研究相反的意见，不同的方案、措施，来证明原方案的合理性，或从反面汲取“营养”，补充完善原方案，如若发现问题，也可在原方案的基础上，结合从反面汲取的“营养”，修正原方案，以避免决策失误给国民经济带来损失，这便是逆向反证法。

（5）多维经济评价方法。大型水利工程建设涉及技术、经济、社会等多方面的问题，因此，对大型水利工程应实行多维经济评价方法，要在充分研究工程本身费用和效益的基础上，高度重视工程与地区、流域、国家社会经济发展的相互影响，从微观、宏观上分析与评价大型水利工程建设对行业、地区（或流域）甚至全国社会经济发展的作用和影响。

六、目前我国水利建设项目常用的经济评价方法

（1）动态分析与静态分析相结合的经济评价方法，以动态分析为主。现行方法强调考虑时间因素，利用复利计算方法将不同时间内效益费用的流入和流出折算成同一时间点的价值，为不同方案和不同项目的经济比较提供相同的基础，并能反映出未来时期的发展变化情况。强调动态指标并不排斥静态指标。在评价过程中可以根据工程阶段和深度要求的不同，计算静态指标，进行辅助分析。

（2）定量分析与定性分析相结合的经济评价方法，以定量分析为主。经济评价的本质要求是通过效益和费用的计算，对项目建设和生产过程中的诸多经济因素给出明确、综合的数量概念，从而进行经济分析和比较。现行方法采用的评价指标力求能正确反映生产的两个方面，即项目所得（效益）和所费（费用）的关系。但是一个复杂的建设项目，总是会有一些经济因素不能量化，不能直接进行数量分析，对此则应进行实事求是的、准确的定性描述，并与定量分析结合在一起进行评价。

（3）全过程经济效益与阶段性经济效益分析相结合的经济评价方法，以全过程分析为主。经济评价的最终要求是要考察项目计算期的经济效益。现行方法强调把项目评价的出发点和归宿点放在全过程的经济分析上，采用能够反映项目整个计算期内经济效益的内部收益率、净效益等指标，并以这些指标作为项目取舍的经济方面的依据。

（4）宏观效益分析与微观效益分析相结合的经济评价方法，以宏观效益分析为主。对项目进行经济评价，不仅要看项目本身获利多少，有无财务生存能力，还要考察项目的建设和经营（运行）对国民经济有多大的贡献以及需要国民经济付出多大代价。现行方法经济评价的内容包括国民经济评价和财务评价。国民经济评价与财务评价均可行的项目，应予以通过；反之，应予否定。国民经济评价结论不可行的项目，一般应予否定。对某些国计民生急需的项目，如国民经济评价结论好，但财务评价不可行的项目，可进行“再设计”，必要时可提出采取经济优惠措施的建议。

（5）价值量分析与实物量分析相结合的经济评价方法，以价值量分析为主。项目评价中，要设立若干价值指标和实物指标。现行方法强调把物资因素、劳动因素、时间因素等量化为资金价值因素，在评价中对不同项目或方案都用可比的同一价值量进行分析，并据以判别项目或方案的可行性。

（6）预测分析与统计分析相结合的经济评价方法，以预测分析为主。进行项目经济评价，既要以现有状况水平为基础，又要做好有根据的预测。现行方法强调，进行经济评价，在对效益费用流入流出的时间、数额进行常规预测的同时，还要对某些不确定性因素和风险性作出估计，包括敏感性分析和概率分析。

第二节　项目经济评价理论的发展

项目经济评价理论的发展大致经历了四个阶段，即早期阶段（20 世纪 30 年代以前）、中期阶段（20 世纪 30—60 年代）、后期阶段（20 世纪 60—70 年代）、新方法论的发展阶段（20 世纪 70 年代以后）。

在早期阶段，投资项目的评估理论来自西方传统经济学，其强调的是利润动机。"成本-效益"分析法在这一时期渐渐兴起。富兰克林（Benjamin Franklin）首先提出了"成本-效益"分析法的雏形，17 世纪 40 年代中期，法国工程师杜比（Jules Dupuit）发表《公共工程项目效用的度量》一文，文中杜比提出了"消费者剩余"这一概念，概念的含义用几何图形来表达。根据这一概念理论，他提出了公共项目的评价标准，即公共项目的净生产量乘以相应的市场价格所构成的社会效益下限加上消费者剩余。

在中期阶段，项目经济评价的发展主要体现在效益评估法的应用中。这一时期，资本主义国家加大了公共项目的支出，增加了对福利设施和工程建设项目的投资，从而使得以福利经济学为理论依据的"费用-效益"分析法得到了很好的发展。

后期阶段是"费用-效益"朝着更加精密的方向发展的阶段，这种方法也逐渐从公共项目向工农业领域延伸。同时，也在发展中国家得到了广泛的推广应用。但这种方法在应用发展中也逐渐暴露出一些问题，如在实际经济活动中，并不存在评价中所设想的完全竞争的市场环境，而且消费者剩余的价格很难确定。

新方法论，是指经济合作与发展组织（Organisation for Economic Co - operation and Development，OECD）（简称经合组织）于 1968 年提出的《工业项目手册》以及联合国工业发展组织（United Nations Industrial Development Organization，UNIDO）（简称工发组织）于 1972 年发表的《项目评估指南》，还有在此基础上 UNIDO 和阿拉伯国家工业发展中心（Industrial Development Center for the Arab States，IDCAS）于 1980 年提出的《工业项目评价手册》。新方法论中，把世界价格以各种外汇及其等同的单位作为价值标准，而不是传统的以国内市场价格作为价值衡量基础，然后通过影子价格进行调整；同时重视生产效益和社会分配效应；还包括了宏观、微观两个方面的评价，是更广泛全面的经济分析方法。

增值法则是"对发展中国家国民收益分析的一种计算方法，是一种统一的、较简单的、易于理解的逐步计算的方法"，其基本思想是根据项目对国民收入的增长来评价项目的价值。

第三节　水利项目建设的特点和基本程序

一、建设项目特点

"项目"一词，是一个极其普遍和被广泛使用的概念。世界银行对项目的定义，是从发放贷款用途角度加以解释的：项目（project），一般指同一性质的投资（如设有发电厂和输电线路的水坝），或同一部门内同一系列有关或相同的投资，或不同部门内的一系列投资（如城市项目中市区内的住房、交通和供水等）。项目还可以包括中间金融机构贷款，为它的一般业务提供资金；或向某些部门的发展计划发放贷款。项目通常既包括有形的，如土木工程的建设和设备的提供；也包括无形的，如社会制度的改进、政策的调整和管理人员的培训等。

根据我国对投资项目的有关规定并参照世界各国有关投资项目管理资料，构成投资项目的主要条件及其特点如下：

（1）在一个总体设计或总概（预）算范围内，由几个互有内在联系的单项工程所组成，建成后在经济上可以独立核算的、行政上可以统一管理的建设单位。

（2）有明确的建设目标和任务，即有设计规定的产品品种、生产能力目标和工程质量标准；有竣工验收和投产使用的标准；有工期目标；有投资目标。

（3）一般具有建筑工程和设备安装工程等有形资产；而有些项目除有形资产外，还有购买商标、商誉、技术专利、技术许可证等形成的无形资产。

（4）一般是一次性的。建设任务完成，则投资结束，项目撤销。

（5）在投资建设过程中都必须依次经过项目成立、可行性研究、评价、决策、设计、项目实施、竣工投产、总结评价、资金回收等阶段。

在我国，按照现有的投资计划管理体制，投资项目可以分为以下两类：

第一类称为基本建设项目，简称基建项目，它构成我国投资项目的主要部分。一般是指在一个或几个施工场地上，按照一个总体设计进行施工的各个单项工程的总体。在我国一般以一个企业、一个事业单位或一项独立项目工程作为一个建设项目，如一个工厂、一条铁路等都可以分别构成一个建设项目。建设项目是一个完整的概念，在一个总体设计范围内，分期分批进行建设的若干单项工程均算作一个建设项目。建设项目按性质可分为新建、扩建、改建、恢复、迁建等项目；按项目规模可分大、中、小型项目；除此之外，还可以按隶属关系、管理关系和行业等进行划分。建设项目对整个国家宏观经济的影响和促进作用是显而易见的。在一定时期内，要建多少个项目，建什么样的项目，规模多大以及选址都应和国家产业政策、行业和区域规划、生产力布局等相适应。建设项目确定得是否合理与正确，不仅关系到投资的规模、方向、比例、建设和效果，也直接关系到宏观经济目标的最终实现。

第二类是设备更新和技术改造项目，简称更新改造项目，是指对原有企业进行设备更新或技术改造的项目，是我国投资项目的另一个重要组成部分，它和基建项目投资合起来构成全社会的固定资产投资。更新改造与基本建设的主要区别在于：基本建设属于固定资产的外延扩大再生产，而更新改造属于固定资产的内涵扩大再生产。

二、项目的建设程序

我国现行建设项目的程序大致包括四大步骤和八大内容。其中四大步骤是投资决策、勘察设计、项目施工、竣工验收。八大内容包括项目建议书、可行性研究、施工准备、初步设计、建设实施、生产准备、竣工验收、后评价。项目建设程序如图 1－1 所示。下面具体讨论项目建设程序的八大内容。

（1）项目建议书。项目建议书是企事业单位根据国家经济发展长远规划和行业、地区发展规划，结合资源条件和市场预测等，在调查研究、搜集资料，综合分析项目建设的必

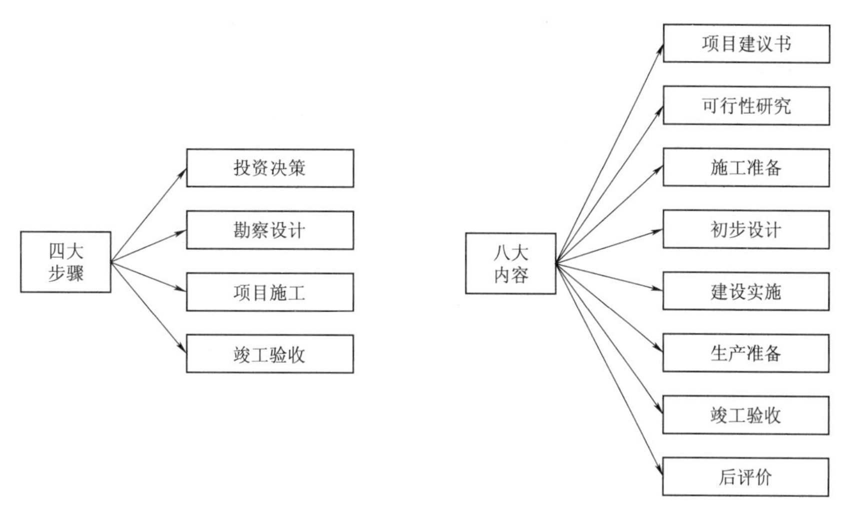

图 1-1　项目建设程序

要性和合理性的基础上提出的。它是拟建项目的轮廓设想，主要申述项目申报的理由及主要依据、项目的市场需求、生产建设条件、投资概算和简单的经济效益和社会效益情况。项目建议书需经各级计划部门汇总、平衡、审批，项目建议书获批准即为立项，意味着可以着手建设前期工作。

（2）可行性研究。可行性研究是投资前期工作的中心环节，是项目决策的依据。可行性研究的目的是论证项目是否适合建设、技术上是否可靠、经济上是否合理。可行性研究内容包括选定建设地点，研究建设条件，以及分析生产成本和利润，预测投资收益等。可行性研究报告在批准的项目建议书的基础上编制。

（3）施工准备。施工准备的目的是保证施工建设顺利进行，防止疏忽和遗漏，避免施工建设间停带来损失。施工准备的主要内容有：设备和原材料的定购和采购，编制施工组织设计和施工图预算，建筑工程的招标以及征地、拆迁、辅助性临时房屋建设等。

（4）初步设计。初步设计是项目可行性研究的继续和深化，是对项目各项技术经济指标进行全面规划的重要环节。初步设计一般包括设计概论、建设规模与产品方案、总体布局、工艺流程及设备选型、主要设备清单和材料、主要技术经济指标、主要建筑物、公用辅助设施、劳动定员、“三废”处理、占地面积及征地数量、建设工期计划、总投资概算等文字说明及图纸。

（5）建设实施。水利工程具备《水利工程建设项目管理规定（试行）》规定的开工条件后，主体工程方可开工建设。项目法人或者建设单位应当自工程开工之日起 15 个工作日内，将开工情况的书面报告报项目主管单位和上一级主管单位备案。

（6）生产准备。建设单位要根据建设项目或主要单项工程生产技术的特点，有计划地做好各项生产准备工作。生产准备工作一般包括：按计划要求培训管理人员和工人，组织生产人员参加主要设备和工程的安装、调试，在投产前熟悉工艺流程和操作技术。

（7）竣工验收。竣工验收是全面考察建设成果、检查设计和施工质量的重要环节。按照设计要求检查施工质量，及时发现问题并解决之，以保证投资项目建成后达到审计要求的各项技术经济指标。竣工验收须编制工程决算，一般采取先单项工程逐个验收，后整体工程验收的程序，验收合格后应及时办理固定资产交付使用的转账手续。

（8）后评价。建设项目竣工投产后，一般经过1～2年生产运营后，要进行一次系统的项目后评价，主要内容包括：影响评价——项目投产后对各方面的影响进行评价；经济效益评价——对项目投资、国民经济效益、财务效益、技术进步和规模效益、可行性研究深度等进行评价；过程评价——对项目的立项、设计施工、建设管理、竣工投产、生产运营等全过程进行评价。

第二章　水利工程的主要技术经济指标

【教学内容】 价值和价格的概念，固定资产的概念、构成及与固定资产相关的概念，固定资产折旧的计算方法，年运行费和年费用的基本组成，工程效益与利润的概念。

【基本要求】 掌握固定资产的概念及其折旧的计算方法、年运行费与年费用的构成。

【思政教学】 通过讲解固定资产、折旧，年运行费的概念，使学生明确扎实的经济知识对学习经济理论的重要性，培养学生运用知识解决实际问题的能力，树立学习信心。在讲述水利工程的投资与费用时，引导学生讨论水利投资与国民经济发展的关系，强调水利建设在国民经济发展中的重要作用，从而树立作为水利人的神圣职责与历史使命。在讲述水利工程效益时，用案例和数字说明中华人民共和国成立以来各类水利工程所产生的重大效益和水利事业发展的辉煌成绩，激励学生进一步强化专业学习和素养，树立争做社会主义合格建设者和可靠接班人的决心。同时引导学生树立远大的理想和爱国主义情怀，树立正确的世界观、人生观、价值观，勇敢地肩负起时代赋予的光荣使命，全面提高学生思想政治素质。

技术经济指标是表明国民经济各部门、各企业、各工程项目对设备、原材料、资金、劳动力、土地等资源的利用及其效果的指标，它反映生产的技术水平、管理水平和经济效益水平。水利工程技术经济指标是反映和衡量水利建设工程项目或经营管理单位各项技术政策、方案、措施、生产活动及经济效果大小的优劣尺度。它可以用实物量或货币量表示，也可以用绝对值和相对值来表示。现介绍在水利工程经济评价中常用的几个主要技术经济指标。

第一节　价 值 与 价 格

一、价值

对商品价值概念的描述有两种观点，即劳动价值观和效用价值观。劳动价值观认为商品的价值是由生产该商品的社会必要劳动时间决定的。价值是凝结在商品中的具体劳动和一般的、无差别的人类劳动（抽象的人类劳动）的结合。具体劳动创造商品的使用价值，抽象劳动形成商品的交换价值。价值是商品交换的共同基础。

根据对价值规律的分析，产品价值 S 等于生产过程中所消耗的生产资料的价值 C、必要劳动价值 V 和剩余价值 M 三者之和，即

$$S=C+V+M \tag{2-1}$$

所消耗的生产资料价值 C，就是转移到产品中的物化劳动的价值，其中包括厂房、机器设备等固定资产的损耗值（即财务核算中的折旧费）和原料、燃料、材料等流动资产的消耗值（在财务核算中为生产运行费用的一部分）；必要劳动价值 V 就是指劳动者及其家

属所必需的生活资料的消耗费用，也就是支付给劳动者的工资（在财务核算中为生产运行费用的另一部分）；剩余价值 M 是指企业上交给国家的税金和利润以及企业留成利润中用于扩大再生产的那部分资金。C 和 V 两者之和，就是产品的成本 F；V 和 M 之和为国民收入或净产值 N。

产品成本　　$$F=C+V \tag{2-2}$$

国民收入或净产值　　$$N=V+M \tag{2-3}$$

目前，各国多采用国民生产总值 GNP 和国内生产总值 GDP 衡量一个国家经济发展水平和生活水平。国民生产总值 GNP 和国内生产总值 GDP 均包括物质生产部门的净产值、非物质生产部门的净收入和固定资产折旧三部分。但前者统计国境范围内的生产总值，不论是否是本国国民的生产总值；后者限于统计本国国民的生产总值，不论是否在本国境内的生产总值。不少国家用美元计算国民生产总值 GNP，并且以它的多少来衡量一个国家现代化的程度和经济发展的水平。按人口平均的国民生产总值 GNP，是当今世界上流行的一种衡量一个国家或一个地区的生产水平、生活水平的方法。

效用价值观认为商品的价值主要取决于消费者从商品消费中所获得的满足程度。这是一种主观价值观，取决于消费者个体的主观感受。效用价值观广泛应用在市场经济及商品经济分析中。

二、价格

价格是价值的货币表现，是商品与货币的交换比率。产品的市场价格由于供求关系的影响，经常围绕价值而自发地上下波动。当供过于求时，它降低到价值以下；反之，则上升。可见，在供求不一致的条件下，产品价格与价值是不一致的。但这种价格与价值的背离，并不否定价格是以价值为基础。此外，价格的变化还与货币本身价值的变动有关。在经济计算中涉及的价格种类很多，可分为现行价格、不变价格、影子价格等。

1. 现行价格

现行价格指现实经济生活中正在执行的市场价格。用现行价格计算的总产值、净产值和利润等指标，可以反映企业和整个国民经济的现实经营状态。进行财务评价时应采用现行价格。

2. 不变价格

不变价格又称固定价格或可比价格，是指国家规定用来计算不同历史时期产品产值的某一时期的价格。在反映不同时期产品产值的变动时，用不变价格计算价值量指标，可消除价格变动的影响，便于正确比较不同时期的生产和经济水平、计算年增长率和平均增长速度等统计指标，进行历史的对比。根据实际需要的核算特点，确定不变价格有两种方式：①以基准年商品的现行价格作为该时期的不变价格；②直接规定不变价格，即在基准年中确定某一时点（如某一天）的一揽子商品（具有代表性的一批商品）的价格为该时期的不变价格。中华人民共和国成立后，国家统计局曾先后四次制定了全国统一的产品不变价格。1949—1957 年统一采用 1952 年不变价格，1958—1970 年统一采用 1957 年不变价格，1971—1980 年统一采用 1970 年不变价格，从 1981 年开始采用 1980 年不变价格，自 20 世纪 90 年代起，采用直接规定不变价格的方式确定农业和工业部门中的不变价格。随着知识结构的更新和高技术产业的发展，加速了产品更新换代，需要更新基准年份以保持不同年份之间具有较好的可比性，因而需要形成新的不变价格。

3. 影子价格

影子价格指用线性规划方法计算出来反映资源最优使用效果的价格，又称最优计划价格。影子价格理论上是运用系统工程中的线性规划的对偶规划的最优解或解拉格朗日乘子得到。资源配置与资源价格互为对偶问题，如果原问题为资源最优配置问题，则其对偶问题的最优解即资源的影子价格。求线性规划或解拉格朗日函数，就是在一定的约束条件下求极值。对一个企业或对整个国民经济来说，劳动产品、自然资源、劳动力都不是无限的，因而最优的计划应该是充分利用这些有限的资源以取得最大社会经济效益的计划。解最优计划的线性规划模型的对偶模型可以得到一组影子价格。这种影子价格反映劳动产品、自然资源、劳动力的最优使用效果。自然资源的影子价格，反映了自然资源的稀缺程度。资源越是稀缺，其影子价格越高；可以充分满足需要的资源，其影子价格为零。

影子价格被广泛地用于投资项目和进出口活动的国民经济评价。由于现行价格往往受各类因素的干扰而偏离其质的规定性，用它评价经济效果可能使结果失真，因而需要借助影子价格排除现行价格的不合理成分。这类影子价格视计算的不同需要而有不同的计算方法和不同的经济内容。常见的有：把边际成本视为影子价格；扣除进出口关税影响的国际市场价格；考虑了税收和补贴的市场价格等。在建设项目的经济评价中，影子价格、影子工资、影子汇率等都是重要参数，国家统一测定和发布了一些重要原材料、燃料及运输的影子价格和换算系数，可供对各类建设项目进行国民经济评价时采用。

三、市场价格的形成

在任何一种商品的市场上，需求与供给这两种社会力量的相互作用决定着该商品一定时期的成交价格，即市场价格。而价格则为参与市场的消费者和生产者提供可以作为行动决策的信号，从而又影响供给与需求：供求关系决定价格，价格反过来又影响供求。几乎所有的经济问题，都可以为归结为既定的目标与实现目标的多种可能手段之间进行选择的问题，因此如果用需求代表旨在达到的目的，供给代表满足目的的手段，则几乎所有的经济问题都可归结为需求与供给之间的关系问题。

（一）需求及需求曲线

1. 需求及其规律

消费者在某一特定时间内，在每一价格水平上愿意而且能够购买的商品数量就是需求。它有别于人类无限多样化的需要，需求概念同时涉及两个变量：商品的销售价格，与该价格相应的人们愿意并且有能力购买的数量。

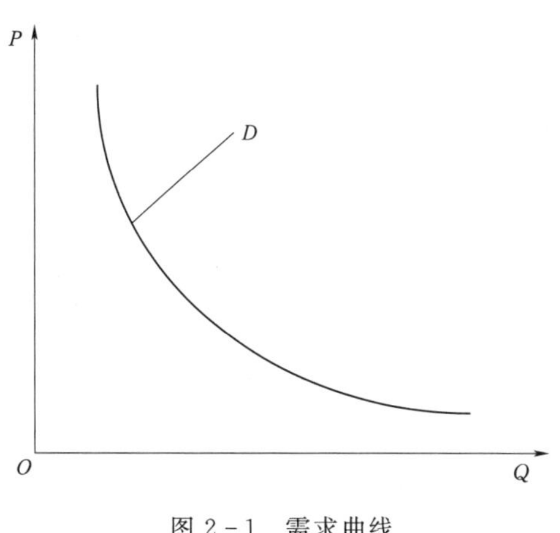

图 2－1　需求曲线

商品价格与商品需求量之间存在相对确定性的关系，可以用需求曲线来表示。需求曲线是一条自左上向右下倾斜的曲线，被称为“需求曲线的下倾法则”。如图 2－1 所示，横坐标 OQ 代表数量，纵坐标 OP 代表价格，D 代表需求曲线，这就是需求规律。社会上的任何一种商品，当它的价格十分高昂时，能够买得起的消费者总是少数，随着价格的下降，一方面增加了购买这种商品的新消费者，另一方面原有消费者购买的数量也将进一步增加。

事实上，商品价格与需求量之间的关系还可能受到许多其他因素的影响。因此，商品需求曲线的下倾法则，仍然受到一定条件的限制。只有在不受任何条件影响的自由市场经济情况下，才能反映出这种价格与需求的普遍规律。

2. 需求曲线的变动

任何一种商品的需求曲线，都不会是固定不变的，由于受到社会各种因素的影响，在不同的条件下，可能发生向上、向下移动的变化，甚至发生某些形状的改变。当价格不变时，由于其他因素变化所引起需求量的变化称为需求变动。需求变动是整条需求曲线的位移或改变，表明了一种需求规律的变化，如图 2-2（a）所示。其他因素不变，由于价格变化所引起的需求量的变化称为需求量变动。需求量变动是同一条需求曲线上的点的位移，表明了一种需求数量随价格而变化的规律，如图 2-2（b）所示。

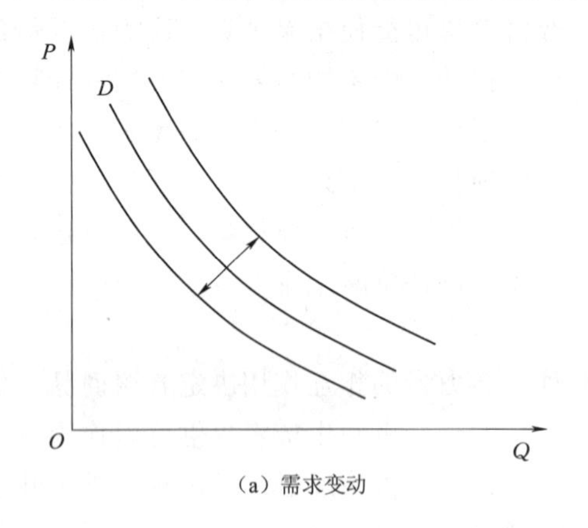

（a）需求变动

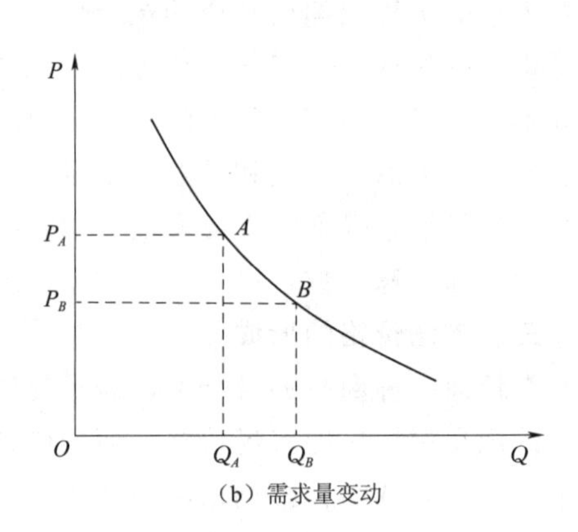

（b）需求量变动

图 2-2　需求曲线的变动

需求曲线上移大致有下列几个原因：

（1）社会人口的增长，扩大了对商品总需求的增长，这是需求增长的根本原因。人类社会人口的增长速度不断加快，必然使对社会商品需求量的要求也随之增长。

（2）国家经济的发展，相应地提高了人民的生活水平，增加了收入，这必然会促进对商品需求量的增长。目前，世界各国经济发展的速度尽管有所差别，但总的来说都呈现发展的趋势。

（3）科学技术的进步，有可能生产出满足人们需要的各种商品，这大大地扩大了需求量的要求。

（4）替代产品价格的变化，有可能引起需求量的改变，当某种商品能找到较便宜的替代原料，降低生产成本从而降低产品价格时，就会使需求量扩大。

（5）生产技术和工艺的改进，提高了产品的质量，降低了生产成本，将会大幅增加销售量。

同样，需求曲线下降也有类似的几个原因：

（1）经济衰退。收入减少，社会购买力下降，对商品的需求将普遍下降。

（2）由于人们爱好的变化，对某些商品的需求量会急速下降。

（3）商品质量差，式样、品种单调，落后于先进生产技术水平，在市场上没有竞争能力，需求量就会下降。

（4）可能替代商品价格的下降会使原有的商品在竞争中失败等。

3. 需求弹性

商品的价格与商品需求虽然呈现下倾法则，但对于不同类型的商品，可能会有各种不同的倾斜程度，反映出价格变化对需求量有不同程度的影响，在经济上称为需求弹性。弹性（系数）就是一个变量对另一个变量的微小变化（百分比）作出的反应，即

$$E=\frac{\Delta Y/Y}{\Delta X/X} \tag{2-4}$$

需求的价格弹性（一般直接称需求弹性 E_d）是在其他因素不变时，由于商品价格变化引起的需求量的变化，即

$$E_d=\frac{\text{需求量变动的百分比}}{\text{价格变动百分比}}=\frac{\Delta Q/Q}{\Delta P/P}=\frac{\Delta Q}{\Delta P}\frac{P}{Q} \tag{2-5}$$

式中　E_d——需求的价格弹性（系数）；

　　Q——市场对商品的需求量；

　　P——商品的市场价格。

在离散的情况下，式（2-5）中的 P、Q 取为相邻离散点的平均值，则有

$$E_d=\frac{\Delta Q/\frac{Q_1+Q_2}{2}}{\Delta P/\frac{P_1+P_2}{2}}=\frac{\Delta Q}{\Delta P}\frac{P_1+P_2}{Q_1+Q_2} \tag{2-6}$$

需求的价格弹性是用来定量分析价格变动所引起需求量的变化量的一个概念。对不同商品，需求的价格弹性不同。根据弹性系数绝对值的大小，需求的价格弹性基本上可以分为图 2-3 所示图形。

（1）$|E_d|=1$，称为单位弹性，如图 2-3（a）所示。它的特点是需求量的相对变化等于价格的相对变化，即相对价格变动 1%所引起的需求量的变化等于 1%。

（2）$0<|E_d|<1$，称为缺乏弹性，如图 2-3（b）所示。它的特点是需求量的相对变化小于价格的相对变化，即相对价格变动 1%所引起的需求量的变化小于 1%。

（3）$1<|E_d|<\infty$，称为富有弹性，如图 2-3（c）所示。它的特点是需求量的相对变化大于价格的相对变化，即相对价格变动 1%所引起的需求量的变化大于 1%。

（4）$|E_d|=0$，称为完全无（缺乏）弹性，如图 2-3（d）所示。即价格的变动不影响需求量，也即价格对需求不起作用。例如当某种商品的价格低到不再是确定购买量的因素的情况下，需求就会成为完全无弹性。

（5）$|E_d|=\infty$，称为完全弹性，如图 2-3（e）所示。表示在既定价格下，需求量可以任意变动，或者说如果涨价便没人买（在买方市场垄断下才会出现）。在商品的定价完全超出市场价格时，就有可能会成为完全弹性的。

其中图 2-3（d）、（e）属于非正常情况，一般商品的需求的价格弹性会处在图 2-3（a）～（c）范围内。

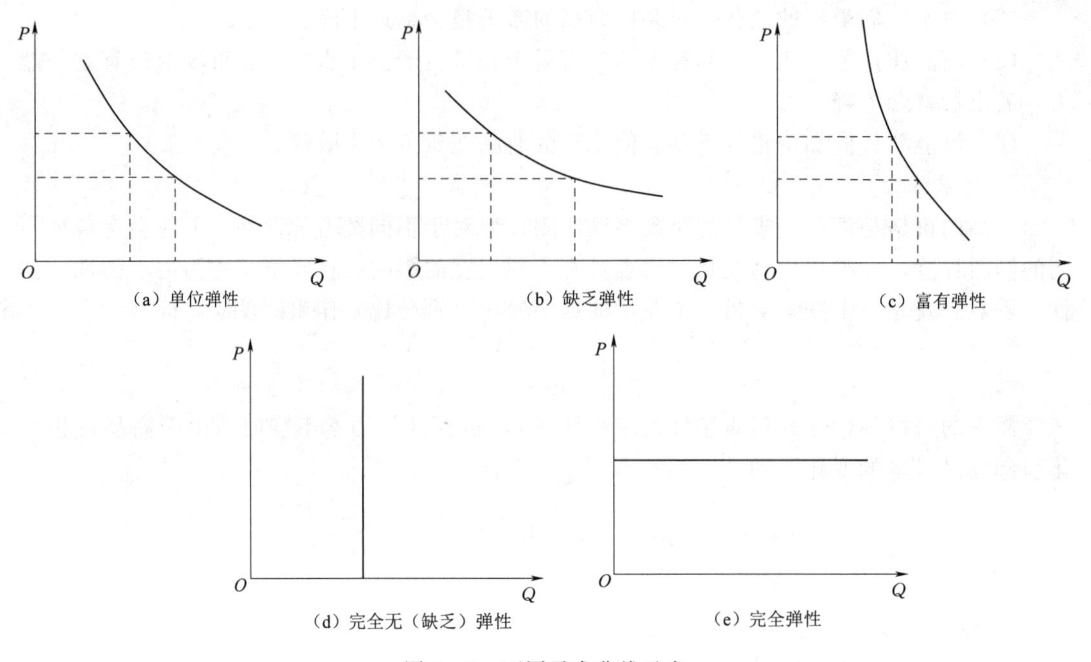

图 2-3 不同需求曲线示意

需求的价格弹性，一方面与商品的性质有关，那些社会广泛需求的生活必需品的需求强度大且比例稳定，它的需求价格弹性系数就小；相反，消费者对奢侈品的需求强度小且不稳定，其需求的价格弹性系数就大。另一方面，它也反映出社会的富裕和贫困的程度。一般来说，富裕社会的弹性系数较小，贫困社会的弹性系数较大。

对同一种商品，价格越高，弹性越大，即低价时是缺乏弹性，高价时是富有弹性，如图 2-4 所示。影响需求价格弹性的因素有以下几项：

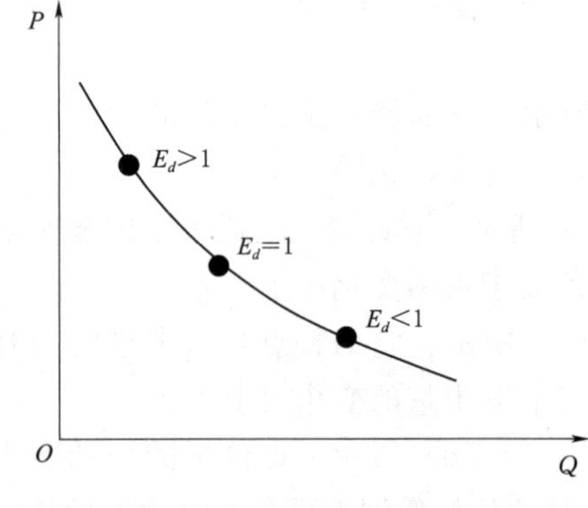

图 2-4 价格与价格弹性关系

(1) 替代品越多，需求弹性越大。所以把一种商品的范围限定得越窄，它的替代品越多，弹性也越大。

(2) 替代品的相近程度越高，弹性越大，有完全相似的替代品时，是完全弹性的（各厂家的同种产品即是这种情况，单个厂商只能按既定价格卖出他愿意销售的任何数量）。

(3) 商品在购买者家庭预算中所占比例越小，需求弹性也越小。

(4) 一种商品的用途越多，其需求弹性越大（多种用途变化）。

(二) 供给及供给曲线

1. 供给及其规律

以上讨论的商品价格与社会需求量的关系表明，商品价格的高低对消费者购买产品数量的多少有很大影响；同样，商品价格的高低对于生产者或经营者愿意提供商品的多少也有很大的影响。这是因为任何一个生产者或经营者，从事生产或经营商品最终的目标都是获得合理的利润。如果在商品的生产和经营活动中无利可图甚至亏损，任何生产企业或经营单位，都会在市场经济的竞争中遭到失败。生产者或经营者在某一特定时期中，每一个价格水平上，愿意并且能够出售的商品量称为供给。在产品成本一定的条件下，产品的市场价格越高，产品的供应者可能获得的利润就越多，供应者愿意提供商品的数量也越多；相反，价格降低将会减少供应者的利润，所以，随着价格降低，生产者愿意生产的产品数量不断减少，直至停止生产。为了表明商品生产者愿意生产产品数量的多少与价格的关系，同样可以用供给曲线表示。供给曲线是一条向右上方倾斜的线，如图 2-5 所示。

2. 供给曲线变动

影响供给的其他因素不变，只是商品本身的价格变动引起的供给量的变动称为供给量变动，表现为在同一条线上的移动。商品本身的价格不变，其他因素变动所引起的供给量的变动称为供给变动。例如技术进步使供给曲线右移，生产要素价格水平变化引起供给曲线的左移或右移。供给变动表现为供给曲线的移动，如图 2-6 所示。

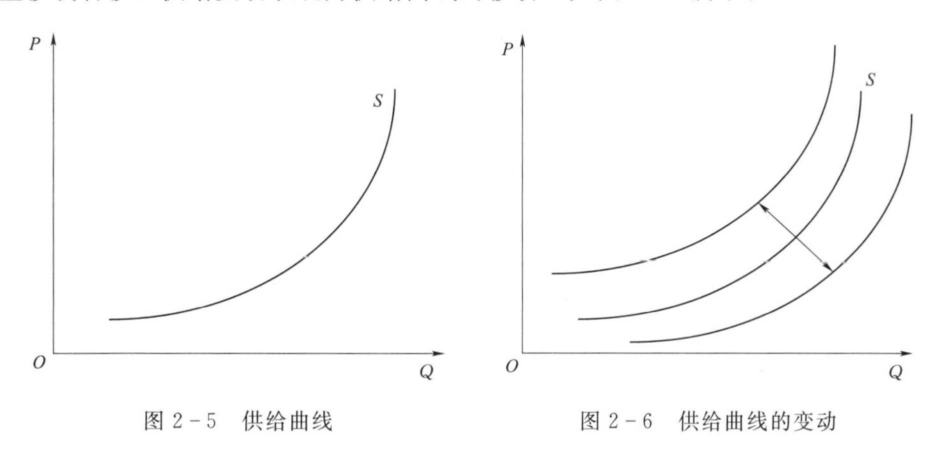

图 2-5　供给曲线　　　　图 2-6　供给曲线的变动

3. 供给弹性

根据供给曲线向上倾斜的法则，各种商品也可能有不同的向上倾斜度，它反映出商品价格的变化对供给量可能产生不同程度的影响，这在经济学上称为供给弹性。相应也可采用下列供给弹性系数来表示，即

$$E_s=\frac{\text{供给量变动的百分比}}{\text{价格变动百分比}}=\frac{\Delta Q/Q}{\Delta P/P}=\frac{\Delta Q}{\Delta P}\frac{P}{Q} \tag{2-7}$$

供给弹性（系数）反映了价格变动引起的供给量的变动程度，是用来定量分析价格变动所引起的供给量变化量的一个概念。

与需求弹性相似，供给弹性系数也分五种情况，但常出现的只有富有或缺乏弹性这两种情况。影响商品供给弹性大小的因素，对不同厂商来说是比较复杂的，取决于内部和外部条件的变化，但在较短时间内，主要取决于商品生产的难易程度。一般来说，劳动密集型产品生产规模变动容易，供给弹性就大；资本密集型产品生产规模变动困难，供给弹性就小；对同一厂商，影响供给弹性的因素主要有分析时期的长短、生产成本和供应能力。

消费者个人的需求曲线水平相加得到市场需求曲线；单个生产者的供给曲线水平相加

得到市场供给曲线。

（三）市场均衡价格

通过上述的供给与需求的讨论，可以发现需求和供给都与市场价格变化有直接关系，当供给的数量和需求的数量相等时，价格将在某个价位稳定下来，不再有变动的趋势，称为市场达到均衡状态。这种使得需求量恰好与供给量相等的价格，称为均衡价格，与均衡价格相应的供（需）量称为均衡产（销）量或均衡交易量。由于市场中存在供给与需求两方面竞争力量的作用，存在自我调节的机制，均衡是市场的必然趋势，也是市场的正常状态，因此均衡价格是一种能够持久的价格。

如图 2－7 所示，横坐标 OQ 代表数量，纵坐标 OP 代表价格，D 代表需求曲线，S 代表供给曲线，D 与 S 两曲线相交于 E_0 点，这时需求等于供给，均衡数量为 Q_0，均衡价格为 P_0。

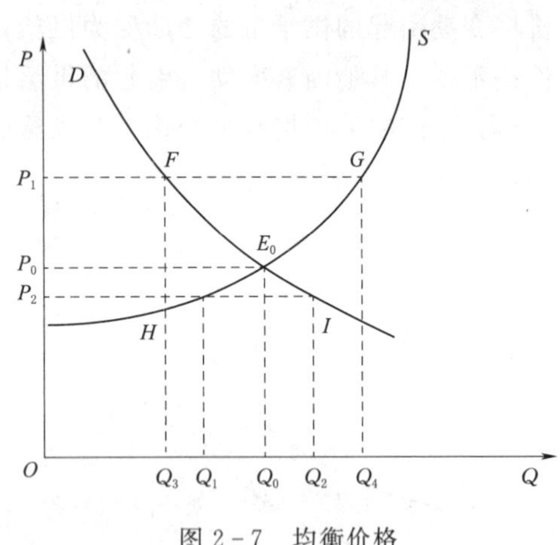

图 2－7　均衡价格

均衡价格是通过市场供求关系的自发调节而形成的。由于供求的相互作用，一旦市场价格背离均衡价格，则有自动恢复均衡的趋势。

如果市场价格为 P_1，高于均衡价格 P_0，即 $P_1>P_0$，这时需求量为 Q_3，供给量为 Q_4，$Q_4>Q_3$，供过于求（Q_4-Q_3 为供给过剩部分）。市场价格就必然下降，一直下降到 P_0，这时候供给与需求相等，又恢复了平衡。

如果市场价格为 P_2，低于均衡价格 P_0，即 $P_2<P_0$，这时需求量为 Q_2，供给量为 Q_1，$Q_1<Q_2$，即供不应求（Q_2-Q_1 为供给不足部分）。这样，市场价格就必然上升，一直升到 P_0，这时又恢复了供给与需求相等的状态。

市场上价格与数量的均衡是由需求与供给两种因素决定的，任何一种因素的变化都会引起均衡的偏移。如图 2－8 所示，D_0 是原来的需求曲线，D_0 与 S_0 相交于 E_0，定出均衡数量为 Q_0，均衡价格为 P_0，如果需求量增加，需求曲线 D_0 向右上移至 D_1，D_1 与 S_0 相交于 E_1，定出均衡价格为 P_1，$Q_1>Q_0$，$P_1>P_0$，说明由于需求的增加，均衡数量增加了，均衡价格上升了。如果需求量减少，需求曲线 D_0 向左下方移至 D_2，D_2 与 S_0 相交于 E_2，定出均衡价格为 P_2，$Q_2<Q_0$，$P_2<P_0$，说明由于需求的减少，均衡数量减少了，均衡价格下降了。

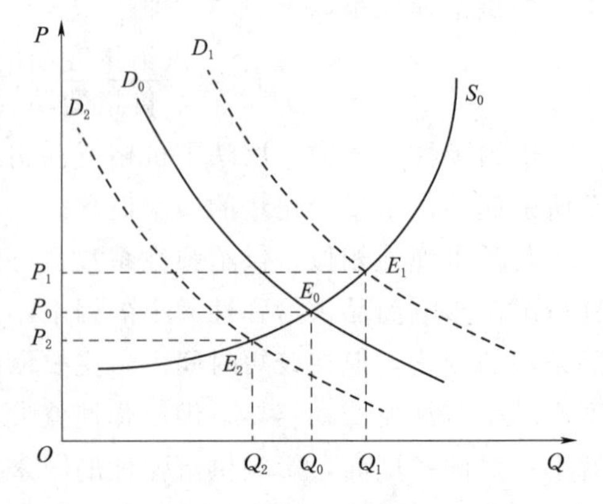

图 2－8　需求变化对均衡价格的影响

关于供给的变化对均衡的影响可以作类似的分析。如图 2－9 所示，供给增加时，S_0 移至 S_1，这时新的均衡数量为 Q_1，均衡价格为 P_1，$Q_1>Q_0$，$P_1<P_0$，说明由于供给的增加引起均

衡数量增加和均衡价格下降；供给减少时，S_0 移至 S_2，这时新的均衡数量为 Q_2，均衡价格为 P_2，$Q_2<Q_0$，$P_2>P_0$，说明由于供给的减少引起均衡数量减少和均衡价格上升。

政府为了调控市场，往往会定出物价的上限或下限。这时需要采取有关措施，才能维持政府规定的价格。可结合说明。

如图 2-10 所示，如果政府为了控制物价上涨而规定商品的最高价格不高于 P_2，$P_2<P_0$，即物价上限低于均衡价格，这时，$Q_2>Q_1$，即需求大于供给，Q_2-Q_1 为供给不足量。为了维持这种价格上限，政府会采用配给制或进口商品。如果政府规定物价下限 $P_1>P_0$，即物价下限高于均衡价格，这时 $Q_3<Q_4$，供给大于需求，Q_4-Q_3 为供给过剩量。为了维持这种物价下限，政府就要收购过剩产品，用于储备、出口和支援。

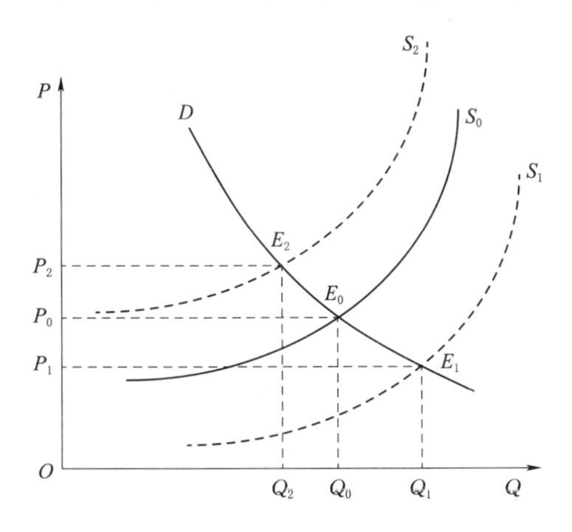

图 2-9　供给变化对均衡价格的影响

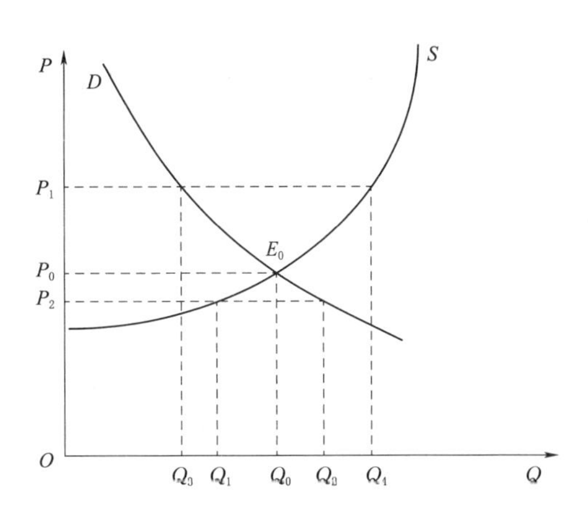

图 2-10　控制物价下限或上限造成供求平衡的破坏

（四）税金和补贴对价格的影响

在某些情况下，商品的价格会受到政府的干涉，最明显的是利用税收和补贴的手段，来人为地调整商品价格。政府对商品采用不同税收和补贴政策，都会使商品价格及供需关系发生变化，如图 2-11 所示。在没有征税和补贴之前，供给与需求曲线分别为 S_0 和 D，它们的均衡价格点为 E_0，相应价格为 P_0，销售量为 Q_0。

征税后，产品的价格因销售成本的增加而提高，这时供给曲线向上移动到了 T 的位置，供需均衡点也从原来的 E_0 移到了 H，均衡价格由 P_0 提高到 P_H，销售量则由 Q_0 减少到 L。可见因征税使价格提高了 P_H-P_0，销售量减少了 Q_0-L。

政府对商品实行补贴，其结果则与征税产生的影响相反，它使原来的供给曲线由 S_0 下移到 L 的位置，与需求曲线的原交点由 E_0 移到 K。因补贴使均衡价格降低，销售量则由 Q_0 增

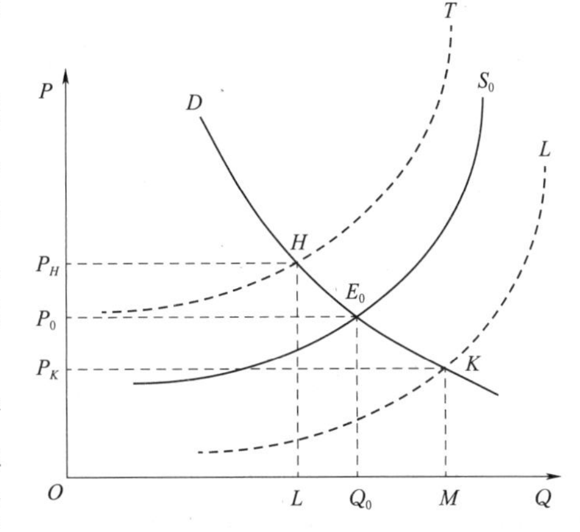

图 2-11　税金和补贴对价格的影响

加到 M，增加了 $M-Q_0$ 的销量。

由此可见，政府可以通过对商品征税和补贴的办法，对商品的价格和销量进行适当控制和调整，尤其可以通过征税来控制国外商品的输入，以保护国产商品的发展。同样，为了增加外汇收入，可以采取补贴，扩大商品的出口额。

市场商品价格的变化，除了受到供求关系、税收和补贴影响之外，还受到垄断、竞争和国家经济政策等因素的影响。

第二节　水利建设项目的投资

广义的投资是指人们的一种有目的的经济行为，即以一定的资源投入某项目，以获取所期望的报酬。所投入的资源可以是资金，也可以是人力、技术或其他的资源。本书所指的投资是狭义的投资，专指资金。

工程的总投资一般包括建设投资、建设期借款利息、流动资金及固定资产投资方向调节税，如图 2-12 所示。

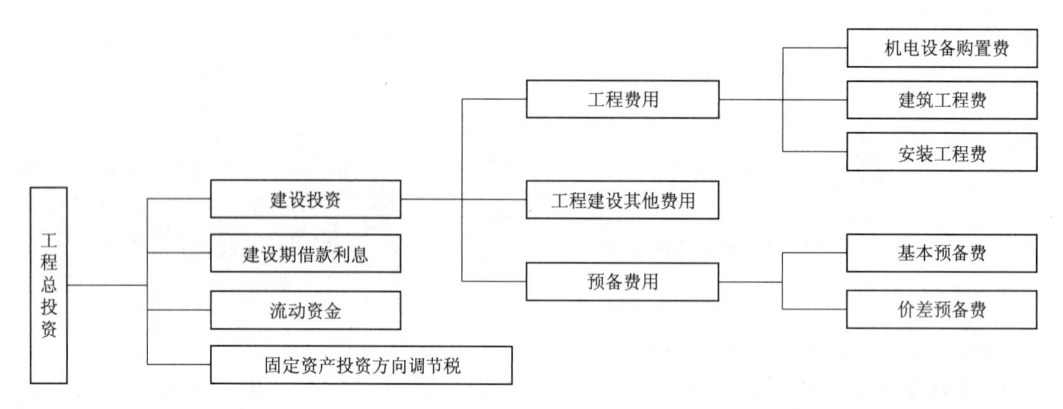

图 2-12　工程总投资构成

项目建成投产后最终形成固定资产、无形资产和递延资产。固定资产（fixed assets）指使用期限超过一年，单位价值在规定标准以上，能多次使用而不改变其物质形态，仅将其价值逐渐转移到所生产的产品中去的资产。包括房屋及建筑物、机器设备、运输设备、工具器具等。有些资产虽然多次使用但不满足使用期限和规定价值两个条件的，称为低值易耗品。无形资产（intangible assets）指企业长期使用，能为企业提供某些特权或利益但不具有实物形式的资产，如专利技术、商标权等。递延资产指集中发生但不能全部计入当年损益，应当在以后年度内分期摊销的费用。包括开办费、租入固定资产的改良支出等。

一、固定资产投资

固定资产投资（investment in the fixed assets）是指建设和购置固定资产所需资金的总和，包括水利建设项目达到设计规模所需的由国家、企业、个人以各种方式投入的主体工程和配套工程的全部建设费用。

1. 固定资产投资的构成

水利工程投资主要是固定资产的投资，其内容一般包括下列各项：

（1）前期工作及施工管理费用，包括勘测、规划、设计、试验、招标、施工及管理人员工资和各项行政费用等。

（2）占地和淹没、浸没损失的赔偿费和拆迁费，包括工程的永久性占用土地和施工时的临时性占用土地、淹没土地、房屋、工矿、企业、铁路、道路、电信及其他经济资源和设施的赔偿费和拆迁费，水库库底的清理、库区周围的防护费，移民的迁移安置和生产开发费用等。

（3）临时性工程的投资，包括导流工程、围堰工程、临时道路和桥梁、临时房屋和电信设备线路等费用。

（4）永久性工程的投资，包括各项水利工程的建筑物，如坝、溢洪道、水闸、渠系建筑物、灌排沟渠、堤、护岸、船闸、水电站厂房、水工隧洞、房屋、道路、桥梁以及为管理所必需的观测及通信等项建筑物的建设费用。

（5）机电设备和金属结构的购置和安装费，包括机电设备和金属结构（如水轮机、水轮发电机、水泵、电动机、闸门启闭机、金属闸门、钢管道、各种钢结构等）的购置费和安装费等。

（6）其他投资，包括预备费和不可预见费等。考虑施工期间可能发生的自然灾害、各种意外和物价上涨等因素，列出预备费或不可预见费，以造价的某一百分数估算。有时还包括一部分相关投资，例如给有关部门提供用以扩大动力和燃料供应、改善交通运输条件或生态环境所需的投资。

一般的计算方法是针对各个具体建筑物，分别计算工程各部分（如混凝土、土石方等）的工程量、材料以及用工数量，然后根据各种工程单价及工资，计算工程的总价格。再加施工管理费、施工设备折旧费以及其他各项费用等，即该工程的总基本建设投资。在初步估算时可简化计算。

计算一个工程的投资时，应该进行详细的调查研究，收集各种材料的单价、施工定额，确切估算各项工程的工程量，尽量使估算的投资总额与实际需要的投资额相近。要特别注意为获得工程的批准而在估算过程中有意压低投资的现象。

2. 固定资产的相关概念

（1）固定资产原值（original value of fixed assets）：是指固定资产净投资、建设期内贷款利息、投资方向调节税三项之和，扣除无形资产价值和递延资产价值之后的价值。

（2）固定资产净投资（net investment of fixed assets）：也称固定资产的造价，是指在水利工程投资中扣除净回收余额、应该核销和转移的投资之后的价值。

（3）净回收余额（net recovery balance）：是指施工期末固定资产可回收的残值再扣除清理处置费后的余值。

（4）应该核销和转移的投资（logout and divertion investment）：例如施工单位转移费、子弟学校经费、劳保支出、停缓建工程的维修费等，水利工程完工后移交给其他部门或地方使用的工程设施的投资，例如铁路专用线、永久性桥梁、码头及专用的电缆、电线等投资。

（5）固定资产折旧（depreciation of fixed assets）：在生产过程中，固定资产虽能保持原来的实物形态，但其价值逐年递减，随磨损程度以折旧形式逐渐地转移到产品的成本中去，并随着产品的销售而逐渐地获得补偿。这种随固定资产损耗而发生的价值转移称为固定资产折旧。

（6）固定资产净值（net fixed assets）：是指固定资产原值减去历年已提取的折旧费累计值后的余值，也称固定资产某一时间的账面余额，它反映固定资产的现有价值。为了了解固定资产的新旧程度，常用成新率表示，即固定资产成新率等于固定资产净值与原值的比值。

（7）固定资产重置价值（reset value of fixed assets）：在许多情况下，由于各种原因，固定资产净值往往不能反映当时的固定资产真实价格，需要根据社会再生产条件和市场情况对固定资产的价值进行重置价值的评估，重新评估所确定的固定资产价值称为重置价值。固定资产重置价值，应根据资产原值、净值、新旧程度、重置成本、获利能力等因素进行评估。

（8）固定资产残值（residual value of fixed assets）：是指固定资产在经济寿命期末（即在折旧年限末）报废清理时可以回收的废旧材料、零部件等的价值再扣除清理等费用后的剩余价值。它是一笔项目寿命期可回收的资金。

3. 与年限有关的概念

（1）物理使用寿命（physical life）。在自然界中任何一种物质（设备、机械、建筑物以及房屋建筑等），在使用的过程中一方面因使用受到的各种损耗，另一方面因自然界的各种破坏因素的侵蚀，使它们逐渐失去正常的功能，直至失去全部功能，这时它们只能报废。这样的全过程所持续的时间，就称为物理使用寿命。

（2）技术寿命（technological life）。在科学技术迅速发展的时代，产品设备的更新期，其中尤以机械、电子产品的更新期越来越短。对于某种设备，如果从功能或经济效益来衡量仍有使用价值，但因新技术的发展而制造出的同类新设备高效、快速，能创造出更多的经济效益，这必然会将原来的设备淘汰。由于设备的淘汰是因技术的改进或创新所造成的，故称这种使用时间为技术寿命。

（3）经济寿命（economic life）。任何一种物质，在实际使用的过程中，总是通过不断的维护和修理来保持它的正常工作，甚至还需更换各类零部件。这就是说，为保持设备或各种建筑物的正常功能，在日常的维护中，必须耗费一定的维护修理费用。随着这些设备、建筑物的磨损和受损的程度越来越严重，相应需要消耗的费用也就越来越多。随着设备、建筑物使用年限的增加，平均每年摊还的折旧费是减少的，但平均每年需花费的年运行费是逐渐增大的。折旧费和年运行费两者之和为年均费用，其中年均费用最小值对应一个使用年限。通常把设备、建筑物等年均费用最小值对应的使用年限，称为经济寿命。

技术寿命对水利工程的影响不大，水利工程经济计算期的选择，主要是由工程的主要建筑结构和大型设备来决定的。因为一项工程中的主要建筑结构失去作用，其他次要的部分，即使完好无损，它也不会再产生什么经济效益。大型水利工程的计算期一般采用50年，甚至更长；对中小型工程要短些，一般为20～30年。

水利工程中，有些设备的经济寿命比所规定的工程的经济计算期短（金属结构、水力发电机组的经济寿命往往只有20年左右），对这些设备就要考虑投入更新费用；而对一些在工程建设中使用的施工机械设备，在工程建成后仍可继续使用的，按折价出售值进行回收。

常见水利工程及设备的一般经济寿命见表2-1。水利工程的计算期包括建设期、运行初期和正常运行期（经济寿命）。

表2-1　常见水利工程及设备的一般经济寿命　单位：年

工程及设备类别	经济寿命	工程及设备类别	经济寿命
防洪、治涝工程	30～50	机电排灌站	20～25
灌溉、城镇供水工程	30～50	输变电工程	20～25
水电站（土建部分）	40～50	火电站	20～25
水电站机组设备	20～25	核电站	20～25
小型水电站	20		

4. 固定资产折旧

固定资产在使用过程中要经受两种磨损，即有形磨损和无形磨损。有形磨损是指由生产因素或自然因素（外界因素和意外灾害等）引起的磨损。无形磨损是由于技术进步使修建同等工程或生产同种设备的成本降低，从而使原工程的固定资产价值降低；或者由于出现新技术、新设备从而引起原来效率低的、技术落后的旧设备贬值甚至报废等。固定资产的磨损所引起的价值损失，可在经济寿命期内通过提取折旧费的方式予以补偿。固定资产在使用过程中，一方面其实物形态上的价值是逐年递减的；另一方面以折旧基金形式所积存的价值则逐年递增，直到固定资产到达经济寿命，此时所积存的全部折旧基金便可用来更新固定资产，进行再生产。

折旧费的计算方法很多，按折旧速度分为均匀折旧法、加速折旧法、慢速折旧法。在实际工作中，较常用的方法有直线折旧法、工作小时折旧法、余额递减折旧法（或称固定百分率法）、年数和折旧法，见表2-2。

表2-2　固定资产折旧方法分类

分类	折旧方法	考虑时间价值
均匀折旧法	直线折旧法 工作小时折旧法	不考虑
加速折旧法	余额递减折旧法 年数和折旧法	不考虑
慢速折旧法	偿债基金折旧法 年金折旧法	考虑

（1）直线折旧法（linear depreciation method）。直线折旧法是目前最常用的计算方法，假设固定资产净值随使用年限的增加而按比例直线下降，因而每年的折旧费相同。其计算公式如下：

$$f=\frac{\text{固定资产原值}-\text{期末净残值}}{T} \tag{2-8}$$

式中　f——年折旧费；

T——折旧年限；

期末净残值——期末回收的残值减去清理费用后的余额，一般占原值的3%～5%。

各类固定资产的折旧年限由财政部统一规定。

实际工作中常用折旧率计算固定资产折旧费。年折旧率的计算公式为

$$d=\frac{\text{年折旧费}}{\text{固定资产原值}}\times 100\%=\frac{1-\text{净残值率}}{T} \tag{2-9}$$

式中　d——年折旧率。

（2）工作小时折旧法（working hours depreciation method）。因为在一年中有的设备工作时数多，有的设备工作时数少，将设备的使用年限用实际的工作时数表示则反映实际的情况。其计算公式为

$$\text{单位工作小时折旧额}=\frac{\text{固定资产原值}-\text{期末净残值}}{\text{总工作小时数}} \tag{2-10}$$

$$f=\text{单位工作小时折旧额}\times\text{年工作小时数} \tag{2-11}$$

（3）余额递减折旧法（declining balance depreciation method）。余额递减折旧法或称固定百分率法，其原理是在不考虑固定资产的净残值下，取一固定的年折旧率 d，年折旧费为年初固定资产的净值乘以年折旧率 d。计算公式为

$$f=\text{固定资产净值}\times d \tag{2-12}$$

当年折旧率 d 取为直线折旧率的 2 倍时，即 $d=2/T$，这时称为双倍余额递减折旧法（double declining balance depreciation method）。

利用这一方法计算折旧费，各年的折旧费不等，早期大、后期小，这样可以尽快回收投资。同时因为固定资产在使用过程中效能逐渐降低，早期的效能高，提供的经济效益也大，以后效能逐年降低，所提供的经济效益也逐年减少。所以，前几年分摊的折旧费应高于后几年。这一方法有利于较快地回收资金，有利于设备的更新，其缺点是计算比较麻烦。

（4）年数和折旧法（year number summation depreciation method）。年数和折旧法也是尽快回收资金的一种折旧方法。年折旧率等于年初剩余的使用年限除以使用年限总和，其计算公式为

$$d=\frac{\text{年初剩余使用年限}}{\text{使用年限总和}}\times 100\% \tag{2-13}$$

$$\text{年总数和}=1+2+3+\cdots+N=\frac{N(1+N)}{2} \tag{2-14}$$

$$d=\frac{T-\text{固定资产已使用年数}}{T\times(T+1)\div 2}\times 100\% \tag{2-15}$$

$$f=(\text{固定资产原值}-\text{期末净残值})\times d \tag{2-16}$$

余额递减折旧法与年数和折旧法均属于加速折旧法。

【例 2-1】 某工厂购进一台机器，购买费用为 80 万元，残值为购买费用的 5%，设备预计使用 10 年，试分别用直线折旧法、双倍余额递减折旧法和年数和折旧法求前 5 年每年应提取的折旧费。

解： 直线折旧法、双倍余额递减折旧法以及年数和折旧法计算结果见表 2-3～表 2-5。

表 2-3　　直线折旧法

年	年初净值/万元	年折旧率	年折旧额/万元	累计折旧/万元	期末净值/万元
1	80	9.5%	7.6	7.6	72.4
2	72.4	9.5%	7.6	15.2	64.8
3	64.8	9.5%	7.6	22.8	57.2
4	57.2	9.5%	7.6	30.4	49.6
5	49.6	9.5%	7.6	38	42
6	42	9.5%	7.6	45.6	34.4
7	34.4	9.5%	7.6	53.2	26.8
8	26.8	9.5%	7.6	60.8	19.2
9	19.2	9.5%	7.6	68.4	11.6
10	11.6	9.5%	7.6	76	4

表 2-4　　双倍余额递减折旧法

年	年初净值/万元	年折旧率	年折旧额/万元	累计折旧/万元	期末净值/万元
1	80	20%	16	16	64
2	64	20%	12.8	28.8	51.2
3	51.2	20%	10.24	39.04	40.96
4	40.96	20%	8.19	47.23	32.77
5	32.77	20%	6.55	53.78	26.22
6	26.22	20%	5.24	59.02	20.98
7	20.98	20%	4.2	63.22	16.78
8	16.78	20%	3.36	66.58	13.42
9	13.42	—	4.71	71.29	8.71
10	8.71	—	4.71	76	4

表 2-5　　年数和折旧法

年	年初净值/万元	年折旧率	年折旧额/万元	累计折旧/万元	期末净值/万元
1	80	18.18%	13.82	13.82	66.18
2	66.18	16.36%	12.44	26.26	53.74
3	53.74	14.55%	11.06	37.32	42.68
4	42.68	12.73%	9.67	46.99	33.01
5	33.01	10.91%	8.29	55.28	24.72
6	24.72	9.09%	6.91	62.19	17.81
7	17.81	7.27%	5.52	67.71	12.29
8	12.29	5.45%	4.14	71.85	8.15
9	8.15	3.64%	2.77	74.62	5.38
10	5.38	1.82%	1.38	76	4

以上讨论的是固定资产折旧计算方法。无形资产一般采用直线折旧法在规定的期限内平均摊销，没有规定期限的按照不少于10年的期限平均摊销。其他资产一般也是采用直线折旧法在规定的期限内平均摊销（不计残值），没有规定期限的按照不少于5年的期限平均摊销。

二、流动资金与流动资产

流动资金（circulating fund）是指企业生产经营活动中，在固定资产运行初期和正常运行期内多次的、不断循环周转使用的那部分资金，其实物形态就是流动资产。流动资金主要用于维持企业正常生产所需购买燃料、原材料、备品、备件和支付职工工资等的周转资金，从运行初期前的货币形态到生产过程变成实物形态，再到销售过程又变成货币形态，如此不断地周而复始。流动资金一般包括自有流动资金和流动资金借款两部分，后者规定不应超过流动资金总额的某一比例，其相应支付的借款利息可列入产品的成本费用中。流动资金在项目投产前即开始安排，在运行初期按投产规模比例增加，在项目正常运行期末即其经济寿命结束时收回。

流动资产（current assets）是指在一年内或超过一年的一个营业周期内变动或耗用的资产。按其形态有货币、存货、应收及预付款、短期投资等。流动资产的货币表现即流动资金。加快流动资金的周转速度，可以节约流动资金，使固定资产得到更有效的利用。

三、建设期和部分运行初期的借款利息

建设期借款的利率是根据借款的资金来源不同进行加权平均后计算得出的。国外贷款则按协议规定计算，引进外资的汇率按国家规定执行。

建设期借款的利息计算方法有个假设前提，即借款自年初至年末陆续支用，平均起来就是当年借款均在当年年中支用，故按半年计息，其后年份按全年计息。以公式表示如下：

建设期每年应计利息＝(年初借款本息累计＋本年借款额/2)×年利率　(2－17)

在一般情况下，水利建设项目在运行初期主体工程已基本建成，但可能有些尾工，如水电站机组正在陆续安装投产发电，故在运行初期既有固定资产投资，又有产品（水库供水和水电站发电）的销售收入。因此，SL 72—2013《水利建设项目经济评价规范》规定，运行初期的借款利息应根据不同情况分别计入固定资产总投资或项目总成本费用。在具体计算时，将当年还款资金（水、电产品销售后的净收入）出现小于当年应付借款利息之前的这段时间内发生的借款利息，计入项目固定资产总投资；将当年还款资金出现大于当年应付借款利息之后这段时间内发生的借款利息，计入项目总成本费用。

值得一提的是，固定资产投资方向调节税是根据国家的产业政策和项目经济规模，对项目的固定资产投资额实行差别税率征收的一种税。税率分别为0、5%、10%、15%和30%五档。目前国家对水利建设项目不征收固定资产投资方向调节税。

四、更新改造投资

更新改造投资是指工程用于固定资产更新和技术改造的专用投资，是保证工程固定资产在新技术基础上进行简单再生产的资金。在水利建设项目经济计算期内，工程项目中有些机电设备和其他一些设备，由于磨损、腐蚀、老化等原因，维修费用逐渐增加，事故隐患逐渐增加，为了维持原有功能，保证安全运行，一些设备经过运行规定年限后必须进行

更换；另外一些设备由于科学技术的不断进步，运行一段时间后显得陈旧落后，有时也需要更新。在工程经济计算期内，这些设备更换或更新有时不止一两次，完全根据具体情况而定。

第三节 年运行费和年费用

一、年运行费

年运行费指维持水利建设项目正常运行每年所需支付的各项费用，包括材料费、燃料及动力费、修理费、工资及福利费、工程管理费、库区基金、水资源费、固定资产保险费及其他费用等。

1. 材料费

材料费指水利工程及设施在运行维护过程中自身需要耗用的各种原材料、原水、辅助材料、备品备件的费用。可参照邻近地区近三年同类水利建设项目统计资料分析计算，电站缺乏资料时可按 2～5 元/(kW·h) 计算。

2. 燃料及动力费

燃料及动力费主要是水利工程运行过程中的抽水电费、北方地区冬季取暖费及其他所需的燃料费等。抽水电费根据泵站特性、抽水水量和电价等计算确定；取暖费和其他费用可根据邻近地区近三年同类水利建设项目统计资料分析计算。

3. 修理费

修理费主要包括工程日常维护修理费用和每年需计提的大修费基金等。工程修理费按照不同工程类别，按照固定资产价值的一定比例计取。大修理是指对固定资产的主要部分进行彻底检修并更换某些部件，其目的是恢复固定资产的原有性能，每次大修理所需的费用多、时间长，每隔几年才进行一次，为简化计算，通常将所需的大修理费总额平均分摊到各年。大修理费每年可按一定的大修理费率提取，每年提取的大修理费积累几年后集中使用。大修理费率一般为固定资产原值的 1%～2%。

材料费、燃料及动力费和修理费这些与工程修理维护有关的费用，统称为工程维护费。

4. 工资及福利费

工资及福利费是指水利工程生产、经营、销售部门职工获得的各种形式的报酬及其他相关支出，包括职工工资、奖金、津贴、补贴等各种货币报酬，工会经费、职工教育经费、住房公积金、医疗保险费、养老保险费、失业保险费、工伤保险费、生育保险费等社会基本保险费。

(1) 工程管理人员的数量应符合国家规定的定员标准。人员工资（含奖金、津贴和补贴）按当地统计部门公布的独立核算工业企业（国有经济）平均工资水平的 1～1.2 倍测算，或参照邻近地区同类工程运行管理人员工资水平确定。

(2) 职工福利费、工会经费、职工教育经费按照国家统一规定的 14%、2%和 1.5%比例计提。社会基本保险费和住房公积金等按当地政府规定的比例确定。职工福利费、工会经费、职工教育经费、住房公积金以及社会基本保险费的计提基数按照核定的相应工资标准确定。

(3) 缺乏资料时，可参考如下计提比例：福利费14%，工会经费2%，职工教育经费1.5%，养老保险费20%，医疗保险费9%，工伤保险费1.5%，生育保险1%，职工失业保险基金2%，住房公积金10%。计提基数是核定的相应的工资标准。

5. 工程管理费

工程管理费主要包括水利工程管理机构的差旅费、办公费、咨询费、审计费、诉讼费、排污费、绿化费、业务招待费、坏账损失等。可根据邻近地区近三年同类水利建设项目统计资料分析计算。缺乏资料时，可按工资及福利费的1～2倍计算。

6. 库区基金

库区基金是指水库蓄水后，为维护库区安全、岸坡及改建设施维护需花费的费用。该项费用为风险费用，一般难以预计。根据国家现行规定，发电项目按0.001～0.008元/(kW·h) 计算。

7. 水资源费

水资源费根据取水口所在地县级以上水行政主管部门确定的水资源费征收标准和多年平均取水量确定。

8. 固定资产保险费

固定资产保险费为非强制性险种，有经营性收入的水利工程在有条件的情况下可予以考虑，保费按与保险公司的协议确定。在未明确保险公司或保险公司没有明确规定时，可按固定资产价值的0.25%计算。

年运行费可按上述8项费用之和求出，也可按下式计算：

$$年运行费=固定资产原值\times年运行费率 \tag{2-18}$$

式中年运行费率可参考表2-6所列的数据。在项目投产运行初期各年的年运行费，可按各年投产规模比例求出。

表2-6　水利建设项目年运行费率统计值

项　目	水库工程		灌区工程	水闸工程	堤防工程	泵站工程
	土坝型	混凝土和砌石坝型				
年运行费率/%	2～3	1～2	2.5～3.5	1.5～2.5	2～4	5～7.5

9. 其他费用

其他费用指水利工程运行过程中发生的除职工薪酬、直接材料费以外的与供水生产经营活动直接相关的支出，包括工程观测费、水质监测费、临时设施费等。可参照类似项目近期调查资料分析计算；缺乏资料时，可直接查用SL 72—2013《水利建设项目经济评价规范》中的有关费率标准。

二、年费用

在水利建设项目经济分析中，水利工程年费用是指水利工程在运行期每年支付的全部费用。在不考虑资金时间价值的一般情况下，水利工程年费用由年折旧费与年运行费构成，称为静态年费用，其计算公式见式(2-19)。如果考虑资金的时间价值，水利工程年费用则由年本利摊还值与年运行费用构成，称为动态年费用，其计算公式见式(2-20)。

年费用(静态)＝年基本折旧费＋年运行费　　(2-19)

年费用(动态)＝资金年回收值＋年运行费＝(固定资金＋流动资金)×资金年回收因子＋年运行费　　(2-20)

式中　资金年回收因子——本利年摊还因子；

资金年回收值——本利年摊还值，是指工程在经济寿命期（即正常运行期或生产期）内每年应支付占有资金（包括固定资金和流动资金）的利息和每年应摊还的本金。

如果有若干个工程方案进行经济比较，当各个方案的效益基本上相同时，则年费用最小的方法，就是经济上最有利的方案。

第四节　成本、利润和税金

一、成本

成本是构成产品价格的基本因素。产品价格不变，降低成本，就相应增加了利润。产品成本是衡量企业经营管理水平的一个综合指标。

1. 总成本费用

水利工程项目总成本费用包括项目在一定时期内为生产、运行以及销售产品和提供服务所花费的全部成本和费用，即包括年运行费（经营成本）、折旧费、摊销费和利息净支出，其中年运行费（经营成本）包括职工工资及福利费，材料、燃料及动力费，工程维修费，库区及水源区维护建设费和其他费用等。因此，总成本费用构成如下：

总成本费用＝生产成本＋销售费用＋管理费用＋财务费用

＝年运行费(经营成本)＋折旧费＋摊销费＋利息支出＋其他费用　　(2-21)

摊销费是指无形资产和递延资产在使用过程中因价值消耗而转移到成本费用中的费用，一般不计残值，从受益之日起，在一定期间分期平均摊销。

2. 生产成本

一般来说，产品的生产成本是指在一定时期内企业为生产该产品所需支出的全部费用，包括年折旧费、年运行费（经营成本）、保险费、借款利息等。产品的销售成本则由生产成本和销售费用组成。而销售费用是指产品在销售过程中所需包装、运输、储存及管理等费用。例如对电力部门而言，售电成本系由发电成本和供电成本两部分组成，分别由发电厂和供电局的折旧费与年运行费等部分计算得出。此外，在成本中还应计入保险费。参加保险的投保人（或法人）根据规定向保险人（保险公司）交付保险费。保险分为自愿保险和强制保险两种，洪水保险一般属于强制保险。在水利方面，我国已设置防洪保险和工程财产保险。投保时，应根据规定由投保人与保险公司签订合同，并按期缴纳保险费。投保人应制定维护安全的有关规定，保险公司有权对被保险的财产的安全情况进行检查。保险金额是指被保险对象发生意外事故受到损失时，保险人负责赔偿的最高金额，通常不能超过保险标的实际价值。保险费率是保险公司根据标的危险性的大小、可能发生损失的概率、损失率的大小和经营费用的多少确定的。如果发生保险事故，保险公司按合同规定对事故造成的损失给予赔偿，或者在合同届满时承担付给保险金的责任。参加保险的水利工程，在进行财务评价时应将保险费计入成本中。

3. 几个相关概念

(1) 固定成本。固定成本是指在一定的时间和范围内，不随产量的变动而变动的成本。如折旧费、职工工资及福利费等。

(2) 可变成本。可变成本是指在一定的时间和范围内，随产量的变动而变动的成本。如材料、燃料及动力费，工程维修费等。

(3) 沉入成本。沉入成本是指以往已经发生的但与当前决策无关的费用。沉入成本往往容易影响决策人的决策方向，其实决策人应考虑的是未来可能发生的费用及可能带来的效益，而不应该受已经发生的费用的影响。

(4) 机会成本。机会成本是指当有限资源作某种用途因而失去潜在的利益或者为了完成某项任务而放弃了完成其他任务所造成的损失。例如，某水库可以向工业部门供水，也可以向农业部门供水，但总的供水量是有限度的，如果由于城市和工业的发展因而必须增加工业供水量，那就必须减少农业用水量，相应减少的农业收益及其受到的损失，就是增加工业供水量的机会成本；或者采用替代措施，例如开发地下水资源因而额外增加的费用，也可以认为是所增加的工业供水量的机会成本。

值得一提的是，劳动力、土地的影子价格也常以其机会成本表示。使用机会成本的概念可以比较准确地反映从社会观点看把有限的资源用于某项经济活动的代价，从而促使人们比较合理地分配和使用资源。但是，机会成本的概念没有说明成本或费用的本质是什么，而且由于被放弃的活动可以是多种的，确定机会成本时往往有主观任意性，容易引起争议。

二、税金

国家为了实现其职能，按照法律规定，向经营单位或个人无偿征收货币或实物，称为税金，对国家而言可称为税收。税收是取得财政收入的一种方式，具有强制性、无偿性和固定性等特点。税收不仅是国家取得财政收入的主要渠道，也是国家对各项经济活动进行宏观调控的重要杠杆。

我国工业企业应当缴纳的税有十多种，水利工程管理单位，根据国家规定应缴纳增值税、销售税附加、企业所得税等。其中增值税为价外税，销售价格内应不含增值税款。

增值税按销售额计算。由于水利项目可以扣减的进项税额非常有限，一般可按销售收入计算增值税。目前财政部规定增值税率电力为17%，自来水为13%，小水电为6%，水利农业供水工程免交增值税，水利城市工业供水工程尚无明文规定。由于增值税是价外税，既不计入成本费用，又不计入销售收入，故进行财务分析时可不考虑增值税，增值税仅作为计算销售税附加的基础。

销售税附加包括城市维护建设税和教育费附加，以增值税税额为计算基数。按现行规定，城市维护建设税根据纳税人所在地区计算，市区为7%，县城和镇为5%，农村为1%。教育费附加为3%。

企业所得税根据国家税务总局关于水电站企业所得税的规定，大中型水电站企业所得税率为25%，可以享受企业所得税的抵扣政策和优惠政策。同时，对于新建的大型水电站，国家还会给予减免企业所得税的政策。需要注意的是，税率和政策可能会根据国家的财税政策发生变化，具体情况需要根据实际情况进行了解。

三、利润

利润是指商品按照市场价格或规定价格，实现销售收入后扣除销售成本和税金后的余额。利润是劳动者为社会创造的价值，是用来发展生产，改善人民物质、文化生活的基础，也是国家财政收入的重要组成部分。计算公式如下：

$$销售收入=商品销售量\times商品价格 \tag{2-22}$$

$$销售利润=销售收入-总成本-销售税金及附加 \tag{2-23}$$

$$税后利润=销售利润-所得税 \tag{2-24}$$

按照国家规定留取部分税后利润由企业使用，称为利润留成，利润留成作为企业生产发展基金、职工福利基金和职工奖励基金三种专用基金。

利润是反映企业生产管理水平的一个重要指标。企业对税后利润具有分配使用权，除国家另有规定外，税后利润的分配顺序如下：

(1) 弥补年度亏损。项目若发生亏损，在5年内均可用所得税前的利润弥补，若5年内仍不足弥补，则必须先缴纳所得税，再用所得税后的利润弥补。

(2) 提取盈余公积金。盈余公积金分为法定盈余公积金和任意盈余公积金两种。法定盈余公积金按照所得税后利润扣除以前年度亏损后的10%提取。法定盈余公积金达到注册资本金的50%后可不再提取。任意盈余公积金可按照本企业的章程提取。

企业以前年度亏损未弥补完，不得提取法定盈余公积金。在法定盈余公积金未提足前，不得提取任意盈余公积金。

(3) 提取公益金。公益金按照所得税后利润扣除以前年度亏损后的5%提取。在法定盈余公积金未提足前，不得提取公益金。

(4) 向投资者分配利润。企业以前年度未分配的利润可以并入本年度向投资者分配，但在提取盈余公积金、公益金之前，不得向投资者分配利润。

(5) 偿还借款本息。所得税后利润扣除以上各项就形成未分配利润。未分配利润、历年累积的折旧费和摊销费等均可用于偿还借款本息。

除了上述投资、效益和有关的主要财务指标外，水利工程还经常使用如下实物指标：

(1) 反映工程效益的指标。例如防洪、治涝面积，灌溉耕地面积，水电站装机容量及年发电量，城市、工业年供水量等。

(2) 反映水库淹没损失的指标。例如淹没耕地数，迁移人口数，淹没交通线类型及里程，以及单位人口迁移安置费、单位耕地赔偿费等。

(3) 反映主要材料消耗的指标。例如钢材、木材、水泥等主要建筑材料的总消耗量及其相应单位消耗指标，例如每立方米混凝土的三材用量、每万元投资的三材占用量等。

(4) 反映工程量、劳动力及工期的指标。例如土石方量的开挖、填筑量，混凝土浇筑量，总工日及高峰劳动力，工程开始发挥效益的时间及总工期等。

(5) 单位综合技术经济指标。例如电站单位千瓦投资，单位电能投资，单位电能成本，单位库容投资，单位灌溉面积投资等。

第五节　工　程　效　益

人们从事任何一项经济活动，一方面要投入一定量的人力、物力、财力；另一方面也将相应地得到一定量的劳动成果，如各种劳动产品或减少损失（如洪灾损失）等。为了便于区分和应用，在经济分析中，一般将前者即经济活动中的劳动消耗投入称为费用，而把后者即经济活动中劳动成果产出称为效益。

水利工程效益是指项目给社会带来的各种贡献和有利影响的总称。它以有无水利工程建设项目对比所增加的利益或减少的损失来衡量。水利工程效益是评价水利工程有效程度及其建设可行性的重要指标。

一、水利工程效益的特点

水利工程的效益与其他工程的效益相比，具有以下特点。

1. 随机性

水利工程的对象是治水和用水，因此，它的效益受水文现象随机性的影响很大。如防洪效益当遇不到大洪水时就很小，当遇到大洪水时就很大；又如发电效益，遇上丰水年，发电量多，效益大；遇上枯水年，发电量少，效益小；灌溉工程遇干旱年效益就大，风调雨顺年份，灌溉效益就小。所以，水利工程的效益不是（也不能）用某一年指标来代表，而需引入系列的概念，用多年平均指标来代表。但是，由于多年平均的概念有时会淡化工程的作用，所以还必须在计算水利工程多年平均效益的基础上，对某些特殊年份的效益进行单独计算。如计算大型水利工程的防洪效益时，若仅计算其多年平均防洪效益，就难以反映工程在防御特大洪水、减免国民经济财产损失方面的地位和作用，此时，就需要计算在某些大洪水（特别是某些特大洪水）条件下的防洪效益，以客观地反映工程的经济效益。如供水效益，除计算多年平均效益外，还应计算设计年效益和特枯年效益。

2. 复杂性

水利工程往往是综合利用工程，具有多方面的综合利用效益。如防洪、发电、航运、供水、灌溉、旅游等效益中的两项或多项，同时给国民经济带来多方面的好处。但由于各部门对水利工程的要求和获得效益是很复杂的，有时一致，有时矛盾，有时交叉。因此，计算水利工程效益应兼顾不同专业、部门和地区的特点，并划清各功能效益计算的范围，避免遗漏和重复计算。

3. 可变性

水利工程在运行的不同时期，同一水文年型和价格水平的效益也不是恒定的，往往随时间推移而变化，如防洪效益，随着国民经济的发展，防洪保护区内的工农业生产也随之发展，在同一频率洪水条件下现在遭受损失远较将来遭受的损失小，即随时间的推移，防洪效益随之增大；再如航运效益，也是随经济的发展，运量的增大，随时间的推移逐步增大。与上述情况相反，也有些效益是随时间推移而逐步减少的。例如，由于泥沙淤积而使水库有效库容逐年减少，效益也随之降低；随着上游地区工农业生产发展用水量增加后，也可能使下游水利工程的一些效益减少；但也有由于上游水库兴建，调节流量增加，而使下游水利工程的发电、航运等效益增大的。因此，为了反映水利工程效益随时间变化的特点，在效益计算中要依据工程的特点研究效益的变化趋势和增长速率。

4. 社会性

水利是国民经济的基础产业和基础设施，工程建成后，将对国家和地区的社会经济发展产生深远的影响，其效益渗透在国民经济各部门和人民生活的各个方面，能用货币表示经济效益的比例相对较小，能计为本部门、本单位的财务效益更小。特别是防洪工程，主要是社会效益。因此，对于水利工程效益计算，除了用货币进行定量计算外，对一些难以用货币表示的效益应当用实物指标表示，不能用实物指标表示的效益则用文字加以定性描述。

二、水利工程效益的分类

工程效益分类的方法很多，从对水利工程综合经济分析与评价的角度来说，大体可以分为以下五类。

1. 功能效益与综合效益

按项目在国民经济中的不同作用和功能，将水利工程的效益分为防洪（防凌、防潮）效益、治涝（治碱、治渍）效益、灌溉效益、城镇供水效益、乡村生活供水效益、水力发电效益、航运效益、水土保持效益、环境保护效益、牧区水利效益、渔业效益、水利旅游效益、滩涂开发效益和由上述效益中两项以上效益组成的综合效益等。

2. 直接效益与间接效益

按项目涉及的时空边界范围，将水利工程效益分为直接效益和间接效益。直接效益是指水利工程建成后可以增加的各类产品或增加的经济价值。如水力发电、工农业供水可获得的经济效益，修建防洪、治涝工程可减免的洪、涝灾害损失等。间接效益又称外部效益，是指项目为社会作出贡献而本身并没有得到的那部分效益。如工程建成后由于工农业增产而发展工农业产品和农副产品加工所获得的净收益（有的地方称为“次生效益”）；因修建工程而增加的机械、原料、材料和服务行业的净收益（有的地方称为“诱发效益”）等。

3. 有形效益与无形效益

按项目效益可定量计算和不可定量计算的情况，将水利工程效益分为有形效益与无形效益。有形效益是指可以用货币或实物指标表示的效益，如防洪效益中可以减免的国民经济损失（可用货币表示）和人口伤亡（可用实物指标表示）。无形效益是指不能用货币和实物指标表示的效益，如水利工程建成后促进地区综合经济和教育事业的发展，促进社会安定和国防安全，提高国际威望等。在对水利工程进行效益分析时，无论有形效益与无形效益，都应全面加以论证分析。对于不能用具体指标表达的无形效益，可以用文字加以详细明确的描述，以便对水利工程的效益进行全面、正确的评估。

4. 国民经济效益与财务效益

按项目效益的核算单位，将水利工程效益分为国民经济效益（又称经济效益）和财务效益。国民经济效益是指站在国家角度（国民经济整体角度）计算的水利工程效益，如防洪减免的国民经济损失和可增加的土地开发利用价值，工农业供水可增加的国民经济效益等。财务效益是指站在项目核算单位角度计算的水利工程效益，如工农业供水的水费收入、水力发电的电费收入、防洪保护费收入等。

应该指出的是，由于水利工程的行业特点，水利工程国民经济效益和财务效益计算的途径和方法不同，效益额悬殊，如工农业供水的国民经济效益，是按供水项目向工矿企业、居民和农、林、牧等提供生产、生活、灌溉用水可获得的效益计算；而财务效益则按供水水价计算：据长江中游地区已建成的8座水利工程的实际资料分析，水力发电工程的财务收入为其经济效益的34.2%，灌溉工程的财务收入为其经济效益的3.5%，防洪工程的财务收入为0；防洪、发电、灌溉三个部门综合起来计算，财务效益为其经济效益的12.6%。

5. 正效益和负效益

按项目对国民经济发展的作用和影响，将水利工程效益分为正效益和负效益。水利工程建成后，对社会、经济、环境带来的有利影响，称为正效益；对社会、经济、环境造成的不利影响，称为负效益。例如某水库建成蓄水后，由于水体的巨大压力，可能诱发地震；有些水库蓄水后产生大面积浅水区，导致疟蚊和钉螺滋生繁殖，进而形成疟疾和血吸虫病的流行区。修建水库，总要淹没农田、城镇、矿藏、交通干线或文化古迹等，造成资源的损失；发展灌溉工程，可能需要大量引水，如无相应的配套排水措施，可能引起灌区地下水位上升，导致土壤盐碱化和沼泽化等负效益。在水利工程效益分析中，不仅要计算正效益，也要考虑负效益，以便对水利工程进行全面正确的评估。

三、主要效益指标

1. 货币型指标

货币型指标均可定量化，包括经济净现值、财务净现值、经济内部收益率、财务内部收益率等经济评价类指标和电站单位千瓦投资、单位电能投资、单位电能成本、单位库容投资、单位灌溉面积投资等单位综合技术经济指标。

2. 效能型指标

效能型指标主要包括反映工程效益的指标，例如防洪、治涝面积，灌溉耕地面积，水电站装机容量，城市、工业年供水能力等。

3. 实物型指标

实物型指标是以实物表示的效益指标，如水电站年发电量、航运货运量增加量、工业供水量和城镇生活供水量、淹没耕地数、迁移人口数、淹没交通线类型及里程，以及单位人口迁移安置费、单位耕地赔偿费等。

思考与习题

1. 什么叫价值？什么叫价格？两者之间有何关系？

2. 产品成本、税金、利润、国民收入、国民生产总值之间存在什么关系？

3. 在什么情况下采用现行价格、不变价格、影子价格？如何确定某一货物的影子价格？影子价格与机会成本之间的关系如何？

4. 水利建设项目总投资包括哪几项？

5. 什么叫固定资产原值、净值、重置价值？固定资金与流动资金的区别何在？试举例说明。

6. 为什么要进行折旧？直线折旧法和余额递减折旧法各有什么特点？

7. 如何确定经济寿命（也称经济使用年限）或折旧年限？

8. 投资、年运行费、年经营成本、大修理费、折旧费、资金年回收值（本利年摊还值）与年费用之间的关系如何？

9. 什么是机会成本？试举例说明。

10. 产品的成本、税金、利润与销售收入、工程效益之间的关系如何？

11. 设某项固定资产原值为 10000 元，使用寿命为 5 年，残值按固定资产原值的 10% 计算，试分别用直线折旧法、双倍余额递减折旧法、年数和折旧法计算各年的折旧额和固定资产账面值。并绘制不同年份的固定资产折旧后的账面值占原值百分比的变化曲线，比较各种不同折旧方法的折旧速度。

第二章答案

第三章　资金的时间价值与等值换算

【教学内容】 资金时间价值的概念及其变现方式、单利和复利的计算公式、资金流程图和计算基准年的概念、名义年利率与实际年利率。

【基本要求】 掌握资金时间价值的概念、为什么要画资金流程图、为什么要选择计算基准年、复利的各种计算公式。

【思政教学】 通过学习单利和复利计算，教会学生用哲学辩证的思维习惯看待问题和处理问题，掌握正确的学习方法和思维方法，培养学生正确的经济观念，培养学生逻辑思维与辩证思维能力，形成科学的世界观和方法论，促进学生身心和人格健康发展。在传统的课程教学中，一般是介绍这些基本经济学的名词概念，举例讲解关于利息和利率的换算、资金的等值计算等知识点，然而这些知识涉及经济运行基本规律、消费与需求、金钱的认识等，非常适合结合起来开展学生价值观的认知教育。因此在讲述资金的时间价值与等值计算时，可以引导学生正确认识金钱本质、树立正确金钱价值观和消费观，从而促使学生树立正确的价值观。

第一节　现　金　流　量

一、现金流量的概念

在工程经济分析中，把投资项目作为一个独立系统，现金流量则反映该项目在寿命周期内流入或流出系统的现金活动。通常，对流入系统的货币收入称为现金流入（cash inflow，CI），对流出系统的货币支出称为现金流出（cash outflow，CO），并把某一个时点的现金流入与现金流出的差额称为净现金流量（net cash flow，NCF）。工程经济分析的任务就是要根据所考察系统的预期目标和所拥有的资源条件，分析该系统的现金流量情况，选择合适的技术方案，以获得最佳的经济效果。随工程经济分析的范围和经济评价方法的不同，现金流量的内涵和构成也不同。在对工程项目进行财务评价时，使用从项目的角度出发，按现行财税制度和市场价格确定的财务现金流量。在对工程项目进行国民经济评价时，使用从国民经济角度出发，按资源优化配置原则和影子价格确定的国民经济效益费用流量。

二、现金流量图

对于一个经济系统，其现金流量的流向（支出或收入）、数额和发生时点都不尽相同，为了正确地进行经济效果评价，有必要借助现金流量图来进行分析。所谓现金流量图就是一种反映经济系统资金运动状态的图式，即把经济系统的现金流量绘入一幅时间坐标图中，直观清晰地表达某项工程各年投入的费用和取得的收益，避免计算时发生错误，如图3－1所示。

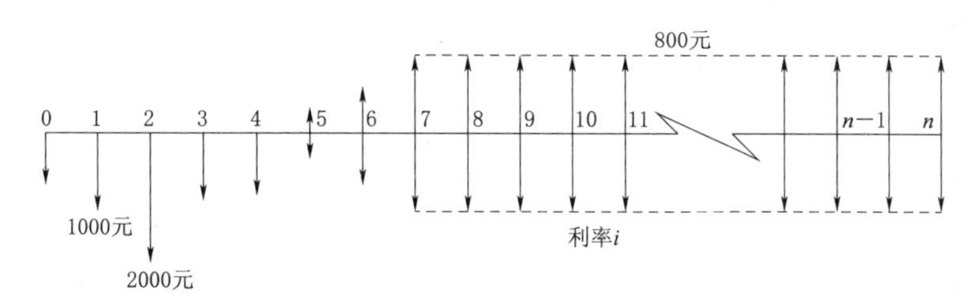

图 3-1 现金流量图

现以图 3-1 为例说明现金流量图的作图方法和规则。

(1) 图中横坐标表示时间，时间的进程方向为正，轴上每一刻度表示一个时间单位，通常是年（计息周期），根据实际情况也可以是季、月或日等。

(2) 相对于时间坐标的垂直箭线代表不同时点的现金流量，在横轴上方的箭线表示现金流入，即表示效益；在横轴下方的箭线表示现金流出，即表示费用或损失。

(3) 现金流量的方向（流入与流出）是对特定的系统而言的。贷款方的流入就是借款方的流出；反之亦然。通常工程项目现金流量的方向是针对资金使用者的系统而言的。

(4) 在现金流量图中，箭线长短与现金流量数值大小本应成比例，但由于经济系统中各时点现金流量的数额常常悬殊而无法成比例绘制，故在现金流量图绘制中，箭线长短只是示意地体现各时点现金流量数额的差异，并在各箭线上方（或下方）注明其现金流量的数值。

(5) 箭线与时间轴的交点即为现金流量发生的时点。

(6) 一般情况下，投资发生在年初，效益和费用发生在年末。

从上述可知，要正确绘制现金流量图，必须把握好现金流量的三要素，即现金流量的大小（资金数额）、方向（资金流入与流出）和作用点（资金的发生时点）。正确标定现金流量的收支时间十分重要，如果标定得不对，则计算结果必然错误。因此，在进行经济分析时，应该首先绘制正确的现金流量图，然后再进行计算。

三、计算基准年

在工程规划设计中所进行的经济比较，要求根据等价的原则，将不同时期的投资费用和经济效益计算到同一个时间，以此来进行各方案的经济比较。对于工程项目，一般情况是投资在施工时期投入，效益则在工程投入后才能产生。为了进行比较，就必须有共同的时间基础，须引入计算基准年的概念。即为解决费用和效益在时间上不一致的问题，在工程经济分析及计算中，需要把不同时间的投资、费用和效益都折算到同一个时间水平，这个时间水平称为计算基准年。通常以其年初作为计算的基准点，相当于资金流量图中的坐标轴原点。

第二节 资金的时间价值

资金时间价值是现代财务管理的基础观念之一，因其非常重要且涉及所有理财活动，有人称之为理财的“第一原则”。

一、资金时间价值的含义

资金是在商品货币经济中劳动资料、劳动对象和劳动报酬的货币表现，是国民经济各部门中财产和物资的货币表现。资金是属于商品经济范畴的概念，在商品经济条件下，资金是不断运动着的。资金的运动伴随着生产与交换的进行，生产与交换活动会给投资者带来利润，表现为资金的增值。从投资者的角度看，资金的时间价值是指一定量资金在不同时点上价值量的差额，也称货币的时间价值。资金在周转过程中会随着时间的推移而发生增值，使资金在投入、收回的不同时点上价值不同，形成价值差额。

在日常生活中会发现，一定量的资金在不同时点上具有不同价值，现在的一元钱比将来的一元钱更值钱。例如现在有 1000 元，存入银行，银行的年利率为 5%，1 年后可得到 1050 元，于是现在 1000 元与 1 年后的 1050 元相等。因为这 1000 元经过 1 年的时间增值了 50 元，这增值的 50 元就是资金经过 1 年时间的价值。同样，企业的资金投到生产经营中，经过生产过程的不断运行，资金的不断运动，随着时间的推移，会创造新的价值，使资金得以增值。因此，一定量的资金投入生产经营或存入银行，会取得一定利润和利息，从而产生资金的时间价值。

资金时间价值是企业筹资决策和投资所要考虑的一个重要因素，也是企业估价的基础。

二、资金时间价值产生的原因

资金时间价值产生的前提条件是由于商品经济的高度发展和借贷关系的普遍存在，出现了资金使用权与所有权的分离，资金的所有者把资金使用权转让给使用者，使用者必须把资金增值的一部分支付给资金的所有者作为报酬，资金占用的金额越大，使用的时间越长，所有者所要求的报酬就越高。而资金在周转过程中的价值增值是资金时间价值产生的根本源泉。

按照马克思的劳动价值理论，资金时间价值产生的源泉并非表面的时间变化而是劳动者为社会劳动所创造出来的剩余价值。因为如果将一大笔钱放在保险柜里，随着时间的变化不可能使资金增值，而是必须投入周转使用，经过劳动过程才能产生资金时间价值。马克思的剩余价值观揭示了资金时间价值的源泉——剩余价值。资金需求者之所以愿意以一定的利率借入资金，是因为因此而产生的剩余价值能够补偿所支付的利息。根据剩余价值观点，资金具有时间价值是有条件的，即资金必须用于周转使用，作为分享剩余价值的要素资本参与社会扩大再生产活动。

因此，资金时间价值的概念可以表述为：资金作为要素资本参与社会再生产活动，经过一定时间的周转循环而发生的增值，这种增值能够给投资者带来更大的效用。

对于资金时间价值也可以理解为：如果放弃资金的使用权利（投资、储蓄等），就不能用于现期消费，牺牲现期消费是为了能在将来得到更多的消费，因此资金时间价值体现为放弃现期消费的损失所应给予的必要补偿。

三、资金时间价值的表现方式

资金时间价值在商品货币经济中有两种主要表现形式：一种是将现有资金存入银行，可以取得利息；另一种是将现有资金用于生产建设，可以取得利润。

资金时间价值可用绝对数（利息）和相对数（利息率）两种形式表示，通常用相对数表示。资金时间价值的实际内容是没有风险和没有通货膨胀条件下的社会平均资金利润率，是企业资金利润率的最低限度，也是使用资金的最低成本率。

由于资金在不同时点上具有不同的价值，不同时点上的资金就不能直接比较，必须换算到相同的时点上才能比较。因此掌握资金时间价值的计算就很重要。资金时间价值的计算包括一次性收付款项和系列收付款项（年金）的终值、现值。

四、资金时间价值的计算

资金时间价值的计算方法与复利方式计息的方法完全相同，因为利息就是资金时间价值的一种重要表现形式，而且通常用利息作为衡量资金时间价值的绝对尺度，用利率作为衡量资金时间价值的相对尺度。

（一）利息与利率

1. 利息

在借贷过程中，债务人支付给债权人的超过原借款本金的部分，就是利息，即

$$I=F-P \tag{3-1}$$

式中　I——利息；

F——还本付息总额；

P——本金。

在工程经济分析中，利息常常被看成是资金的一种机会成本。这是因为如果一笔资金投入在某一个工程项目中，就相当于失去了在银行产生利息的机会，也就是说，使用资金要付出一定的代价，当然投资于项目是为了获得比银行利息更多的收益。从投资者的角度看，利息体现为对放弃现期消费的损失所作的必要补偿，如资金一旦用于投资，就不能用于现期消费，而牺牲现期消费又是为了能在将来得到更多的消费。所以，利息就成了投资分析中平衡现在和未来的杠杆，投资这个概念本身就包含现在和未来两个方面的含义。事实上，投资就是为了在未来获得更大的回收而对目前的资金进行某种安排，很显然，未来的回收应当超过现在的投资，正是这种预期的价值增长才能刺激人们从事投资。因此，在工程经济学中，利息是指占用资金所付的代价或者是放弃近期消费所得的补偿。

2. 利率

在经济学中，利率的定义是从利息的定义中衍生出来的。也就是说，在理论上先承认了利息，再以利息来解释利率。在实际计算中，正好相反，常根据利率计算利息，利息的大小用利率来表示。

利率就是在单位时间内（如年、半年、季、月、周、日等）所得利息与借款本金之比，通常用百分数表示，即

$$i=\frac{I_t}{P}\times 100\% \tag{3-2}$$

式中　i——利率；

I_t——第 t 计息周期的利息额；

P——借款本金。

用于表示计算利息的时间单位称为计息周期，计息周期通常为年、半年、季，也可以为月、周或日。

【例3-1】 某人年初借本金1000元，一年后付息80元，试求这笔借款的年利率。

解： 根据式（3-2）计算年利率为

$$\frac{80}{1000}\times 100\% = 8\%$$

利率是各国发展国民经济的杠杆之一，利率的高低由下述因素决定：

（1）社会平均利润率。通常情况下，平均利润率是利率的最高界限，因为如果利率高于利润率，借款人投资后无利可图，也就不会去借款了。

（2）金融市场上借贷资本的供求情况。在平均利润率不变的情况下，借贷资本供过于求，利率便下降；反之，利率便上升。

（3）银行所承担的贷款风险。借出资本要承担一定的风险，而风险的大小也影响利率的波动。风险越大，利率也就越高。

（4）通货膨胀率。通货膨胀对利率的波动有直接影响，资金贬值往往会使实际利率无形中成为负值。

（5）借出资本的期限长短。借款期限长，不可预见因素多，风险大，利率也就高；反之，利率就低。

3. 利息和利率在工程经济活动中的作用

（1）利息和利率是以信用方式动员和筹集资金的动力。以信用方式筹集资金的一个重要特点是自愿性，而自愿性的动力在于利息和利率。例如一个投资者，他首先要考虑的是投资某一项目所得到的利息（或利润）是否比把这笔资金投入其他项目所得的利息（或利润）多。如果多，他就可能给这个项目投资；反之，他就可能不投资这个项目。

（2）利息促进企业加强经济核算，节约使用资金。企业借款需付利息，增加支出负担，这就促使企业必须精打细算，把借入资金用到刀刃上，减少借入资金的占用以少付利息，同时可以使企业自觉压缩库存限额，减少各环节占压资金。

（3）利息和利率是国家管理经济的重要杠杆。国家在不同的时期制定不同的利率政策，对不同地区不同部门规定不同的利率标准，就会对整个国民经济产生影响。如对于限制发展的部门和企业，利率规定得高一些；对于提倡发展的部门和企业，利率规定得低一些，从而引导部门和企业的生产经营服从国民经济发展的总方向。同样，资金占用时间短，收取低息；资金占用时间长，收取高息。对产品适销对路、质量好、信誉高的企业，在资金供应上给予低息支持；反之，收取较高利息。

（4）利息与利率是金融企业经营发展的重要条件。金融机构作为企业，必须获取利润。由于金融机构的存放款利率不同，其差额成为金融机构业务收入。此差额扣除业务费后就是金融机构的利润，以此刺激金融企业的经营发展。

（二）单利计算

利息计算有单利和复利之分。当计息周期在一个以上时，就需要考虑“单利”与“复利”的区别。复利是对单利而言，以单利为基础进行计算的。所以要了解复利的计算，必须先了解单利的计算。

所谓单利是指在计算利息时，仅考虑最初的本金，而不计入在先前利息周期中所累积增加的利息，即通常所说的“利不生利”的计息方法。其计算式如下：

$$I_t = P i_d \tag{3-3}$$

式中　I_t——第 t 计息周期的利息额；

P——本金；

i_d——计息期单利利率。

设 I_n 代表 n 个计息期所付或所收的单利总利息，则有

$$I_n = \sum_{t=1}^{n} I_t = P i_d n \tag{3-4}$$

由式（3-4）可知，在以单利计息的情况下，总利息与本金、利率以及计息周期数是成正比的关系。而 n 期末单利本利和 F 等于本金加上利息，即

$$F = P + I_n = P(1 + n i_d) \tag{3-5}$$

式中　$(1+ni_d)$——单利终值系数。

同样，本金可由本利和 F 减去利息 I_n 求得，即

$$P = F - I_n = F/(1 + n i_d) \tag{3-6}$$

式中　$1/(1+ni_d)$——单利现值系数。

在利用式（3-5）计算本利和 F 时，要注意式中 n 和 i_d 反映的周期要匹配。如 i_d 为年利率，则 n 应为计息的年数；若 i_d 为月利率，n 即为计息的月数。

【例 3-2】 某人以单利方式借入 1000 元，年利率 8%，4 年末偿还，试计算各年利息和本利和。

解： 计算过程和计算结果见表 3-1。

表 3-1　**单利方式利息计算**　单位：元

年末	借款本金	利息	本利和	偿还额
0	1000			
1		1000×8%=80	1080	0
2		80	1160	0
3		80	1240	0
4		80	1320	1320

由［例 3-2］可见，单利的年利息额都仅由本金所产生，其新生利息不再加入本金产生利息，此即“利不生利”。这不符合客观的经济发展规律，没有反映资金随时都在“增值”的概念，即没有完全反映资金的时间价值。因此，在工程经济分析中单利使用较少，通常只适用于短期投资及不超过一年的短期贷款。

（三）复利计算

1. 复利的概念

在计算利息时，某一计息周期的利息是由本金加上先前周期所累积利息总额来计算的，这种计息方式称为复利，也即通常所说的“利生利”“利滚利”，其表达式如下：

$$I_t = i F_{t-1} \tag{3-7}$$

式中　i——计息周期折现率或利率；

F_{t-1}——第（$t-1$）年末复利本利和。

第 t 年末复利本利和的表达式如下：

$$F_t = F_{t-1}(1+i) \tag{3-8}$$

【例 3-3】 数据同［例 3-2］，试按复利计算各年的利息和本利和。

解：按复利计算时，计算结果见表 3-2。

表 3-2　　复利方式利息计算　　单位：元

年末	借款本金	利　息	本利和	偿还额
0	1000			
1		1000×8%=80	1080	0
2		1080×8%=86.4	1166.40	0
3		1166.4×8%=93.312	1259.71	0
4		1259.71×8%=100.78	1360.49	1360.49

从表 3-1 和表 3-2 可以看出，同一笔借款，在利率和计息期均相同的情况下，用复利计算出的利息金额比用单利计算出的利息金额大。如果本金越大、利率越高、年数越多，两者差距就越大。当然，复利计息比较符合资金在社会再生产过程中运动的实际状况。因此，在实际中得到了广泛的应用，如我国现行财税制度规定：投资贷款实行差别利率并按复利计息。同样，在工程经济分析中，一般采用复利计息。

式（3-8）计算复利很不方便，因为资金有时间价值，所有不同时点发生的现金流量就不能直接相加或相减，对不同方案的不同时点的现金流量也不能直接相比较，只有把不同时点的现金流量换算为同一时点后相加减或相比较，这个点称为基准点，这个过程称为资金等值计算。

资金等值计算公式即为复利计算公式。首先对基本计算公式中常用的几个符号加以说明，以便后面的讨论。

P——本金或资金的现值（present value），一般称为现值，指相对于基准点的数值。

F——本利和（future value），从基准点起到第 n 个计息周期末的数值，一般称为终值。

A——等额年值（annual value），指一段时间的每个计息周期末的一系列等额数值。

G——等差系列的相邻级差值（gradient value）。

i——计息周期折现率或利率（interest rate），常以%计。

n——计息周期数（number of period），无特别说明，通常以年数计。

值得注意的是，计息周期数 n 和利率 i 必须配套使用，即计息周期为年，利率即为年利率；计息周期为月，利率则为月利率。

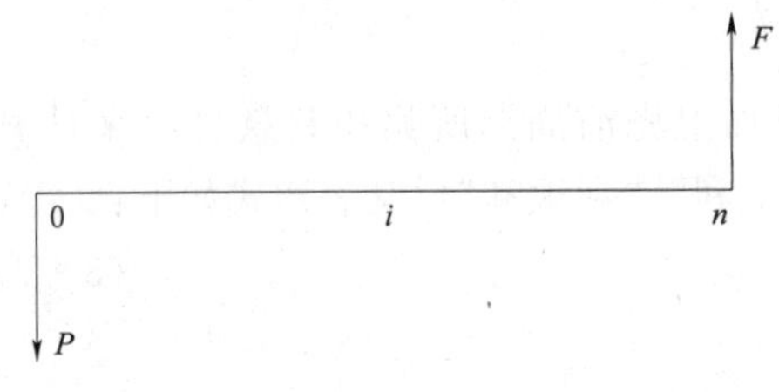

图 3-2　一次支付现金流量示意图

2. 一次支付情形的复利计算

一次支付又称整付，是指所分析系统的现金流量，无论是流入或是流出，均在一个时点上一次发生，如图 3-2 所示。一次支付情形的复利计算式是复利计算的基本公式。

在图 3-2 中：i 为计息周期折现率或利率；

n 为计息周期数；P 为现值；F 为终值。

一次性收付款项是指在某一特定时点上一次性支出或收入，经过一段时间后再一次性收回或支出的款项。例如，现在将一笔 10000 元的现金存入银行，5 年后一次性取出本利和。

（1）终值计算（已知 P 求 F）。现有一项资金 P，按年利率 i 计算，n 年以后的本利和为多少？

根据复利的定义即可求得本利和 F 的计算公式，其计算过程见表 3-3。

表 3-3　　复利法计算本利和的推导过程

计息期数	期初本金	期末利息	期末本利和
1	P	Pi	$F_1=P+Pi=P(1+i)$
2	$P(1+i)$	$P(1+i)i$	$F_2=P(1+i)+P(1+i)i=P(1+i)^2$
3	$P(1+i)^2$	$P(1+i)^2i$	$F_3=P(1+i)^2+P(1+i)^2i=P(1+i)^3$
…	…	…	…
$n-1$	$P(1+i)^{n-2}$	$P(1+i)^{n-2}i$	$F_{n-1}=P(1+i)^{n-2}+P(1+i)^{n-2}i=P(1+i)^{n-1}$
n	$P(1+i)^{n-1}$	$P(1+i)^{n-1}i$	$F=F_n=P(1+i)^{n-1}+P(1+i)^{n-1}i=P(1+i)^n$

由表 3-3 可以看出，n 年末的本利和 F 与本金的关系为

$$F=P(1+i)^n \tag{3-9}$$

式中　$(1+i)^n$——一次支付终值系数，用 $(F/P, i, n)$ 表示。

故式（3-9）又可以写成

$$F=P(F/P,i,n) \tag{3-10}$$

在 $(F/P, i, n)$ 这类符号中，括号内斜线前的符号表示所求得的未知数，斜线后的符号表示已知数。整个 $(F/P, i, n)$ 符号表示在已知 i、n 和 P 的情况下求解 F 的值。为了计算方便，通常按照不同的利率 i 和计息期 n 计算出 $(1+i)^n$ 的值。

【例 3-4】　有一笔 50000 元的借款，借期 3 年，若年利率为 8%，按复利计算，则到期应归还的本利和是多少？

解：由式（3-10）得

$$F=P(F/P,i,n)=50000(F/P,8\%,3)=62985.60(\text{元})$$

（2）现值计算（已知 F 求 P）。由式（3-9）即可求出现值 P

$$P=F(1+i)^{-n} \tag{3-11}$$

式中　$(1+i)^{-n}$——一次支付现值系数，用符号 $(P/F, i, n)$ 表示。

一次支付现值系数这个名称描述了它的功能，即未来一笔资金乘上该系数就可求出其现值。工程经济分析中，一般是将未来值折现在零期。计算现值 P 的过程称为"折现"或"贴现"，其所使用的利率常称为折现率、贴现率或收益率。贴现率、折现率反映了利率在资金时间价值计算中的作用，而收益率反映了利率的经济含义，故 $(1+i)^{-n}$ 或 $(P/F, i, n)$ 也可称折现系数或贴现系数。式（3-11）常写成

$$P=F(P/F,i,n) \tag{3-12}$$

【例 3-5】　某企业对投资收益率为 12% 的项目进行投资，欲 5 年后得到 100 万元，

现在应投资多少？

解：由式（3-12）得

$$P=F(P/F,i,n)=100(P/F,12\%,5)=56.74(\text{万元})$$

从上面计算可知，现值与终值的概念和计算方法正好相反，因为现值系数与终值系数互为倒数。在 P 一定、n 相同时，i 越高，F 越大；在 i 相同时，n 越长，F 越大。在 F 一定、n 相同时，i 越高，P 越小；在 i 相同时，n 越长，P 越小，见表 3-4 和表 3-5。

表 3-4　　**一元现值与终值的关系**　　单位：元

i	n				
	1 年	5 年	10 年	15 年	20 年
4%	1.0400	1.2167	1.4802	1.8009	2.1911
8%	1.0800	1.4693	2.1589	3.1722	4.6610
12%	1.1200	1.7623	3.1058	5.4736	9.6463
15%	1.1500	2.0114	4.0456	8.1371	16.3665
20%	1.2000	2.4883	6.1917	15.4070	38.3376

表 3-5　　**一元终值与现值的关系**　　单位：元

i	n				
	1 年	5 年	10 年	15 年	20 年
4%	0.9615	0.8219	0.6756	0.5553	0.4564
8%	0.9259	0.6806	0.4632	0.3152	0.2145
12%	0.8929	0.5674	0.3220	0.1827	0.1037
15%	0.8696	0.4972	0.2472	0.1229	0.0611
20%	0.8333	0.4019	0.1615	0.0649	0.0261

在工程项目多方案比较中，由于现值评价常常是选择现在为同一时点，把方案预计的不同时期的现金流量折算成现值，并按现值之代数和大小作出决策。因此，在工程经济分析时应当注意以下两点：

（1）正确选取折现率。折现率是决定现值大小的一个重要因素，必须根据实际情况灵活选用。

（2）注意现金流量的分布情况。从收益方面来看，获得的时间越早、数额越大，其现值也越大，因此，应使建设项目早日投产，早日达到设计生产能力，早获收益，多获收益，才能达到最佳经济效益。从投资方面来看，投资支出的时间越晚、数额越小，其现值也越小，因此，应合理分配各年投资额，在不影响项目正常实施的前提下，尽量减少建设初期投资额，加大建设后期投资比重。

3. 多次支付的情形

在工程经济实践中，多次支付是最常见的支付情形。多次支付是指现金流量在多个时点发生，而不是集中在一个时点上。如果用 A_t 表示 t 期末发生的现金流量的大小，可正可负，用逐个折现的方法，可将多次现金流量换算成现值，即

$$P=A_1(1+i)^{-1}+A_2(1+i)^{-2}+\cdots+A_n(1+i)^{-n}=\sum_{t=1}^{n}A_t(1+i)^{-t} \quad (3-13)$$

或

$$P=\sum_{t=1}^{n}A_t(P/F,i,t) \quad (3-14)$$

同理，也可将多次现金流量换算成终值：

$$F=\sum_{t=1}^{n}A_t(1+i)^{n-t} \quad \text{或} \quad F=\sum_{t=1}^{n}A_t(F/P,i,n-t) \quad (3-15)$$

在上面式子中，虽然这些系数都可以计算或查复利表得到，但如果 n 较大，A_t 较多时，计算也是比较麻烦的。如果多次现金流量 A_t 有如下特征，则可大大简化上述计算公式。

（1）等额系列现金流量。现金流量序列是连续的，且数额相等，即

$$A_t=A=\text{常数} \qquad (t=1,2,3,\cdots,n) \quad (3-16)$$

（2）等差系列现金流量。现金流量序列是连续的，且相邻现金流量相差同一个常数 G，且现金流量序列是连续递增或连续递减，即

$$A_t=A_1\pm(t-1)G \qquad (t=1,2,3,\cdots,n) \quad (3-17)$$

（3）等比系列现金流量。现金流量序列是连续的，后一个现金流量较前一个现金流量按同一比率 j 连续递增，即

$$A_t=A_1(1+j)^{t-1} \qquad (t=1,2,3,\cdots,n) \quad (3-18)$$

4. 等额系列现金流量

等额系列现金流量如图 3-3 所示。

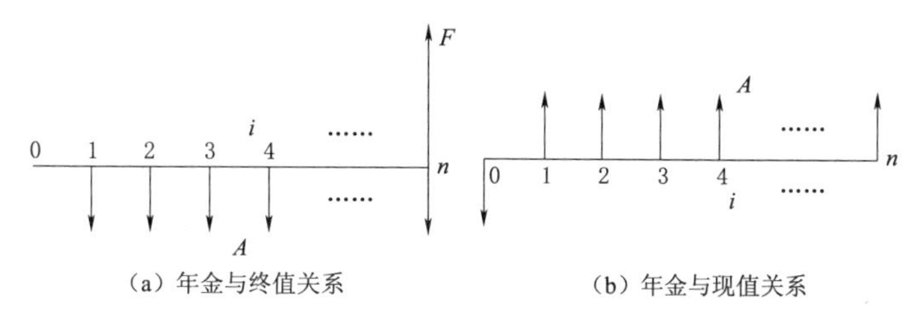

（a）年金与终值关系　　（b）年金与现值关系

图 3-3　等额系列现金流量示意图

图中，A 为年金，发生在（或折算为）某一特定时间序列各计息期末（不包括零期）的等额资金序列的价值。

（1）终值计算（已知 A 求 F）。由式（3-15）展开得

$$F=\sum_{t=1}^{n}A_t(1+i)^{n-t}=A[(1+i)^{n-1}+(1+i)^{n-2}+\cdots+(1+i)+1]=A\frac{(1+i)^n-1}{i} \quad (3-19)$$

式中　$\frac{(1+i)^n-1}{i}$——等额系列终值系数或年金终值系数，用符号（F/A，i，n）表示。

则式（3-19）又可写成

$$F=A(F/A,i,n) \quad (3-20)$$

【例 3－6】 某工程建设期为 6 年，假设每年年末向银行贷款 3000 万元作为投资，年利率为 7%，到第 6 年末欠银行本利和为多少？

解： 由式（3－20）得

$$F=A(F/A,i,n)=3000(F/A,7\%,6)=3000\times 7.153=21459(\text{万元})$$

（2）现值计算（已知 A 求 P）。由式（3－11）和式（3－19）得

$$P=F(1+i)^{-n}=A\frac{(1+i)^n-1}{i(1+i)^n} \tag{3-21}$$

式中 $\frac{(1+i)^n-1}{i(1+i)^n}$——等额系列现值系数或年金现值系数，用符号（$P/A$，$i$，$n$）表示。

则式（3－21）又可写成

$$P=A(P/A,i,n) \tag{3-22}$$

【例 3－7】 某人希望今后 5 年内每年年末可从银行取回 1000 元，年利率为 10%，复利计算，问他现在必须存入银行多少钱？

解： 由式（3－22）得

$$P=A(P/A,i,n)=1000(P/A,10\%,5)=1000\times 3.7908=3790.8(\text{元})$$

（3）资金回收计算（已知 P 求 A）。由式（3－21）可知，等额系列资金回收计算是等额系列现值计算的逆运算，故由式（3－21）即可得

$$A=P\frac{i(1+i)^n}{(1+i)^n-1} \tag{3-23}$$

式中 $\frac{i(1+i)^n}{(1+i)^n-1}$——等额系列资金回收系数，用符号（$A/P$，$i$，$n$）表示。

则式（3－23）又可写成

$$A=P(A/P,i,n) \tag{3-24}$$

【例 3－8】 假设某工程建设期初在银行存入资金 10000 万元，以后在 10 年内每年年末从银行均匀提取现金用于工程建设，若年利率为 8%，问每年年末可以从银行提取多少万元？

解： 由式（3－24）得

$$A=P(A/P,i,n)=10000(A/P,i,n)=10000\times 0.1490=1490(\text{万元})$$

（4）偿债基金计算（已知 F 求 A）。偿债基金计算是等额系列终值计算的逆运算，故用式（3－19）即可得

$$A=F\frac{i}{(1+i)^n-1} \tag{3-25}$$

式中 $\frac{i}{(1+i)^n-1}$——等额系列偿债基金系数，用符号（A/F，i，n）表示。

则式（3－25）又可写成

$$A=F(A/F,i,n) \tag{3-26}$$

【例 3－9】 某人希望在 10 年后得到一笔 40000 元的资金，在 5%年利率的条件下，每年应均匀地存入银行多少？

解： 由式（3－24）得

$$A=F(A/F,i,n)=40000(A/F,5\%,10)=40000\times0.0795=3180(\text{元})$$

5. 等差系列现金流量

在许多工程经济问题中，现金流量每年均有一定数量的增加或减少，如房屋随着其使用期的延伸，维修费将逐年有所增加。如果逐年的递增或递减是等额的，则称为等差系列现金流量，其现金流量如图 3-4 所示。

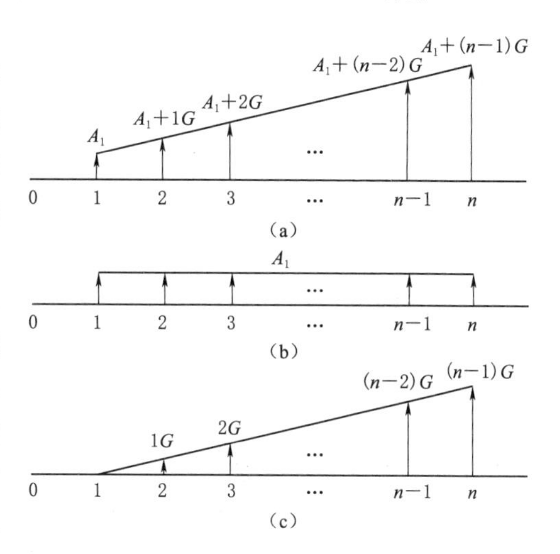

图 3-4　等差系列递增现金流量示意图

图 3-4 (a) 为等差递增系列现金流量，可化简为两个支付系列：一个是等额系列现金流量，如图 3-4 (b) 所示，年金是 A_1；另一个是由 G 组成的等额递增系列现金流量，如图 3-4 (c) 所示。图 3-4 (b) 支付系列用等额系列现金流量的有关公式计算，问题的关键是图 3-4 (c) 支付系列如何计算。这就是等差系列现金流量需要解决的。

(1) 等差终值计算（已知 G 求 F）。根据图 3-4 (c)，可列出 F 与 G 的计算式如下：

$$F_G=G(1+i)^{n-2}+2G(1+i)^{n-3}+\cdots+(n-2)G(1+i)+(n-1)G \tag{3-27}$$

式 (3-27) 两边同乘以 $(1+i)$，得

$$F_G(1+i)=G(1+i)^{n-1}+2G(1+i)^{n-2}+\cdots+(n-2)G(1+i)^2+(n-1)G(1+i) \tag{3-28}$$

由式 (3-28)减式 (3-27) 得

$$F_Gi=G[(1+i)^{n-1}+(1+i)^{n-2}+\cdots+(1+i)^2+(1+i)+1]-nG=G\,\frac{(1+i)^n-1}{i}-G \tag{3-29}$$

整理得

$$F_G=G\left[\frac{(1+i)^n-1}{i^2}-\frac{n}{i}\right] \tag{3-30}$$

式中　$\dfrac{(1+i)^n-1}{i^2}-\dfrac{n}{i}$——等差系列终值系数，用符号 $(F/G,i,n)$ 表示。

则式 (3-30) 可写成

$$F_G=G(F/G,i,n) \tag{3-31}$$

(2) 等差现值计算（已知 G 求 P）。由 P 与 F 的关系得

$$P_G=F_G(1+i)^{-n}=G\left[\frac{(1+i)^n-1}{i^2(1+i)^n}-\frac{n}{i(1+i)^n}\right] \tag{3-32}$$

式中　$\dfrac{(1+i)^n-1}{i^2(1+i)^n}-\dfrac{n}{i(1+i)^n}$——等差系列现值系数，用符号 $(P/G,i,n)$ 表示。

则式 (3-32) 可写成

$$P_G=G(P/G,i,n) \tag{3-33}$$

(3) 等差年金计算（已知 G 求 A）。由 A 与 F 的关系得

$$A_G=F_G(A/F,i,n)=G\left[\frac{(1+i)^n-1}{i^2}-\frac{n}{i}\right]\left[\frac{i}{(1+i)^n-1}\right]$$

整理得

$$A_G=G\left[\frac{1}{i}-\frac{n}{(1+i)^n-1}\right] \tag{3-34}$$

式中　$\frac{1}{i}-\frac{n}{(1+i)^n-1}$——等差年金换算系数，用符号（$A/G$，$i$，$n$）表示。

式（3-34）可写成

$$A_G=G(A/G,i,n) \tag{3-35}$$

根据上述公式，即可方便地得出图3-4所示等差系列现金流量的年金为

$$A=A_1\pm A_G \tag{3-36}$$

“减号”为等差递减系列现金流量，如图3-5所示。

若计算原等差系列现金流量的现值P和终值F，则按式（3-32）和式（3-33）有

$$P=P_{A1}\pm P_G=A_1(P/A,i,n)\pm G(P/G,i,n) \tag{3-37}$$

$$F=F_{A1}\pm F_G=A_1(F/A,i,n)\pm G(F/G,i,n) \tag{3-38}$$

【例3-10】 现有如图3-6所示现金流量，设$i=10\%$，按复利计息，试计算其现值、终值、年金。

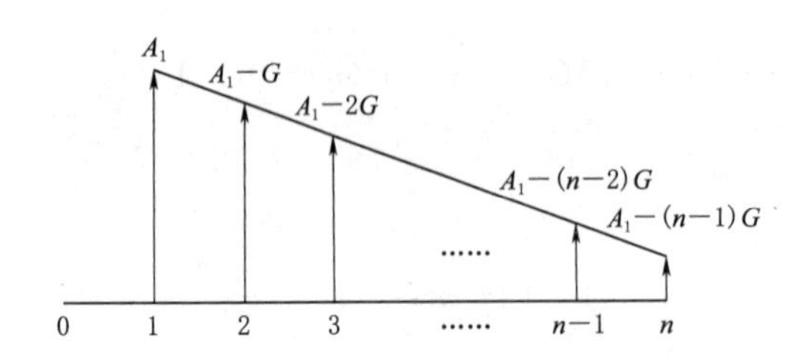

图3-5　等差系列递减现金流量示意图

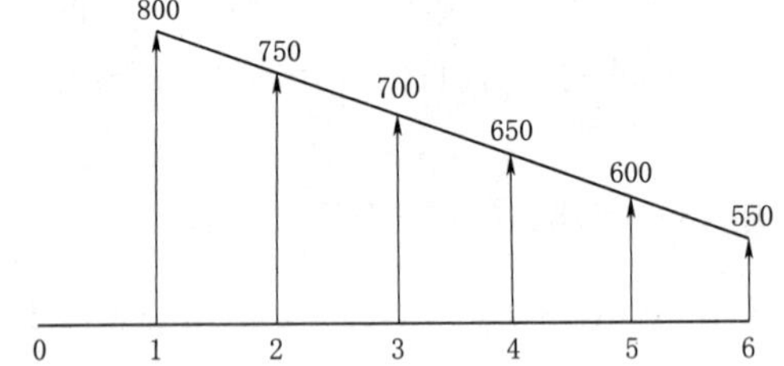

图3-6　[例3-10] 现金流量示意图（单位：元）

解：

$A=A_1-A_G=A_1-G(A/G,i,n)=800-50(A/G,10\%,6)=800-50\times 2.224$

$=688.8$(元)

$P=A(P/A,i,n)=688.8(P/A,10\%,6)=688.8\times 4.3553=2999.93$(元)

$F=A(F/A,i,n)=688.8(F/A,10\%,6)=688.8\times 7.7156=5314.51$(元)

6. 等比系列现金流量

等比系列现金流量如图3-7所示。

将等比系列通式$A_t=A_1(1+j)^{t-1}$分别代入式（3-13）和式（3-15），化简后即可求得等比系列现值和终值。

（1）等比系列现值。

$$P=\sum_{t=1}^{n}A_t(1+i)^{-t}=\sum_{t=1}^{n}A_1(1+j)^{t-1}(1+i)^{-t}=\frac{A_1}{1+j}\sum_{t=1}^{n}\frac{(1+j)^t}{(1+i)^t}$$

化简得

$$P=\begin{cases}\dfrac{nA_1}{1+j} & i=j\\ A_1\dfrac{[(1+j)^n(1+i)^{-n}-1]}{j-i} & i\neq j\end{cases}\tag{3-39}$$

或
$$P=A_1(P/A,i,j,n)\tag{3-40}$$

式中　$(P/A,i,j,n)$——等比系列现值系数。

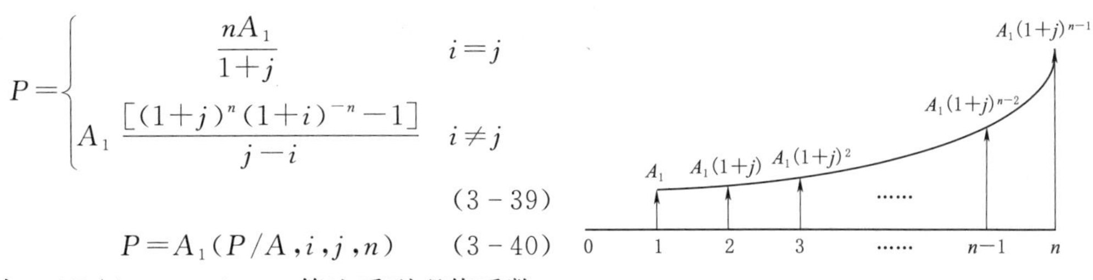

图 3-7　等比系列现金流量示意图

(2) 等比系列终值。由 $F=P(1+i)^n$ 得

$$F\begin{cases}nA_1(1+j)^{n-1} & i=j\\ A_1\dfrac{[(1+j)^n-(1+i)^n]}{j-i} & i\neq j\end{cases}\tag{3-41}$$

或
$$F=A_1(F/A,i,j,n)\tag{3-42}$$

式中　$(F/A,i,j,n)$——等比系列终值系数。

7. 复利计算小结

(1) 复利系数之间的关系。

1) 倒数关系。

$$(F/P,i,n)=1/(P/F,i,n)$$
$$(A/P,i,n)=1/(P/A,i,n)$$
$$(A/F,i,n)=1/(F/A,i,n)$$

2) 乘积关系。

$$(F/A,i,n)=(P/A,i,n)(F/P,i,n)$$
$$(F/P,i,n)=(A/P,i,n)(F/A,i,n)$$

3) 其他关系。

$$(A/P,i,n)=(A/F,i,n)+i$$
$$(F/G,i,n)=[(F/A,i,n)-n]/i$$
$$(P/G,i,n)=[(P/A,i,n)-n(P/F,i,n)]/i$$
$$(A/G,i,n)=[1-n(A/F,i,n)]/i$$

(2) 复利计算公式使用注意事项，见表 3-6。

1) 本期末即等于下期初。0 点就是第一期初，也称零期；第一期末即等于第二期初；其余类推。

2) P 是在第一计息期开始时（0 期）发生。

3) F 发生在考察期期末，即 n 期末。

4) 各期的等额支付 A，发生在各期期末。

5) 当问题包括 P 与 A 时，系列的第一个 A 与 P 隔一期，即 P 发生在系列 A 的前一期。

6) 当问题包括 A 与 F 时，系列的最后一个 A 与 F 同时发生。

7) P_G 发生在第一个 G 的前两期；A_1 发生在第一个 G 的前一期。

表 3-6　资金等值计算基本公式汇总

类型	公式名称	已知	求解	计算公式	系数名称及表示符号
一次支付	一次支付终值公式	P	F	$F=P(1+i)^n$	一次支付终值系数 $(F/P,i,n)$
	一次支付现值公式	F	P	$P=F(1+i)^{-n}$	一次支付现值系数 $(P/F,i,n)$
等额多次支付	等额系列终值公式	A	F	$F=A\left[\frac{(1+i)^n-1}{i}\right]$	等额系列终值系数 $(F/A,i,n)$
	偿债基金公式	F	A	$A=F\left[\frac{i}{(1+i)^n-1}\right]$	偿债基金公式系数 $(A/F,i,n)$
	等额系列现值公式	A	P	$P=A\left[\frac{(1+i)^n-1}{i(1+i)^n}\right]$	等额系列现值系数 $(P/A,i,n)$
	资金回收公式	P	A	$A=P\left[\frac{i(1+i)^n}{(1+i)^n-1}\right]$	资金回收公式系数 $(A/P,i,n)$
等差系列	等差系列终值公式	G	F	$F=G\left[\frac{(1+i)^n-1}{i^2}-\frac{n}{i}\right]$	等差系列终值系数 $\frac{(1+i)^n-1}{i^2}-\frac{n}{i}$
	等差系列现值公式	G	P	$P=G\left[\frac{(1+i)^n-1}{i^2(1+i)^n}-\frac{n}{i(1+i)^n}\right]$	等差系列现值系数 $\frac{(1+i)^n-1}{i^2(1+i)^n}-\frac{n}{i(1+i)^n}$
	等差系列年金计算公式	G	A	$A=G\left[\frac{1}{i}-\frac{n}{(1+i)^n-1}\right]$	等差系列年金计算系数 $\left[\frac{1}{i}-\frac{n}{(1+i)^n-1}\right]$

（四）名义利率与实际利率

在复利计算中，利率周期通常以年为单位，它可以与计息周期相同，也可以不同。当利率周期与计息周期不一致时，就出现了名义利率和实际利率的概念。

由上文可知，单利与复利的区别在于复利法包括了利息的利息。实质上名义利率和实际利率的关系与单利和复利的关系一样，所不同的是名义利率和实际利率是用在计息周期小于利率周期时。

1. 名义利率

名义利率 r 是指计息周期利率 i 乘以一个利率周期内的计息周期数 m 所得的利率周期利率，即

$$r=im \tag{3-43}$$

若月利率为 1%，则年名义利率为 12%。很显然，计算名义利率时忽略了前面各期利息再生的因素，这与单利的计算相同。通常所说的利率周期利率都是名义利率。

2. 实际利率

若用计息周期利率来计算利率周期利率，并将利率周期内的利息再生因素考虑进去，这时所得的利率周期利率称为利率周期实际利率（又称有效利率）。

根据利率的概念即可推导出实际利率的计算式。

已知名义利率 r，一个利率周期内计息 m 次，则计息周期利率 $i=r/m$，在某个利率

周期初有资金 P，根据一次支付终值公式可得该利率周期的 F，即

$$F=P\left(1+\frac{r}{m}\right)^{m}$$

根据利息的定义可得该利率周期的利息 I 为

$$I=F-P=P\left(1+\frac{r}{m}\right)^{m}-P=P\left[\left(1+\frac{r}{m}\right)^{m}-1\right]$$

再根据利率的定义可得该利率周期的实际利率 i_{eff}：

$$i_{eff}=\frac{I}{P}=\left(1+\frac{r}{m}\right)^{m}-1 \tag{3-44}$$

现设年名义利率 $r=10\%$，则年、半年、季、月、日的年实际利率见表 3-7。

表 3-7　年、半年、季、月、日的年实际利率

年名义利率 r	计息期	年计息次数 m	计息期利率（$i=r/m$）	年实际利率 i_{eff}
10%	年	1	10%	10%
	半年	2	5%	10.25%
	季	4	2.5%	10.38%
	月	12	0.833%	10.47%
	日	365	0.0274%	10.52%

从表 3-7 可以看出，每年计息次数 m 越多，i_{eff} 与 r 相差越大，所以，在工程经济分析中，如果各方案的计息期不同，就不能简单地使用名义利率来评价，而必须换算成实际利率进行评价，否则会得出不正确的结论。

3. 连续复利

前面介绍了间断计息的情形，当每期计息时间趋于无限小，则一年（计算周期常为一年）内计息次数趋于无限大，即 $m\to\infty$，此时可视为计息没有时间间隔而成为连续计息，则年有效利率为

$$i_{\infty}=\lim_{m\to\infty}\left[\left(1+\frac{r}{m}\right)^{m}-1\right]=e^{r}-1$$

将连续复利引入普通的利息公式可得如下公式：

(1) 一次支付。

连续复利终值公式

$$F=Pe^{rm} \tag{3-45}$$

连续复利现值公式

$$P=Fe^{-rm} \tag{3-46}$$

(2) 等额支付。

连续复利终值公式

$$F=A\left(\frac{e^{rm}-1}{e^{r}-1}\right) \tag{3-47}$$

连续复利现值公式

$$P=A\left(\frac{1-e^{-rm}}{e^{r}-1}\right) \tag{3-48}$$

连续复利资金回收公式

$$A=P\left(\frac{e^{r}-1}{1-e^{-rm}}\right) \tag{3-49}$$

连续复利偿债基金公式

$$A=F\left(\frac{e^{r}-1}{e^{rm}-1}\right) \tag{3-50}$$

上面介绍了连续复利的几个基本公式。从理论上讲，整个社会的资金是在不停地运动，每时每刻都通过生产和流通在增值，因而应该采用连续复利法。然而在实际使用中都采用间断复利法。尽管如此，这种连续复利的概念对投资决策、制定其数学模型极为重要。因为在数学分析中，连续是一个必要的前提，故以连续性为出发点去对技术方案作更进一步的分析还是可取的，比如用连续复利计算的利息高于普通复利，故资金成本偏高，可以提醒决策者融资时予以注意。

第三节　等值计算与应用

一、等值计算

资金有时间价值，即使金额相同，因其发生在不同时点，其价值就不相同；反之，不同时点绝对值不等的资金在时间价值的作用下却可能具有相同的价值。这些不同时期、不同数额但其"价值等效"的资金称为等值，又称等效值。在工程经济分析中，等值是一个十分重要的概念，它提供一个计算某一经济活动有效性或者进行方案比较、优选的可能性。资金等值计算公式和复利计算公式的形式是相同的。

【例 3-11】 设年利率 $i=10\%$，复利计算，现在的 1000 元等于 5 年末的多少元？

解： 画现金流量图，如图 3-8 所示，5 年末的本利和 F 为

$$F=P(F/P,i,n)=1000(F/P,10\%,5)=1000\times1.6105=1610.5(\text{元})$$

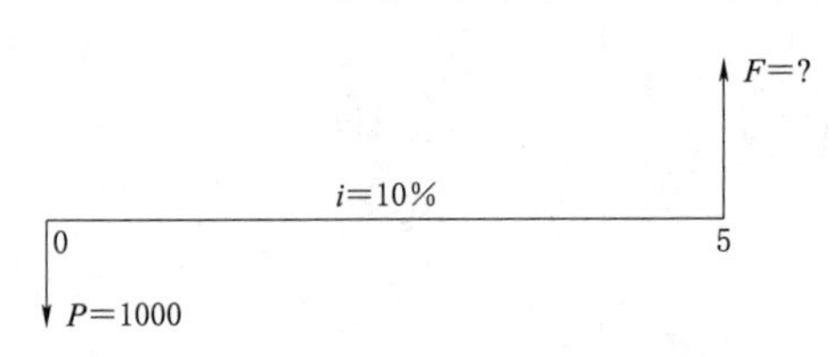

图 3-8　现金流量示意图

计算表明，在复利计算，年利率为 10%时，现在的 1000 元，等值于 5 年末的 1610.5 元；或 5 年末的 1610.5 元，当 $i=10\%$ 时，等值于现在的 1000 元。

如果两个现金流量等值，则对任何时刻的时值必然相等。

现用上例求第 3 年末的时值：

按 $P=1000$ 元计算 3 年末的时值，有

$$F_3=P(F/P,i,n)=1000(F/P,10\%,3)=1000\times1.331=1331(\text{元})$$

用 $F=1610.5$ 元，计算 2 年前的价值，则

$$P'=1610.5\times(P/F,10\%,2)=1610.5\times0.8264=1331(\text{元})$$

若计算第 7 年末的时值：

按 $P=1000$ 元计算第 7 年末的时值，有

$$F'=1000(F/P,10\%,7)=1000\times1.9487=1948.7(\text{元})$$

按 $F=1610.5$ 元，计算第 7 年末的时值（注意：这时 $n=7-5=2$），则

$$F'=1610.5(F/P,10\%,2)=1610.5\times1.21=1948.7(\text{元})$$

影响资金等值的因素有三个：金额的多少、资金发生的时间、利率（或折现率）的大小。其中利率是一个关键因素，一般等值计算中是以同一利率为依据的。

在工程经济分析中，在考虑资金时间价值的情况下，其不同时点发生的收入或支出是不能直接相加减的。而利用等值的概念，则可以把在不同时点发生的资金换算成同一时点的等值资金，然后再进行比较，所以在工程经济分析中，方案比较都是采用等值概念来进行分析、评价和选定。

1. 计息周期小于（或等于）资金收付周期的等值计算

计息周期小于（或等于）资金收付周期的等值计算方法有以下两种：

1）按收付周期实际利率计算。

2）按计息周期利率计算，即

$$F=P(F/P,r/m,mn) \tag{3-51}$$

$$P=F(P/F,r/m,mn) \tag{3-52}$$

$$F=A(F/A,r/m,mn) \tag{3-53}$$

$$P=A(P/A,r/m,mn) \tag{3-54}$$

$$A=F(A/F,r/m,mn) \tag{3-55}$$

$$A=P(A/P,r/m,mn) \tag{3-56}$$

式中　r——收付周期实际利率；

　　m——收付周期中的计息次数。

【例 3-12】 某人现在存款 1000 元，年利率 $i=10\%$，复利计算，计息周期为半年，问 5 年末存款金额为多少？

解： 现金流量如图 3-9 所示，5 年末的本利和 F 为

$$F=1000(F/P,10\%/2,2\times5)=1000(F/P,5\%,10)=1000\times1.6289=1628.9(\text{元})$$

【例 3-13】 每半年存款 1000 元，连续存 10 次，年利率 $i=8\%$，每季计息一次，复利计算，问 5 年末存款金额为多少？

解： 现金流量如图 3-10 所示。由于本利计息周期小于收付周期，不能直接采用计息期利率计算，故只能用实际利率来计算。

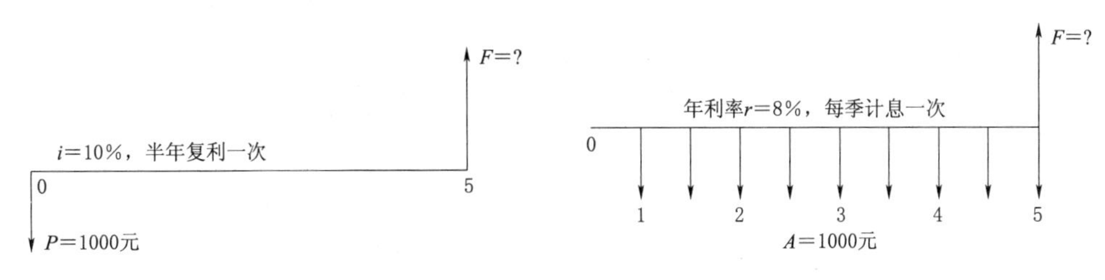

图 3-9 ［例 3-12］现金流量示意图　　　图 3-10 ［例 3-13］现金流量示意图

计息期利率　　　　　　　$i=r/m=8\%/4=2\%$

半年期实际利率　　　　$i_{eff半}=(1+2\%)^2-1=4.04\%$

则　　　　$F=1000(F/A,4.04\%,2\times5)=1000\times12.029=12029$(元)

2. 计息周期大于收付周期的等值计算

由于计息周期大于收付周期，计息周期间的收付常采用以下三种方法之一进行处理。

1）不计息。在工程经济分析中，当计息周期内收付不计息时，其支出计入期初，其收益计入期末。

2）单利计算。在计息期内的收付均按单利计息，其计算公式如下：

$$A_t=\sum A_k'[1+(m_k/N)i] \tag{3-57}$$

式中　A_t——第 t 计息期末净现金流量；

N——一个计息期内收付周期数；

A_k'——第 t 计息期内第 k 期收付金额；

m_k——第 t 计息期内第 k 期收付金额到达第 t 计息期末所包含的收付周期数；

i——计息周期数。

【例 3-14】 付款情况如图 3-11 所示，年利率 $i=8\%$，半年计息一次，复利计算，计息期内的收付款利息按单利计算，问年末金额多少？

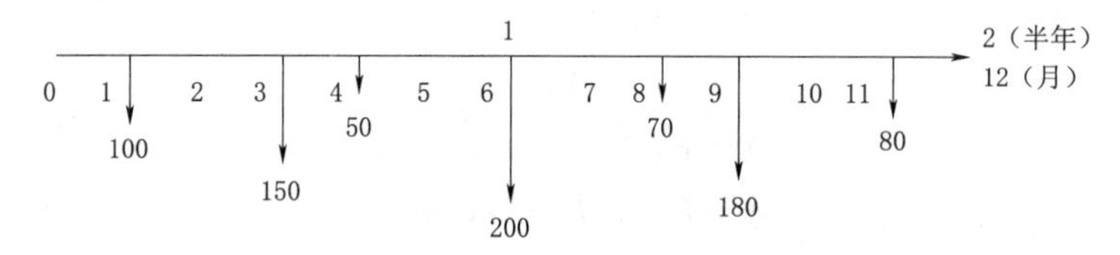

图 3-11 ［例 3-14］现金流量示意图（单位：元）

解： 年利率 $r=8\%$，半年计息一次，计息期利率 $i=8\%/2=4\%$，计息期内的收付款利息按单利计算，由式（3-57）得

$$A_1=100\times[1+(5/6)\times4\%]+150\times[1+(3/6)\times4\%]+50\times[1+(2/6)\times4\%]+200=507(元)$$

$$A_2=70\times[1+(4/6)\times4\%]+180\times[1+(3/6)\times4\%]+80\times[1+(1/6)\times4\%]=336(元)$$

然后利用普通复利公式即可求出年末金额 F 为

$$F=507(F/P,4\%,1)+336=507\times1.04+336=863.28(元)$$

3）复利计算。在计息周期内的收付按复利计算，此时，计息周期利率相当于“实际利率”，收付周期利率相当于“计息期利率”。收付周期利率的计算正好与已知名义利率去求解实际利率的情况相反。收付周期利率计算出来后即可按普通复利公式进行计算。

【例 3-15】 某人每月存款 100 元，限期一年，年利率 8%，每季计息一次，复利计算，计息期内收付利息按复利计算，问年末他的存款金额有多少？

解： 据题意绘制现金流量如图 3-12 所示。

名义利率 8%，每季计息一次，计息期内收付利息按复利计算。计息利息率（即季度实际利率）$i_季=8\%/4=2\%$。运用实际利率公式计算收付期利率如下：

$$i_{eff}=(1+r/m)^m-1$$

$$i_季=(1+r_季/3)^3-1=2\%$$

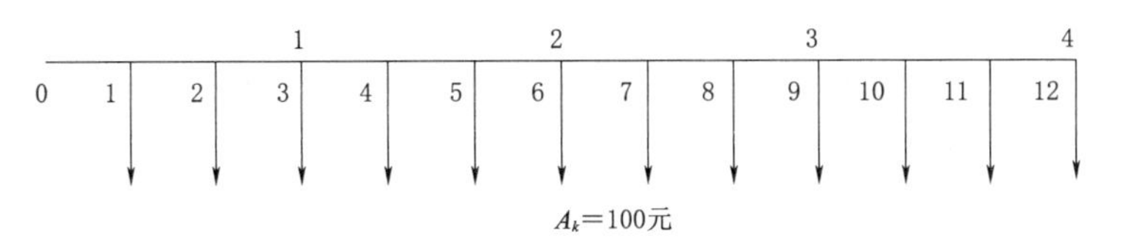

图 3-12 [例 3-15] 现金流量示意图

解得　　$r_{季}=1.9668\%$

则每月利率 $r_{月}=0.6556\%$，每月复利一次，这与季度利率 2%，季度复利一次是相同的。利用普通复利公式即可求出年末金额 F 为

$$F=100(F/A,0.6556\%,12)=100\times12.4423=1244.23(元)$$

注意：在计息周期内的收付按复利计算时，收付周期利率不能直接使用每月利率，即 (8%/12)=0.6667%，因为复利是季度一次而非每月一次。

二、利用复利表计算未知利率、未知期（年）数

1. 计算未知利率（或投资收益率）

【例 3-16】 在我国国民经济和社会发展“九五”计划和 2010 年远景目标纲要中提出，到 2000 年我国国民生产总值在 1995 年 5.76 万亿元的基础上达到 8.5 万亿元；按 1995 年不变价格计算，在 2010 年实现国民生产总值在 2000 的基础上翻一番，问“九五”期间我国国民生产总值的年增长率为多少？2000 年到 2010 年增长率又是多少？

解：据题意绘制现金流量如图 3-13 所示。

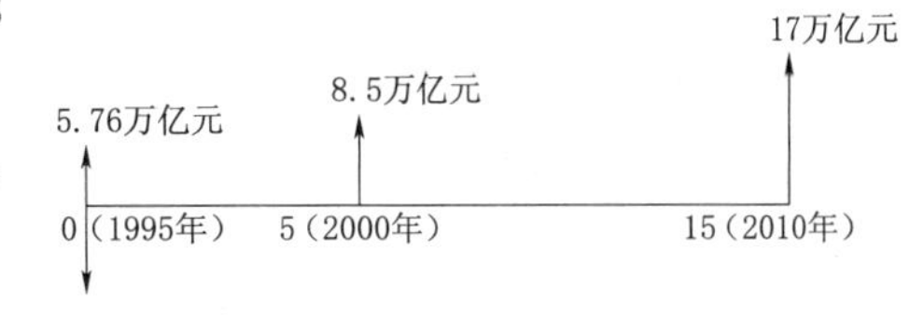

图 3-13 [例 3-16] 现金流量示意图

由 $F=P(1+i)^n$ 两边取对数即可解得 i，但计算较繁，一般不用，而是利用复利计算。

由公式 $F=P(F/P,i,n)$ 得 $(F/P,i,n)=F/P$，则计算过程如下：

(1)“九五”增长率 i_1。

$$(F/P,i_1,n)=8.5/5.76=1.4757$$

其中　　$(F/P,8\%,5)=1.4693,(F/P,9\%,5)=1.5386$

显然，所求 i_1 在 8%～9%之间，利用线性内插法即可解得

$$i_1=8\%+\frac{1.4757-1.4693}{1.5386-1.4693}\times(9\%-8\%)=8.09\%$$

(2) 2000 年到 2010 年增长率 i_2。同理可得

$$(F/P,i_2,n)=17/8.5=2$$

$$(F/P,7\%,10)=1.9672,(F/P,8\%,10)=2.1589$$

线性内插解得

$$i_2=7\%+\frac{2-1.9672}{2.1589-1.9672}\times(8\%-7\%)=7.17\%$$

答：“九五”期间我国国民生产总值的年增长率为 8.09%，2000 年到 2010 年增长率为 7.17%。

当然，采用线性内插法是有误差的，因为因子的数值与时间是呈指数关系，但由于线性内插是在极小的范围内进行的（一般不超2个百分点），这种误差对方案评价来说影响甚微，不影响方案评价的结论。

2. 计算未知年数

【例3-17】 某企业贷款200万元，建一工程，第2年底建成投产，投产后每年收益40万元。若年利10%，问在投产后多少年能归还200万元的本息？

解： 据题意绘制现金流量如图3-14所示。

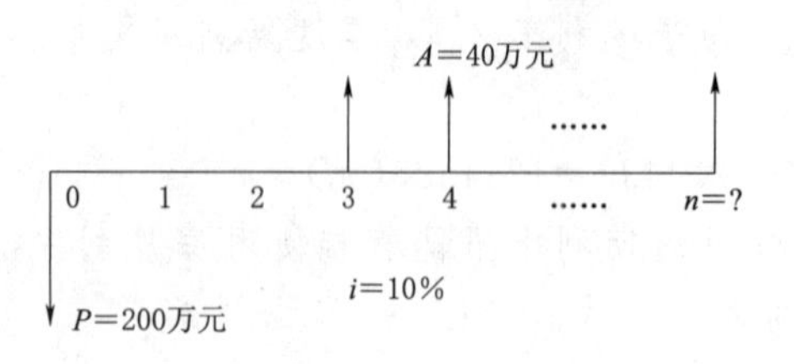

图3-14 ［例3-17］现金流量示意图

以投产之日第2年底（即第3年初）为基准期，计算 F_P：

$$F_P = 200(F/P, 10\%, 2) = 200 \times 1.210 = 242\text{（万元）}$$

计算返本期，由 $P = A(P/A, i, n)$ 得 $(F/A, i, n-2) = P/A = 242/40 = 6.05$

由于 $(P/A, 10\%, 9) = 5.7590$，$(P/A, 10\%, 10) = 6.1446$，由线性内插法求得 $(n-2) = 9.7547$。

答：在投产后9.7547年才能返还投资。

思考与习题

1. 什么是资金的时间价值？在经济计算中它的主要表现形式有哪些？

2. 画现金流量图有什么好处？为什么要采用计算基准年？

3. 实际年利率是什么？名义年利率是什么？两者之间有何关系？

4. “现值”是否指“现在的价值”？“终值”是否指“将来的价值”？

5. 某人将1000元存入银行，年利率为5%。

（1）若1年复利一次，5年后本利和为多少？若此人想得到2倍于本金的资金，需存款多久？

（2）若半年复利一次，5年后本利和是多少？此时银行的实际利率为多少？

6. 某公司需用一台设备，购买价120000元，可使用10年，如租赁此设备，则每年末需付租金18000元，连续付10年，假设利率为6%，问该公司是购买设备还是租赁设备更合算？

7. 某公司拟购置一处房产，房主提出以下两种付款方案：

（1）从现在起，每年年初支付20万元，连续支付10次，共200万元；

（2）从第5年开始，每年年初支付25万元，连续支付10次，共250万元。

假设该公司的资金成本率（即最低报酬率）为10%，你认为该公司应选择哪个方案？

8. 某企业10年内支付租赁费3次：第1年末支付1000元，第4年末支付2000元，第8年末支付3000元。设年利率为8%，试求这一系列支付折合年值是多少？

9. 某人借了5000元，打算在48个月中以等额月末支付分期还款。在归还25次后，他想第26次以一次支付立即归还余下借款，年利率为24%，每月计息一次，问此人归还的总金额为多少？

10. 某工厂现在投资1000万元，两年后再投资1500万元建一车间，第3年开始的5年中，每年获利700万元，之后报废，报废时残值为250万元，利率10%，画现金流量图，并计算期末值。

11. 计划做两次等额的存款储蓄，第一次在2年后，第二次在4年后，若想使得在第二次开始时的5年中，每年末可提取1000元，而后隔年再可提取一次5000元，画现金流量图，并计算出等额存款额，利率10%。

12. 某企业向银行借款，协议书中规定：借款期为6年，年利率第1年和第2年为3%，第3年和第4年为6%，第5年和第6年为12%，借款本利分三次还清，第2年末归还20000元，第4年末归还30000元，第6年末归还50000元。试问本借款总额是多少？

第三章答案

第四章　工程经济效果评价

【教学内容】 净现值、净年值、效益费用比、内部收益率、投资回收年限等各种经济评价方法。

【基本要求】 掌握净现值、净年值、效益费用比、内部收益率、投资回收年限等各种经济评价计算方法。

【思政教学】 通过讲解在实际工程中应该选用的经济指标，使学生明白在追求科学真理的过程中，既要掌握正确的科学方法和手段，还要有严谨的科学态度和坚持不懈的科学精神。思辨能力往往决定一个人的发展潜力，要培养出德才兼备的高素质水利专业人才应注重学生的思辨能力培养。在讲述经济评价方法和方案比较方法时，涉及不少逻辑思辨的分析，可以适度引导学生加强辩证思维能力的培养，讨论辩证思维在单个项目可行性分析、多个可行方案的优选决策中的作用与影响。结合课程体系使学生辩证地认识问题、分析问题、解决问题，培养辩证思维能力。

工程经济效果评价是投资项目或方案评价的核心内容，是项目决策科学化的重要手段。经济效果评价通常应从两个方面加以考察：一是绝对经济效果检验，即通过项目方案本身的收益与费用的比较评价方案；二是相对经济效果检验，即从多个方案中选择最优方案。在工程经济分析中，两者总是相辅相成的。

项目的经济效果可以用一系列的经济评价指标来反映，它们从不同角度反映项目的经济性。这些指标主要可以分为两类：一类是以货币单位计量的价值型指标，如净现值、净年值、费用现值、费用年值等；另一类是反映资金利用效率的效率型指标，如效益费用比、内部收益率等。由于这两类指标是从不同角度考察项目的经济性，所以在对项目方案进行经济效果评价时，应当尽量同时选用这两类指标而不是单一指标。

按是否考虑资金的时间价值，经济效果评价指标分为静态评价指标和动态评价指标。不考虑资金时间价值的评价指标称为静态评价指标；考虑资金时间价值的评价指标称为动态评价指标。静态评价指标主要用于技术经济数据不完备和不精确的项目初选阶段；动态评价指标则用于项目最后决策的可行性研究阶段。本书中主要讨论动态评价指标及其评价方法。

根据所采用指标的不同，经济效果评价方法有净现值（年值）法、效益费用比法、内部收益率法、投资回收年限法等。

另外，由于项目方案的决策类型有多种，各类指标的适用范围和应用方法也是不同的，因此也需要根据方案的不同决策类型选择合适的评价方法。

第一节　工程方案决策类型

为达到同一目的，往往可以有多种不同的技术方案，其所需的投入产出可能是不同的。因投入和产出可能转化为货币单位，所以，从经济角度来看，技术方案亦是投资方案，即以一定的资金投入获取相应的经济效益。

对投资方案作经济效果评价要解决以下两个问题：

(1) 经济效果是否满足某一绝对检验标准，即“筛选”方案。

(2) 看哪个方案的经济效果更好，即“择优”问题。

以上两个问题的解决方法，根据各方案之间的关系，一般可分为独立方案、互斥方案和相关方案三种决策类型。

一、独立方案

独立方案是指各方案之间相互独立，不具有相关性。各方案可同时独立存在，选定一方案并不妨碍选定另一方案，只要经济上允许也可同时选定方案群中的有利方案加以组合，任一方案的采用与否均不影响其他方案是否被采用，并且其经济效果可以相加。

独立方案的采用与否，只取决于方案自身的经济性，经济上是否可行的判据是其绝对经济效果指标是否优于一定的检验标准。凡通过绝对效果检验的方案，就认为它在经济上是可以接受的，否则就应予以拒绝。因此，多个独立方案与单一方案的评价方法是相同的。

对于独立方案而言，不论采用哪种评价指标和评价方法，评价结果都是一样的。

二、互斥方案

互斥方案是指方案之间存在互相排斥的关系，进行方案比选时，选定其中一个方案就不能再选其余方案。

同一工程的不同规模是互斥方案的典型例子，例如某坝址的水电工程，选高坝方案就不能选低坝方案，它们构成互斥的比较方案。

在水利工程中，为达到同一目的，往往在技术上有多种可行的方案，它们构成互斥方案，常称为替代方案，其中仅次于最优方案的替代方案称为最优等效替代方案。

在方案互斥的条件下，经济效果评价包含了两部分内容：一是考察各个方案自身的经济效果，即进行绝对效果检验；二是考察哪个方案最优，即相对效果检验。两种检验的目的和作用不同，通常缺一不可。

互斥方案经济效果评价的特点是要进行方案比选，不论使用何种评价指标，都必须满足方案间具有可比性的要求。一般来说，各个比较方案应满足下列可比性条件：

1. 满足需要的可比性

各个比较方案在产品（水、电或其他）数量、质量、时间、地点、可靠性等方面，须同等程度地满足国民经济发展的需要。例如，为了满足某一地区供水的要求，可以就地开发地下水资源，开凿深井，抽引地下水；也可以在河流上筑坝拦蓄地面径流，经沉淀、过滤、消毒后输水供给各个用水户。这两个方案在技术上都是可行的，均能满足该地区对水量、水质及可靠性等要求。

2. 满足效益和费用的可比性

满足效益和费用的可比性要求主要表现在性质和计算范围两个方面。

(1) 要使用统一货币单位和接近于价值的价格。当前在经济比较分析中存在一个重要的问题，就是我国某些工农业产品（如粮食、燃料、电力等）的现行价格不能反映其价值，价格与价值之间存在相当大的背离。因此，国家发展改革委、建设部于2006年出版的《建设项目经济评价方法与参数》中明确规定：在进行国民经济评价时，对于国内价格明显不合理的投入物和产出物，应以影子价格进行效益和费用的计算。

(2) 计算范围如直接效益（费用）、间接效益（费用）必须相同。比如工程费用，不仅包括工程的一次性造价和经常性年运行费两部分，还应包括主体工程和配套工程等全部费用。

例如在电力建设工程中，无论考虑水电站方案或火电站方案，其费用都应从一次能源开发工程计算起，至二次能源转变完成并输电至负荷中心地区为止。因此，水电方案的费用应包括水库、输水建筑物、水电厂、输变电工程等各部分费用；火电方案的费用则应包括煤矿、铁路、火电厂、输变电工程等各部分费用，这样水电、火电开发方案的总费用才具有可比性。

3. 满足时间上的可比性

各个比较方案需满足时间上的可比性，具体如下：

(1) 要考虑资金的时间价值。由于各个方案的建设期及各年投资不同，生产期各年的效益和年运行费亦不相同，为了进行比较，必须把各年的投资、运行费和效益按同一折现率折算到同一计算基准年，然后进行方案比较。

(2) 经济计算期的一致性。某些经济效果评价方法要求经济计算期相同，或采用不要求经济计算期相同的评价方法，如净年值法等。

(3) 为使方案具有一致的比较基础，必须在同一经济计算期内、按同一基准点、以同一利率考虑各方案的经济效果。

4. 满足环境保护、生态平衡等要求的可比性

修建电站无论采用哪个方案，都应同等程度满足国民经济对环境保护、生态平衡等方面的要求，或者采取补偿措施，使各比较方案都能满足国家规定的要求。例如，水电站方案一般均有水库淹没损失，此时应考虑各种补偿投资费用，以便安置库区移民，使他们搬迁后的生产和生活水平不低于原来水平，对淹没对象应考虑防护工程费或恢复改建费。火电站方案当燃烧煤炭时，必然对四周环境产生污染，因此应及早考虑设置消烟、除尘、去硫设备以及灰渣清除工程，保证环境质量，为此增加的费用，均应计入火电站的基本建设投资中。

三、相关方案

在多个方案之间，如果接受或拒绝某一方案，会显著改变其他方案的现金流量，或会影响对其他方案的选择，那么这些方案就是相关的。实际上，可以将独立方案和互斥方案看成是相关方案的特例，可以认为，独立方案是相关系数为0的相关方案，互斥方案是相关系数为1的相关方案。

相关方案的例子很多，如为解决防洪问题，既可以修建水库，也可以整治河道，或是

修筑堤防工程等，还可以同时采用以上几种措施组合。又比如为满足运输要求，可以修建铁路、公路或两者都建，各方案之间既相互影响，又互相排斥，这些都是相关方案的情况。

在对水利工程的经济效果进行评价时，相关方案不能简单地按照独立方案或互斥方案的评价方法进行决策，而常采用穷举法，将各方案组合成完全互斥的方案，再按互斥方案的评价方法进行评价选择。

以前面提到的防洪问题为例，可以将三种措施组合成七种互斥方案：①只修建水库；②只整治河道；③只修筑堤防工程；④修建水库并整治河道；⑤修建水库并修筑堤防工程；⑥整治河道并修筑堤防工程；⑦修建水库、整治河道并修筑堤防工程。这样就可以按互斥方案的评价方法对这七种方案进行评价。

第二节　净现值、净年值及其评价方法

一、净现值

净现值（net present value，NPV）是对投资项目进行动态评价的最重要的指标之一，它可以反映出项目在经济寿命期内的获利能力。该指标是把项目经济寿命期内各年的效益和费用，按一定折现率折算到某一基准年（通常在投资期初）后的现值累加值。因此，净现值法的原理就是用净现值的大小来评价工程方案的合理性。净现值的计算式为

$$NPV = B - C = \sum_{t=0}^{n} \frac{B_t - C_t}{(1+i_0)^t} \tag{4-1}$$

式中　B——寿命期内各年效益现值之和；

C——寿命期内各年费用限值之和；

B_t——第 t 年的效益；

i_0——基准折算率；

C_t——第 t 年的费用，包括投资 K_t 和年运行费 U_t，即 $C_t = U_t + K_t$。

对独立项目而言：

（1）当 $NPV>0$，即 $B>C$，表示项目总效益大于总费用，方案在经济上是可行的。

（2）当 $NPV<0$，即 $B<C$，表示项目总效益小于总费用，方案在经济上是不可行的。

（3）当 $NPV=0$，即 $B=C$，表示项目总效益等于总费用，这时应对方案作综合评价，如果项目对国民经济有利，则方案也是可行的。

当进行互斥方案优选时，采用净现值法时要求各比选方案具有相同的寿命期，寿命期不同，采用如下处理办法化为相同的寿命期：①以各方案寿命的最小公倍数为公共的计算分析期，期内各方案均有若干次设备更新；②以各方案中最短的寿命为计算期，其余方案在期末计算重估价值；③以各方案中最长的寿命为计算期，其余方案进行若干次设备更新，并计算期末残值。

因此，对于互斥方案优选，首先将各方案化为相同的寿命期，然后计算各方案的净现值，所有净现值大于零的方案都是可行的方案，且净现值最大的方案为最优的方案。

【例 4-1】　某企业欲购新设备，有两种方案（购买费用、年净效益等数据见表 4-1），按复利计算，年折算利率 $i=8\%$，试用净现值的方法选择方案。

表 4-1　　方案现金流量

方案	购买费/万元	年净效益/万元	使用期/年	残值/万元
甲	2000	450	10	80
乙	3000	650	10	150

解： 这是分析期相同的两个方案的经济比较问题，首先画出资金流程图，具体如图 4-1 和图 4-2 所示。

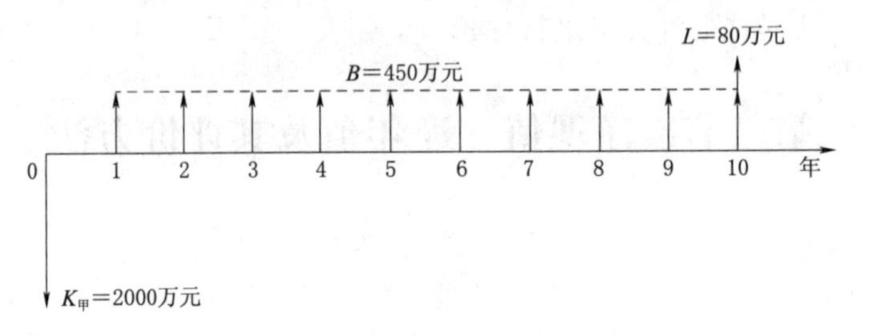

图 4-1　方案甲的资金流程图

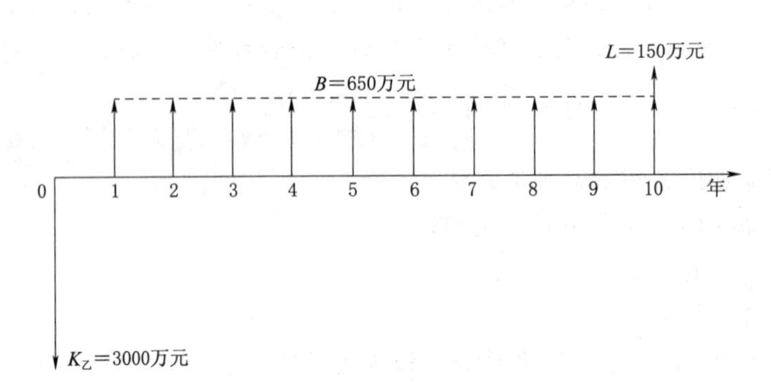

图 4-2　方案乙的资金流程图

根据上述资金流程图，分别计算净现值如下：

$$
\begin{aligned}
NPV_{甲} &= -2000+450(P/A,8\%,10)+80(P/F,8\%,10) \\
&= -2000+450\times\frac{(1+0.08)^{10}-1}{0.08\times(1+0.08)^{10}}+\frac{80}{(1+0.08)^{10}} \\
&= 1056.60(\text{万元})
\end{aligned}
$$

$$
\begin{aligned}
NPV_{乙} &= -3000+650(P/A,8\%,10)+150(P/F,8\%,10) \\
&= -3000+650\times\frac{(1+0.08)^{10}-1}{0.08\times(1+0.08)^{10}}+\frac{150}{(1+0.08)^{10}} \\
&= 1431.03(\text{万元})
\end{aligned}
$$

$NPV_{乙}>NPV_{甲}$，故方案乙为优。

下面对净现值作进一步讨论。由净现值的计算表达式可以看出，净现值的大小对折现

率 i 比较敏感。若以纵坐标表示净现值，横坐标表示折现率 i，则净现值与折现率的关系如图 4 - 3 所示。

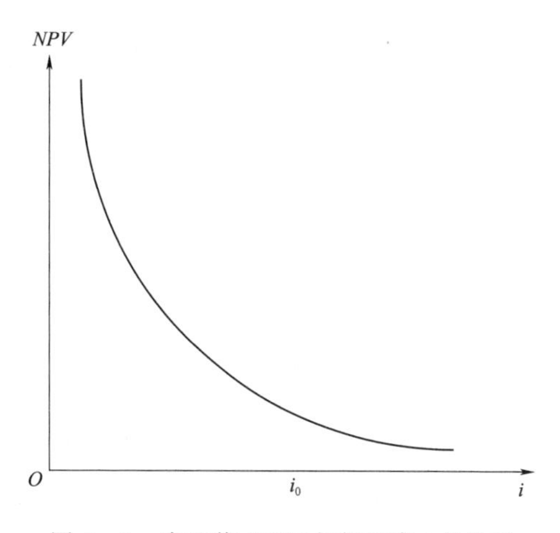

图 4 - 3　净现值 NPV 与折现率 i 的关系

可见净现值 NPV 与折现率 i 的关系有如下特点：

（1）净现值随折现率的增大而减小，基准折现率 i_0 定得越高，能被接受的方案就越少。

（2）曲线与横轴的交点表示在该折现率 i_0 下，净现值 NPV 等于 0，i_0 是一个具有重要经济意义的折现率临界值，被称为内部收益率。

净现值法具有计算简便、直观明了的优点，而且无须进行增量分析，用于寿命期相同的互斥方案尤为合适。

二、净年值

净年值（net annual value，NAV）是通过资金的等值计算将项目的净现值分摊到寿命期内（从第 1 年到第 n 年）的等额年值。净年值的计算公式如下：

$$NAV = NPV(A/P, i_0, t) = \sum_{t=0}^{n} \frac{B_t - C_t}{(1+i_0)^t} \cdot \frac{i_0(1+i_0)^t}{(1+i_0)^t - 1} \qquad (4-2)$$

净年值的判别准则与净现值法一致，用净年值指标进行多方案的比选时，可按下列步骤进行：计算各方案的净年值，淘汰净年值小于零的方案；余下的方案中，净年值越大，表明方案的经济效益越好。

将净年值的计算公式和判别原则与净现值的计算公式和判别原则作一比较可知，净年值与净现值在项目评价的结论上总是一致的，是等效的评价指标。与净现值法不同的是，对于寿命期不同的比较方案，使用年值法可以使方案之间具有可比性，而不必强求经济计算期相同，这时采用净年值法比采用净现值法更为简便和易于计算，故净年值指标在经济评价指标体系中占有相当重要的地位。

【例 4 - 2】 某地区要解决增长供电的要求，有两个方案，经济指标见表 4 - 2，假定年折现利率为 8%，用净年值法选择方案。

表 4 - 2　　[例 4 - 2] 方案经济指标

方案	建设总投资/亿元	年运行费/亿元	年效益/亿元	使用期/年
火电站	10	0.3	1.35	30
水电站	15	0.1	1.50	50

解： 作出两个方案的资金流程图，具体如图 4 - 4 和图 4 - 5 所示。火电站和水电站使用寿命不同，但不影响方案比较，要比较其净效益年金。

火电站效益年金　　$B_{火} = 1.35$ 亿元

火电站费用年金　$C_{火} = U + K(A/P, i, n) = 0.3 + 10(A/P, 8\%, 30) = 1.19$(亿元)

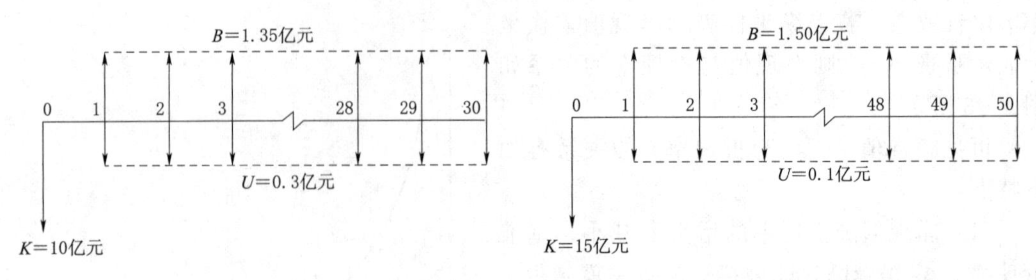

图 4-4 火电站的资金流程图　　　　图 4-5 水电站的资金流程图

$$NAV_{火}=B_{火}-C_{火}=1.35-1.19=0.16(亿元)$$

水电站效益年金　　$B_{水}=1.50$ 亿元

水电站费用年金　$C_{水}=U+K(A/P,i,n)=0.1+15(A/P,8\%,50)=1.33(亿元)$

$$NAV_{水}=B_{水}-C_{水}=1.50-1.33=0.17(亿元)$$

根据净年值的评价原则，$NAV_{火}<NAV_{水}$，故选择水电站方案。

三、费用现值与费用年值

在对多方案进行比选时，有时方案的产出难以计量或预测，如企业里的一些后方生产用设备、环保项目、教育项目、社会公益项目等的产出是难以计量和预测的，对这些项目的方案进行比较时，往往只考虑费用。也有一些产出相同的方案，在比较时为了简便起见，不考虑产出。仅用费用来比较方案，常见的指标有两种，即费用现值和费用年值。

1. 费用现值

费用现值（cost present value，CPV）就是指按照一定的折现率，在不考虑项目或方案收益时，将项目或方案每年的费用折算到某个时刻（一般是期初）的现值之和。其表达式为

$$CPV=\sum_{t=0}^{n}CO_t(1+i_0)^{-t} \tag{4-3}$$

式中 CPV——项目或方案的费用现值；

n——项目的寿命周期（或计算期）；

CO_t——项目或方案第 t 年的费用；

i_0——折现率。

费用现值（或费用年值）法实际上是净现值（或净年值）法的特例，当各方案的效益值相同而不必参与计算时，净现值（或净年值）法就可转换成费用现值（或费用年值）法。费用现值（或费用年值）指标只能用于多个方案的比选，对于单一方案的评价，费用现值（或费用年值）指标毫无意义。

用费用现值判断方案时，必须要满足相同的需要，如果不同的项目满足不同的需要，就无法进行比较。因此，费用现值的判断准则是：在满足相同需要的条件下，费用现值最小的方案最优。

2. 费用年值

费用年值（cost annual value，CAV）是指通过资金等值换算，将项目的费用现值分摊到寿命期内各年的等额年值。其表达式为

$$CAV=\left[\sum_{t=0}^{n}CO_t(1+i_0)^{-t}\right](A/P,i_0,n)=CPV(A/P,i_0,n) \tag{4-4}$$

式中　CAV——项目或方案的费用年值；
$(A/P,i_0,n)$——等额支付资本回收系数；

其他符号与 CPV 表达式中相同。

费用现值与费用年值的关系，与净现值和净年值的关系一样，因此就评价结论而言，两者是等效的评价指标。除了在指标含义上有所不同外，就计算的方便简易而言，不同的方案类型下各有所长。

【例 4-3】 为满足生产需要，某工厂要求从以下两可行方案中选择较优方案。已知折算率 $i=8\%$，各方案现金流量见表 4-3。

解： 这是属于效益相同的两个方案的选择问题，分别作出两个方案的资金流程图，如图 4-6 和图 4-7 所示。

表 4-3　　　　**方案现金流量**

项　目	方案甲	方案乙	项　目	方案甲	方案乙
一次性投资/元	80000	60000	使用期末残值/元	4000	3000
年运行费/元	10000	11000	使用年限/年	12	6

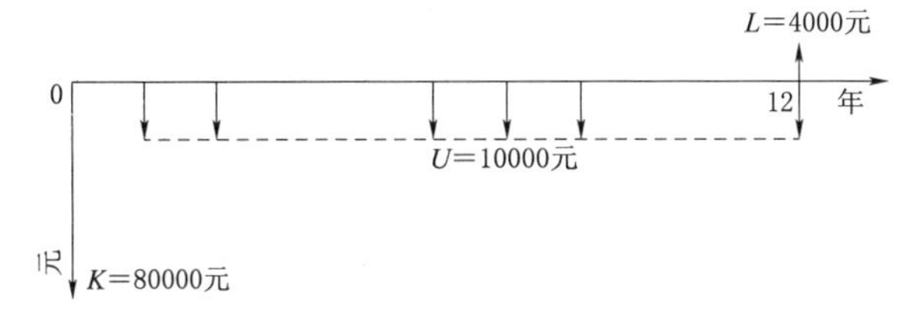

图 4-6　方案甲的资金流程图

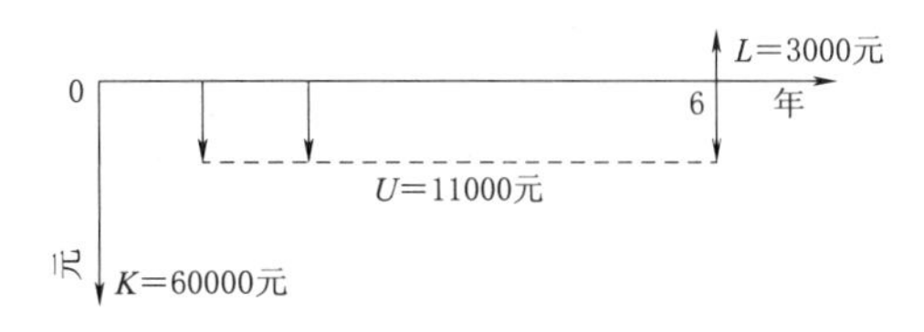

图 4-7　方案乙的资金流程图

方案甲 12 年内每年费用为

$$\begin{aligned}CAV_{甲}&=K(A/P,i,n)-L(A/F,i,n)+U\\&=80000(A/P,8\%,12)-4000(A/F,8\%,12)+10000\\&=80000\times0.1327-4000\times0.0527+10000\\&=20405(元)\end{aligned}$$

同理

$$\begin{aligned}CAV_{乙}&=K(A/P,i,n)-L(A/F,i,n)+U\\&=60000(A/P,i,n)-3000(A/F,i,n)+11000\\&=60000\times0.2163-3000\times0.1363+11000\\&=23569(元)\end{aligned}$$

$CAV_{甲}<CAV_{乙}$，因此方案甲是较优方案。

通过设想较短使用期的设备由具有同等经济效果的设备更换，这就避开了分析期问题。因此，与费用现值法相比，费用年值法对分析期没有那么严格的要求，只要适当注意即可。

四、净现值率

净现值用于多方案比较时，虽然能反映每个方案的盈利水平，但是由于没有考虑各方案的投资额大小，因而不能直接反映资金的利用效率。为了弥补这方面的不足，可采用净现值率作为净现值的辅助指标。

净现值率（net present value ratio，NPVR）定义为项目净现值与项目总投资之比，其经济意义是单位投资现值所能带来的净现值。其计算公式为

$$NPVR=\frac{NPV}{K}=\frac{B-C}{K}=\sum_{t=0}^{n}\frac{B_t-C_t}{K_t(1+i_0)^t} \tag{4-5}$$

式中 K_t——第 t 年的投资额；

其余符号意义同前。

当投资没有限制，进行方案比较时，选取 NPV 最大的方案作为最优方案；若投资有资金限制，则需要考虑单位投资效率，应计算 $NPVR$，选择 $NPVR\geqslant 0$ 且 $NPVR$ 最大的方案作为最优方案。

【例 4-4】 设备甲和设备乙功能与寿命相同，现金流量见表 4-4。设年利率为 $i=8\%$，试用净现值率法作设备经济效益比较。

表 4-4　设备现金流量　单位：元

年	0	1	2	3
设备甲	−9000	4500	4500	4500
设备乙	−14500	6000	6000	8000

解： 设备甲和设备乙的现金流量图分别如图 4-8 和图 4-9 所示。

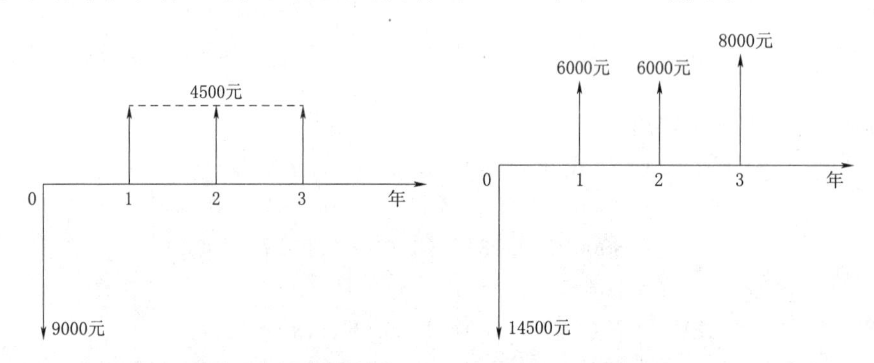

图 4-8　设备甲的资金流程图　　图 4-9　设备乙的资金流程图

$$NPV_{甲}=-9000+4500\times(P/A,8\%,3)=2596.5(元)$$

$$NPV_{乙}=-14500+6000\times(P/A,8\%,2)+8000\times(P/F,8\%,3)=2550.2(元)$$

$$NPVR_{甲}=\frac{NPV_{甲}}{K_{甲}}=\frac{2596.5}{9000}=0.29$$

$$NPVR_{乙}=\frac{NPV_{乙}}{K_{乙}}=\frac{2550.2}{14500}=0.18$$

$NPVR_{甲}>NPVR_{乙}$，设备甲为最优。

第三节　效益费用比及其评价方法

效益费用比（benefit cost ratio，BCR）是指工程方案在经济分析期中的各年效益的折算现值（或年值）之和，与各年费用的折算现值（或年值）之和的比值。其计算公式为

$$R=\frac{B_{总}}{C_{总}}=\sum_{t=0}^{n}\frac{B_t}{(1+i_0)^t}\Bigg/\sum_{t=0}^{n}\frac{C_t}{(1+i_0)^t} \tag{4-6}$$

或

$$R=\frac{B_{年}}{C_{年}} \tag{4-7}$$

式中　R——效益费用比；

$B_{总}$、$C_{总}$——总效益、总费用，指折算到基准年的效益或费用之和；

$B_{年}$、$C_{年}$——年效益、年费用，将总效益或总费用折算到每年的年等值。

就独立方案而言：

（1）当 $R>1$，即 $B_{总}>C_{总}$（$B_{年}>C_{年}$），方案在经济上可行。

（2）当 $R<1$，即 $B_{总}<C_{总}$（$B_{年}<C_{年}$），方案在经济上不可行。

（3）当 $R=1$，即 $B_{总}=C_{总}$（$B_{年}=C_{年}$），应对方案进行全面分析，并衡量间接效益的大小。

当进行互斥方案优选时，采用效益费用比法亦要求各比选方案具有相同的寿命期。效益费用比大于或等于1的方案在经济上都是可行的。而对于互斥方案的比较，则应在各可行方案中，对增加投资所得的效益进行增量分析，计算边际效益费用比。只有当增量的效益费用比大于或等于1时，增加投资的方案才是在经济上可行的。

增量分析的原理是：按费用的大小排队（由小到大），对相邻方案进行增量分析，即对增加的费用 ΔC 和增加的效益 ΔB，计算其增量效益比 $\Delta R=\Delta B/\Delta C$，并按以下规则判断：

（1）当 $\Delta R>1$ 时，$\Delta B>\Delta C$，说明增加投资、扩大工程规模在经济上是合理的。

（2）当 $\Delta R<1$ 时，$\Delta B<\Delta C$，说明增加投资、扩大工程规模在经济上是不合理的。

（3）当 $\Delta R=1$ 时，$\Delta B=\Delta C$，说明已达到资源利用的极限。

由于效益费用比是一个无因次的指标，含义明确，所以特别适用于独立方案的评价。但是，其缺点是计算较为复杂，尤其对于互斥方案，还必须进行增量分析。

【例4-5】 某工程项目，有三个方案供比较，三个方案为互斥方案（投资、年效益、年运行费等数据见表4-5）。三个方案使用寿命均为20年，年折算利率为6%，试用效益费用比法来选择方案。

表4-5　　**甲、乙、丙三个方案现金流量**　　单位：万元

方案	投资	年效益	年运行费	残值
甲	400	90	15	12
乙	100	18	4	3
丙	200	50	7	6

解： 甲、乙、丙三个方案资金流程图如图4－10～图4－12所示。

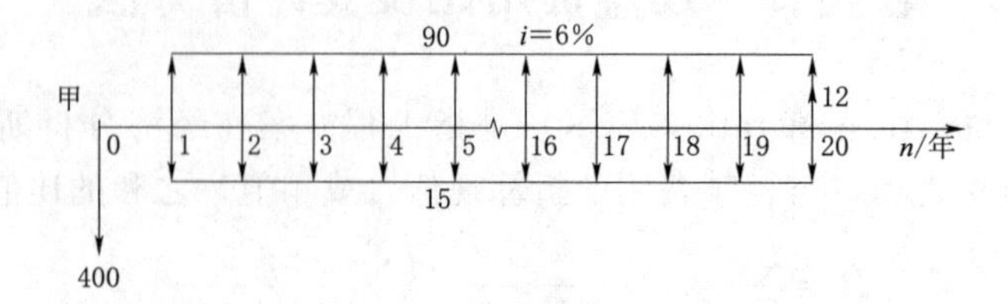

图4－10　方案甲的资金流程图（单位：万元）

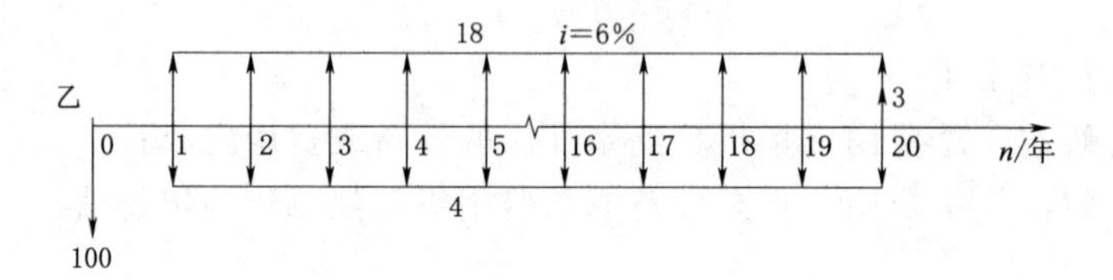

图4－11　方案乙的资金流程图（单位：万元）

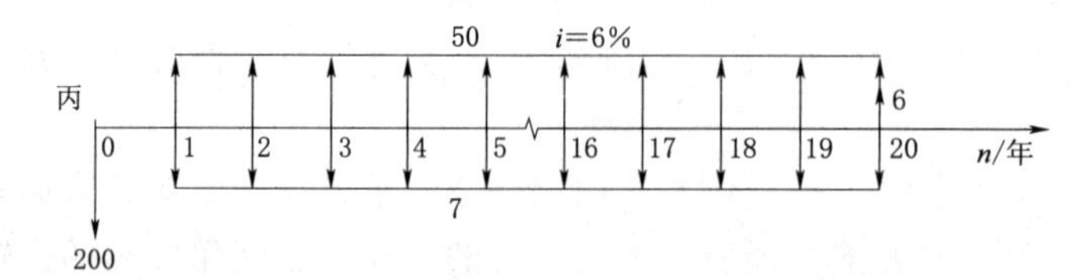

图4－12　方案丙的资金流程图（单位：万元）

（1）计算效益费用比。

$$R_{甲}=\frac{90\times(P/A,6\%,20)+12\times(P/F,6\%,20)}{400+15\times(P/A,6\%,20)}=\frac{90\times11.4699+12\times0.3118}{400+15\times11.4699}=1.8111$$

$$R_{乙}=\frac{18\times(P/A,6\%,20)+3\times(P/F,6\%,20)}{100+4\times(P/A,6\%,20)}=\frac{18\times11.4699+3\times0.3118}{100+4\times11.4699}=1.4217$$

$$R_{丙}=\frac{50\times(P/A,6\%,20)+6\times(P/F,6\%,20)}{200+7\times(P/A,6\%,20)}=\frac{50\times11.4699+6\times0.3118}{200+7\times11.4699}=2.0528$$

（2）计算增量效益费用比。将三个方案按费用从小到大排序，分别是乙、丙、甲，则

$$\Delta R_{乙\to丙}=\frac{32\times(P/A,6\%,20)+3\times(P/F,6\%,20)}{100+3\times(P/A,6\%,20)}=\frac{32\times11.4699+3\times0.3118}{100+3\times11.4699}=2.7377$$

$\Delta R_{乙\to丙}>1$，增加投资获得的效益大于所支付的费用，优选丙方案。

$$\Delta R_{丙\to甲}=\frac{40\times(P/A,6\%,20)+6\times(P/F,6\%,20)}{200+8\times(P/A,6\%,20)}=\frac{40\times11.4699+6\times0.3118}{200+8\times11.4699}=1.5789$$

$\Delta R_{丙\to甲}>1$，增加投资获得的效益大于所支付的费用，优选方案甲。

综合上述比较，方案甲为最优。

第四节　内部收益率及其评价方法

前面讨论的净现值法和效益费用比法，都需要先给定一个标准的折现率 i_0，i_0 反映了投资者主观上所希望达到的单位投资平均收益水平。i_0 的大小取决于多方面的因素，从投资角度来看主要有：

（1）投资收益率，即单位投资所能取得的收益。

（2）通货膨胀的因素，即对因货币贬值造成的损失所应作的补偿。

（3）风险因素，即对因风险的存在可能带来的损失所应作的补偿。

若 $NPV>0$ 或 $R>1$，说明实际收益大于 i_0。但该工程项目的实际年均收益率究竟是多少，上述两种评价方法均无法解决，这就涉及内部收益率指标及其评价方法。

一、内部收益率

内部收益率（internal rate of return，IRR）指项目在寿命期内各年净现金流量现值之和等于零时对应的折现率，即净现值为零时的折现率。数学表达式如下：

$$NPV=B-C=\sum_{t=0}^{n}\frac{B_t-C_t}{(1+IRR)^t}=0 \tag{4-8}$$

由于式（4－8）为 IRR 的高次方程，通常无法直接求解，所以内部收益率的计算一般采用试算法，步骤如下：

（1）计算各年的效益、费用。

（2）假设一个折现率 IRR，并按此折现率分别将各年的效益和费用折算到基准年，得到总效益现值 B 和总费用现值 C。

（3）若 $B=C$（即 $NPV=0$），表示 IRR 即为所求内部收益率；若 $B>C$（即 $NPV>0$），表示假设 IRR 偏小，应选较大值；若 $B<C$（即 $NPV<0$），表示假设 IRR 偏大，应选较小值。直到 $B=C$。

（4）为缩短试算过程，可用线性插值法近似求得内部收益率 IRR。若折算率为 IRR_1 时，$NPV>0$，折算率为 IRR_2 时，$NPV<0$，可采用以下近似公式：

$$IRR=IRR_1+(IRR_2-IRR_1)\frac{|NPV_1|}{|NPV_1|+|NPV_2|} \tag{4-9}$$

如图 4－13 所示，按线段 AC 作为曲线段 AC 的近似，则线段 AC 与横轴的交点 E 即为 IRR 的近似值。

在所有经济评价指标中，除净现值外，内部收益率是另一个重要的指标，该指标是投资项目财务盈利分析的重要评价依据。

就独立方案而言，若基准折现率为 i_0，项目求得的内部收益率为 IRR，则

（1）当 $IRR\geqslant i_0$ 时，项目在经济上可行，可接受方案。

（2）当 $IRR<i_0$ 时，项目在经济上不可行，予以拒绝。

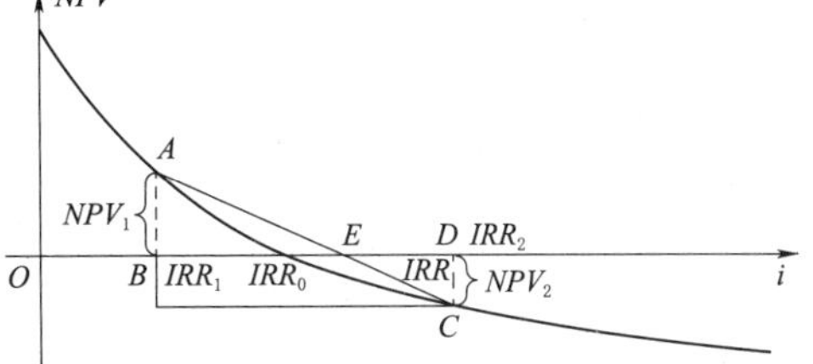

图 4－13　线性插值求内部收益率

对互斥方案的优选，还需进行增量分析。当各方案寿命期相同时，令对比方案增加的费用 ΔC 和增加的效益 ΔB 相等，然后求解方程的折现率 i_0，即为增加的 ΔIRR。

对于互斥的方案 A、B，因为

$$\Delta C=\Delta B$$

即

$$C_A-C_B=B_A-B_B$$

移项得

$$B_A-C_A=B_B-C_B$$

所以

$$NPV_A=NPV_B$$

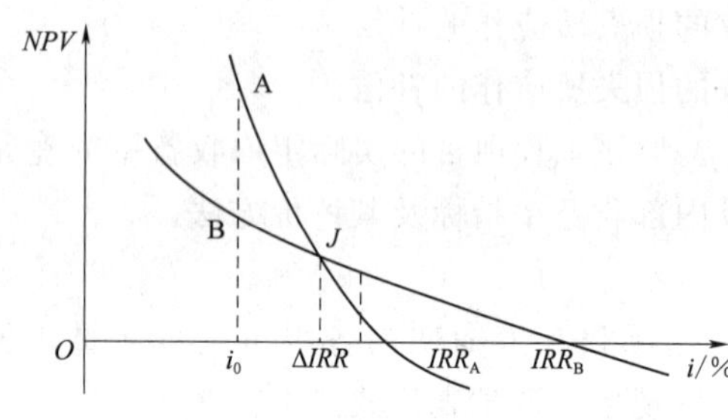

图 4-14　互斥方案内部收益率法的增值分析

如图 4-14 所示，J 点为 A、B 两方案净现值曲线的交点，在该点 $NPV_A=NPV_B$，相应的折现率即为 ΔIRR。由图中可以看出：

当 $i_0<\Delta IRR$ 时，$NPV_A>NPV_B$，选方案 A。

当 $\Delta IRR<i_0<IRR_A$ 时，$NPV_B>NPV_A$，选方案 B。

当 $IRR_A<i_0<IRR_B$ 时，$NPV_A<0$，$NPV_B>0$，方案 A 不可行，选方案 B。

当 $i_0>IRR_B$ 时，$NPV_A<0$，$NPV_B<0$，方案 A、B 均不可行。

同理，如果各方案寿命期不同，只需将对比方案的净现值替换成净年值，令各方案净年值 NAV 相等，然后解方程得到 ΔIRR。

【例 4-6】 有 A、B 两个工程方案（投资、年效益、年运行费等数据见表 4-6），寿命期都为 10 年，设基准折现率为 10%，用内部收益率对两个方案进行评价。

表 4-6　各年投资运行费及年效益　单位：万元

方案	投资	年效益	年运行费	年净收益
A	200	50	10	40
B	340	80	16	64

解： 方案 A、B 资金流程图分别如图 4-15 和图 4-16 所示。

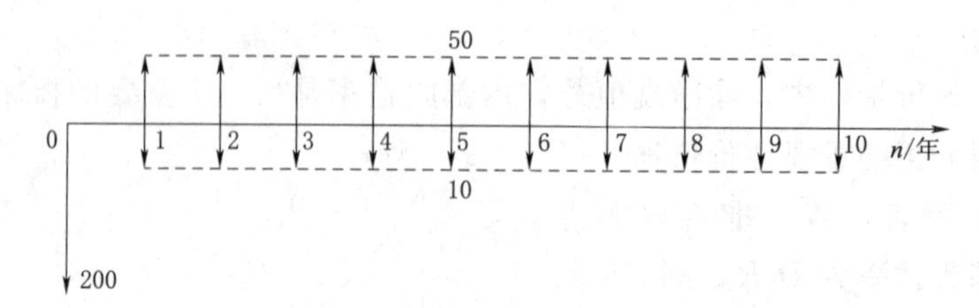

图 4-15　方案 A 的资金流程图（单位：万元）

$$NPV_A=-200+40\times\frac{(1+i)^{10}-1}{i(1+i)^{10}}$$

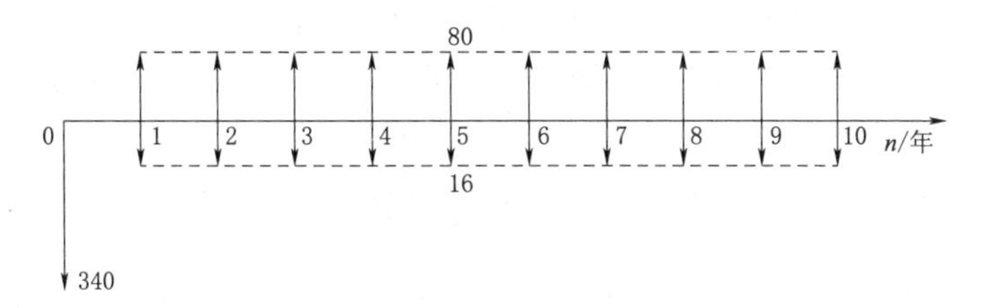

图 4-16 方案 B 的资金流程图（单位：万元）

$$NPV_B = -340 + 64 \times \frac{(1+i)^{10} - 1}{i(1+i)^{10}}$$

A、B 两方案内部收益率都大于基准折现率 10%（表 4-7），需进行增量分析（表 4-8）。

表 4-7　　　　[例 4-6] 内部收益率试算成果

方案	IRR_1	$NPV_1(>0)$	IRR_2	$NPV_2(<0)$	IRR
A	15%	0.76	16%	−6.672	15.10%
B	13%	7.276	14%	−6.17	13.54%

$$\Delta NPV = NPV_B - NPV_A = -140 + 24 \times \frac{(1+i)^{10} - 1}{i(1+i)^{10}}$$

表 4-8　　　　[例 4-6] 内部收益率增量分析试算成果

IRR_1	$NPV_1(>0)$	IRR_2	$NPV_2(<0)$	ΔIRR
11%	1.34	12%	−4.39	15.10%

令 $NPV_A = NPV_B$，经计算可得 $\Delta IRR = 11.23\% > 10\%$，优选方案 B。

内部收益率是项目方案内在的回收投资的能力，它反映了项目在整个寿命期内的平均资金盈利能力。因此，内部收益率的经济含义可以理解为：在项目的整个寿命期内，如果按利率 $i = IRR$ 计算各年的净现金流量时，会始终存在未能收回的投资，只有到了寿命期末时投资才能被全部收回，此时的净现金流量刚好等于零。

利用内部收益率进行计算时，不必事先给出折现率，而其计算结果（内部收益率）对投资者来说，具有明确直观的意义，可与许多其他投资方式进行比较，在财务分析上和决定贷款利率的取舍时具有独特的优点。同时，亦不要求互斥方案的经济计算期一致。不过当互斥方案的经济计算期不一致时，应令对比方案的净年值相等，然后求解方程未知数——折算率 i_0。

当然，内部收益率也有其缺点，主要是计算比较复杂，对不同规模的互斥方案还要进行增量分析。此外，对非典型的投资项目，也应避免使用内部收益率法。

二、内部收益率的讨论

典型投资是指项目投资都发生在工程建设初期，而后期只产生收益和年运行费的情况。在这种情况下，项目寿命初期净现金流量一般为负值（支出大于收入），进入正常生产期后，净现金流量逐渐变为正值（收入大于支出）。在项目的整个寿命期内，净现金流量由负变正的情况只发生一次。而对非典型投资，项目寿命后期又追加投资，导致多次出现净现金流量由负变正的情况。通常，绝大多数投资项目都属于典型投资的例子。

在计算 IRR 的表达式中，由于 B 和 C 的折现公式包含 $(1+i)^n$ 项，因此该方程是一个 n 次代数方程。从理论上讲，该方程应该有 n 个解。

对于典型投资项目，正负号只变化一次，曲线与横轴只有唯一的交点，这个交点即为对应的 i，即项目的内部收益率。

而对于非典型投资项目，例如在后期又追加投资的情况下，其净现值现金流量的正负号多次发生变化，则曲线与横轴将有多个交点，方程存在重解，如图 4－17 所示。

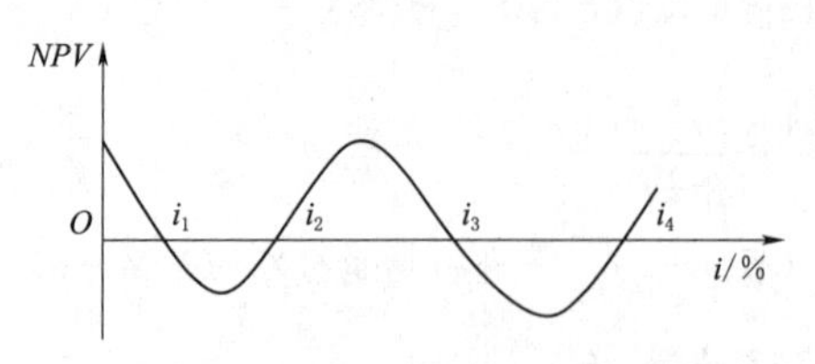

图 4－17　非典型投资下有多重解

这些解中是否有真正的内部收益率呢？这就需要按照内部收益率的经济含义进行检验，即以这些解作为折现率，看在项目的寿命期内是否始终存在未被回收的投资。只要在项目寿命期末的净现值不是刚好等于 0，则该折现率就不是真正的内部收益率。

可以证明，对于非典型投资情况，只要方程存在多个正解，则所有解都不是真正的项目内部收益率；但如果只有一个正解，则该解为项目的内部收益率。

第五节　投资回收年限及其评价方法

投资回收年限 T_n 指以项目的逐年净收益偿还总投资所需的时间，一般以年为单位，用以考察项目在财务上的投资回收能力。一般情况下，投资回收年限越短越好，其计算公式为

$$\sum_{t=0}^{T_n} \frac{(B_t - U_t) - K_t}{(1+i_0)^t} = 0 \tag{4-10}$$

公式中各符号意义同前。

投资回收年限法的原理是计算各年累计折算的净效益值 $(B_t - U_t)$ 和累计折算的投资 K_t 相等时所需的年限，如图 4－18 所示。

一般 T_n 从工程建设开始年起算，如果从运行开始年起算，则应加以说明。

对于非典型投资项目，投资回收年限可根据项目现金流量表中累计净现金量计算求得，一般是列表计算。

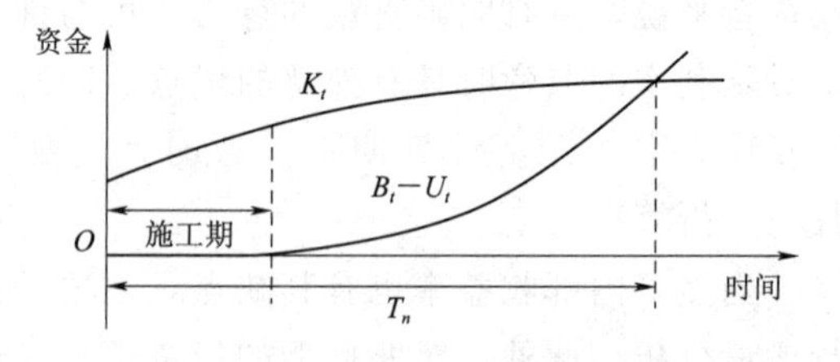

图 4－18　投资回收年限法原理

对于典型投资项目，可以推导投资回收年限的计算公式。如图 4－19 所示，设前期投资为 K_t，后期年效益为 B_t，年运行费为 U_t，建设期为 m 年，正常运行期为 n 年。

将投资折算到基准年，有 $K=\sum_{t=0}^{m} K_t(1+i)^{(m-t)}$，且年均净效益为 $B_t - U_t$，设在折算率为 i 时，以年均效益 $(B_t - U_t)$ 偿还总投资 K 需要 T_n' 年，有

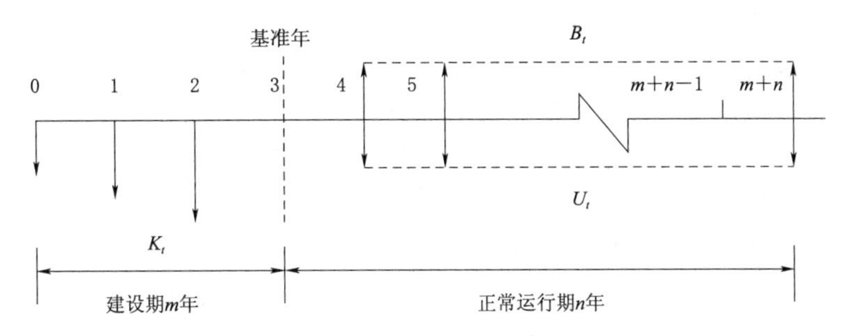

图 4-19　典型投资项目的投资回收年限示意

$$K=(B_t-U_t)\frac{(1+i)^{T'_n}-1}{i(1+i)^{T'_n}}$$

$$\frac{K}{B_t-U_t}=\frac{1}{i}-\frac{1}{i(1+i)^{T'_n}}$$

$$\frac{1}{i(1+i)^{T'_n}}=\frac{1}{i}-\frac{K}{B_t-U_t}=\frac{B_t-U_t-Ki}{i(B_t-U_t)}$$

求解得

$$T'_n=[\ln(B_t-U_t)-\ln(B_t-U_t-Ki)]/\ln(1+i)$$

$$=-\ln\left(1-\frac{Ki}{B_t-U_t}\right)\Big/\ln(1+i),T_n=T'_n+m \qquad (4-11)$$

式（4-11）即为典型投资情况下的投资回收年限计算公式。

若规定的标准回收年限为 T_0，则：

（1）$T_n<T_0$ 时，方案在经济上是可行的。

（2）$T_n>T_0$ 时，方案在经济上是不可行的。

（3）$T_n=T_0$ 时，应对方案作综合评价，如果项目对国民经济有利，则方案也是可行的。

【例 4-7】　某工程预计投资 1500 万元，竣工后年收益 300 万元，年运行费 100 万元，若年折现利率为 8%，使用寿命为 15 年，试用动态投资回收年限法判断该工程是否可行。

解： 作出该工程的资金流程图，具体如图 4-20 所示。根据典型投资情况下的投资回收年限计算公式计算该工程的投资回收年限。

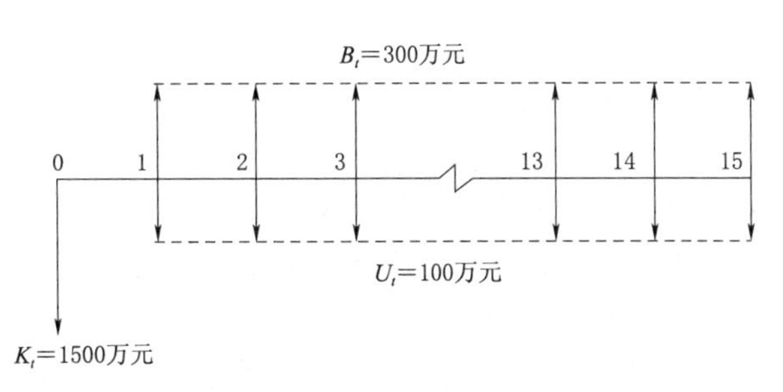

图 4-20　工程的资金流程图

$$T_n=-\frac{\ln\left(1-\frac{Ki}{B_t-U_t}\right)}{\ln(1+i)}+m=-\frac{\ln\left(1-\frac{1500\times0.08}{300-100}\right)}{\ln(1+0.08)}+0$$

$$=11.91(\text{年})<15\text{ 年}$$

因此，用动态投资回收年限法判断该工程可行。

投资回收年限概念清楚明确，它不仅在一定程度上反映项目的经济性，而且反映项目的风险大小，是项目初步评价时常见的评价指标。

但是投资回收年限法计算复杂，对于互斥方案还要进行增量分析。另外，该方法未考虑计划投资项目的使用年限，在回收期末把现金流量一刀切断，不考虑投资回收年限以后的收益，从而得出的评价结果带有假象。

事实上，有战略意义的长期投资往往早期效益较低，而中后期效益较高。回收年限法优先考虑短期内就有回报的项目，可能导致放弃长期成功的方案。此外，不考虑投资回收年限以后的收益，也就不能全面反映项目在寿命期内的真实效益，难以对不同的方案比较选择而作出正确判断。故用它作为评价依据时，有时会使决策失误。所以，投资回收年限法往往只作为辅助指标与其他指标结合使用。

第六节　经济评价方法的讨论

本节主要介绍净现（年）值法、效益费用比法、内部收益率法、投资回收年限法，这四种方法分别从不同角度对效益和费用进行比较，都属于动态经济分析方法。

一、评价指标分类

反映项目经济效果的常用指标有净现值、净年值、费用现值、费用年值、内部收益率、动态投资回收期。其中，净现值和内部收益率是两个主要的评价指标，而投资回收期则是兼有反映经济性和风险性功能的辅助评价指标。

就指标类型而言，净现值、净年值、费用现值、费用年值是以货币表示的价值型指标；内部收益率、净现值率和效益费用比则是反映投资效率的效率型指标；投资回收期是兼有经济性和风险性的指标。

在价值型指标中，就考察的内容来看，费用现值和费用年值分别是净现值、净年值的特例，即在方案比选时，前两者只考察项目的费用。就评价结论来说，净现值与净年值是等效评价指标；费用现值和费用年值是等效评价指标。

二、评价指标比较

（1）净现（年）值法、效益费用比法、内部收益率法、投资回收年限法都属于动态经济分析方法。其计算结果 $NPV(NAV)$、R、IRR、T_n 就是相应的经济效果指标。对于互斥方案，还有 ΔR、ΔIRR、ΔT_n 等增量分析的经济效果指标。四种方法从不同角度对效益费用进行分析比较，分别以差值、比值、投资回收能力和回收时间来显示方案间的对比。

（2）效益费用比法、内部收益率法、投资回收年限法对于互斥方案都还应进行增量分析，计算较为麻烦。效益费用比是无因次量，在处理相差悬殊的项目时有它的优点，因此它更适用于独立方案；内部收益率对投资者来说，具有明确直观的意义，可与许多其他投资方式进行比较，在财务分析和决定贷款利率的取舍时具有独特的优点；投资回收年限则在上级领导决定方案取舍时，能提供一种清晰明确的概念。

（3）内部收益率法和效益费用比法的理论基础完全一致，效益费用比法是在已知 K_t、U_t、B_t、m、n、i 等值的条件，求 B/C 的值；内部收益率法是在已知 K_t、U_t、B_t、m、

n、$B/C=1$ 的条件下，反求 IRR 的值。

（4）内部收益率 IRR 和净现值 NPV 都是反映投资项目经济效果的最主要指标。从形式上看，一个反映项目的相对经济效果，另一个反映项目的绝对经济效果。对于新建项目而言，通常希望它在整个经济寿命期内的盈利水平较高，而且还要同本行业的盈利状况进行比较，所以应着重考虑它的相对经济效果，故一般优先使用内部收益率法进行评价；对于老项目改造或设备更新项目，投资者更关心能否维持或增加原有的盈利水平，通常优先选用能反映项目绝对经济效果的净现值法。若从指标本身的特点考虑，IRR 不能反映项目的寿命期及其规模的不同，故不适宜作为项目优先排队的依据，而 NPV 则特别适用于互斥方案的评价。

（5）净现值法概念明确，计算简单，易于理解，应尽可能应用于互斥方案的分析。

（6）当互斥方案的经济评价期不同时，采用年值法或内部收益率法较为方便，这两种方法不要求经济期的一致性。

（7）选择计算方法应根据基本资料情况和分析目的而定，对工程的经济效果的评价，一般需要同时采用 2～3 种方法进行比较。

【例 4－8】 某水利项目共有 A、B、C 三个方案，各方案的建设期（1995—2000 年）均为 6 年，其中投产期（1999—2000 年）2 年，生产期均为 50 年（2001—2050 年）。投资 K_t、年运行费 U_t 及年效益 B_t 见表 4－9。基准折现率为 7%，基准回收期为 15 年，分别用净现值法、净年值法、净现值率法、效益费用比法、内部收益率法和投资回收期法选择经济上最有利的方案。

表 4－9　　方案 A、B、C 现金流量　　单位：百万元

年份	投资 K_t			年运行费 U_t			年效益 B_t		
	方案 A	方案 B	方案 C	方案 A	方案 B	方案 C	方案 A	方案 B	方案 C
1995	100	120	150						
1996	150	200	250						
1997	250	300	350						
1998	150	200	250						
1999	100	120	150	4	5	6	100	120	130
2000	50	70	100	8	9	10	150	180	200
2001				10	12	15	200	230	250
2002				10	12	15	200	230	250
⋮				⋮	⋮	⋮	⋮	⋮	⋮
2050				10	12	15	200	230	250
小计	800	1010	1250						

解：（1）净现值法。以方案 A 为例，计算并步骤如下：

首先画出资金流程图，如图 4－21 所示。

以建设初期为基准年，即 1995 年初（图中虚线处），据此进行投资、年运行费和效益的现值计算。

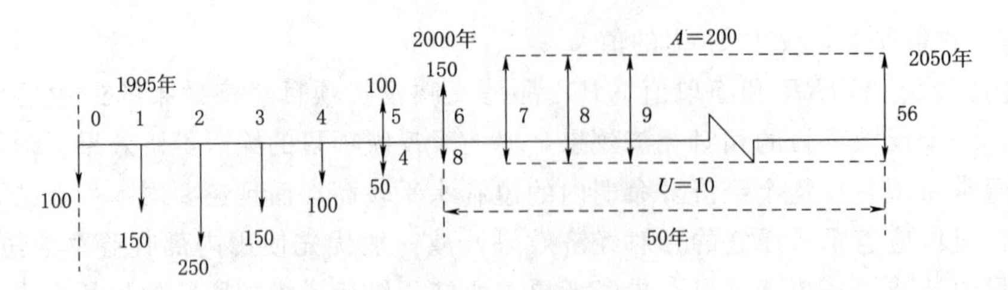

图 4-21　方案 A 的资金流程图（单位：百万元）

投资现值：

$$
\begin{aligned}
K_A &= 100+150/(1+0.07)^1+250/(1+0.07)^2+150/(1+0.07)^3 \\
&\quad +100/(1+0.07)^4+50/(1+0.07)^5 \\
&= 100+140.19+218.36+122.44+76.29+35.65 \\
&= 692.93(\text{百万元})
\end{aligned}
$$

年运行费现值：

$$
U_A = 4/(1+0.07)^5+8/(1+0.07)^6+10\times\frac{(1+0.07)^{50}-1}{0.07\times(1+0.07)^{50}}\Bigg/(1+0.07)^6
$$

$$
=100.14(\text{百万元})
$$

效益现值：

$$
B_A = 100/(1+0.07)^5+150/(1+0.07)^6+200\times\frac{(1+0.07)^{50}-1}{0.07\times(1+0.07)^{50}}\Bigg/(1+0.07)^6
$$

$$
=2010.45(\text{百万元})
$$

同理，计算出方案 B、C 的投资运行费用和效益现值，见表 4-10。

表 4-10　各方案的投资净现值、运行费净现值和效益净现值　单位：百万元

项目	方案 A	方案 B	方案 C
投资现值 K	692.93	873.66	1079.16
运行费现值 U	100.14	119.91	148.88
效益现值 B	2010.45	2320.58	2524.96

求各方案的净现值：

方案 A　$NPV_A=2010.45-692.93-100.14=1217.38$（百万元）

方案 B　$NPV_B=2320.58-873.66-119.91=1327.01$（百万元）

方案 C　$NPV_C=2524.96-1079.16-148.88=1296.92$（百万元）

从净现值的角度来看，三个方案在经济上都是可行的。由于方案 A、B、C 是同一建设项目的三个比较方案，因此它们形成互斥方案，按照净现值最大原则，方案 B 是最优方案。

(2) 净年值法。计算过程如下：

资金回收因子　$(A/p,i,n)=\dfrac{i(1+i)^n}{(1+i)^n-1}=\dfrac{0.07\times(1+0.07)^{56}}{(1+0.07)^{56}-1}=0.07162$

方案 A 的年值　$NAV_A=NPV_A\times(A/P,i,n)=1217.38\times0.07162=87.19$(百万元)

方案 B 的年值　$NAV_B=NPV_B\times(A/P,i,n)=1327.01\times0.07162=95.04$(百万元)

方案C的年值　$NAV_C=NPV_C\times(A/P,i,n)=1296.92\times0.07162=92.89$(百万元)

由净年值法的评价准则可知，方案B在经济上最优。由于本例各方案的寿命期相同，所以用净年值法与净现值法的评价结果是一致的，净年值法并不能简化计算。但是，如果各方案的寿命期不同，那么采用净年值法将会更方便。

(3) 净现值率法。各方案的净现值率如下：

方案A　$$NPVR_A=\frac{1217.38}{692.93}=1.757$$

方案B　$$NPVR_B=\frac{1327.01}{873.66}=1.519$$

方案C　$$NPVR_C=\frac{1296.92}{1079.16}=1.202$$

可见，当项目投资没有资金限制时，无论采用净现值法或净年值法，结论都是方案B最优。但是，当项目投资资金有限制时，则选择方案A是最有利的，因为它的单位投资效益最大。

(4) 效益费用比法。由以上计算结果，可得各方案的效益费用比：

方案A　$$R_A=\frac{2010.45}{692.93+100.14}=2.535$$

方案B　$$R_B=\frac{2320.58}{873.66+119.91}=2.336$$

方案C　$$R_C=\frac{2524.96}{1079.16+148.88}=2.056$$

由于三个方案的效益费用比均大于1，因此在经济上都是可行的。但因为它们属于互斥方案，不能仅凭效益费用比法来选择最优方案。还应对各方案进行增量分析并作方案评价，各方案费用从小到大依次为方案A、B、C，对相邻方案进行增量分析：

方案A→B　$$\Delta R_{AB}=\frac{\Delta B_{AB}}{\Delta C_{AB}}=\frac{2320.58-2010.45}{993.57-793.07}=1.547$$

方案B→C　$$\Delta R_{BC}=\frac{\Delta B_{BC}}{\Delta C_{BC}}=\frac{2524.96-2320.58}{1228.04-993.57}=0.872$$

由于$\Delta R_{AB}>1$，说明增加投资，扩大工程规模获得的效益大于支付的费用，因而在经济上是可行的；而$\Delta R_{BC}<1$，说明再继续扩大工程规模所得效益已不足以补偿所付出的费用，在经济上是不可行的。因此，按效益费用比法计算，方案B为经济上最优的方案。

(5) 内部收益率法。利用式(4-8)计算各方案内部收益率，结果见表4-11。

表4-11　各方案内部收益率试算成果

方案	IRR_1	$NPV_1(>0)$	IRR_1	$NPV_2(<0)$	IRR
A	15%	56.10	17%	−45.98	$IRR=15+(17-15)\times\frac{56.10}{56.10+45.98}=16.10(\%)$
B	14%	77.35	16%	−59.27	$IRR=14+(16-14)\times\frac{77.35}{77.35+59.27}=15.13(\%)$
C	13%	60.03	14%	−33.50	$IRR=13+(14-13)\times\frac{60.03}{60.03+33.50}=13.64(\%)$

由表4-11可知，各方案的内部收益率均大于基准折现率 i_0，如果它们是独立方案，就可以下结论：方案A、B、C均可行，计算到此为止。但由于这些方案属互斥方案，因此还必须对它们进行增量分析。

令
$$NPV_A = NPV_B$$
经试算得
$$\Delta IRR_{AB} = 10.72\%$$
此时
$$NPV_A = 444.41\text{ 百万元}, NPV_B = 444.36\text{ 百万元}$$
又令
$$NPV_B = NPV_C$$
经试算得
$$\Delta IRR_{BC} = 5.98\%$$
此时
$$NPV_A = 1747.22\text{ 百万元}，NPV_B = 1747.08\text{ 百万元}$$

由于 $\Delta IRR_{AB} > 7\%$，说明方案B优于方案A；而 $\Delta IRR_{BC} < 7\%$，说明方案C不如方案B。因此，增值分析的结果表明最优方案为B。

(6) 投资回收年限法。此例题中项目投资都发生在建设初期，后期均只有效益和运行费，故本项目属典型投资情况，可直接采用公式计算，但须先将投资折算到运行期初，即基准点选在2000年。

因为投产期（1999—2000年）这两年中已开始产生效益和运行费，可以这样处理：将投产期产生的效益和运行费并入投资费用，在相应年的投资中扣除，则有

$$K_A = 100\times(1+0.07)^6 + \cdots + (50+4-100)\times 1.07 + (8-150) = 795.18(\text{百万元})$$

$$K_B = 120\times(1+0.07)^6 + \cdots + (70+5-120)\times 1.07 + (9-180) = 1017.08(\text{百万元})$$

$$K_C = 150\times(1+0.07)^6 + \cdots + (100+6-130)\times 1.07 + (10-200) = 1296.84(\text{百万元})$$

由式（4-11）可直接求得

$$T_{n,A} = 6 - \ln\left(1 - \frac{795.18\times 0.07}{200-10}\right)\Big/\ln(1+0.07) = 11.1(\text{年})$$

$$T_{n,B} = 6 - \ln\left(1 - \frac{1017.08\times 0.07}{230-12}\right)\Big/\ln(1+0.07) = 11.8(\text{年})$$

$$T_{n,C} = 6 - \ln\left(1 - \frac{1296.84\times 0.07}{250-15}\right)\Big/\ln(1+0.07) = 13.2(\text{年})$$

式中的6为建设期年数。由计算结果可知，方案A、B、C均在规定投资回收年限内，因此在经济上都是可行的。

第七节　不同决策结构的评价方法

如果对于任何投资项目方案，都能简单地采用前述经济评价指标来决定方案的取舍，则项目（方案）评价就会变得简单易行。然而，实践中项目（方案）及项目群之间的关系是多种多样的，决定了项目（方案）决策结构的多样性和复杂性。如果仅仅掌握几种评价指标，而没有掌握正确的评价方法，就达不到正确决策的目的。因此，本节在划分决策类型的基础上，讨论如何针对不同决策结构应用各种评价指标进行项目评价与优选。

一、独立方案的经济效果评价

由于独立方案评价对象的各个方案的现金流是独立的，即接受或舍弃某个方案并不影

响其他方案的取舍。因此，独立方案也称彼此相容方案，如果决策的对象是单一方案，则可以认为是独立方案的特例。

独立方案的采用与否，只取决于方案自身的经济性，因此，多个独立方案与单一项目（方案）的评价准则和方法是相同的。前面介绍过的各种评价指标均适用于独立方案的评价。

用经济效果评价指标（$NPV \geqslant 0$，$NAV \geqslant 0$，$IRR \geqslant i_0$，$R \geqslant 1$，$T_n \leqslant T_0$ 等）检验方案自身的经济性，可以称为“绝对效果检验”。凡是通过绝对效果检验的方案，就认为它在经济上是可以接受的，否则就应予拒绝。

对于独立方案而言，经济上是否可行的判据是其绝对经济效果是否优于一定的检验标准。无论采用净现值、净年值、内部收益率和效益费用比当中哪种评价指标，评价结论都是一样的。

二、互斥方案的经济效果评价

由于互斥方案各方案之间是互不相容、相互排斥，即在多个方案中至多只能选取一个。在方案互斥的决策结构形式下，经济效果评价包括两部分内容：一是考虑各个方案自身的经济效果，即进行绝对经济效果检验；二是考察哪个方案相对最优，称为相对经济效果检验。两种检验的目的和作用不同，通常缺一不可，只有在众多互斥方案中必须选择其中之一时才可以只进行相对效果检验。

进行绝对经济效果检验的方法与前面介绍的单个方案的经济评价方法是相同的。相对经济效果检验即进行多方案优选的方法，应以净效益最大为准则，可采用净现值法、净年值法、费用现值法、费用年值法。采用内部收益率法、效益费用比法、投资回收期法时，还应计算增量内部收益率、增量效益费用比、增量投资回收期，只有当 $IRR \geqslant i_0$、$\Delta B/\Delta C \geqslant 1$ 及 $\Delta T_n \leqslant T_0$ 时，选择投资大的方案才是有利的，否则应选择投资小的方案。

进行方案相对效果检验时，净现值最大（净年值最大、费用现值和费用年值最小）是正确的判别准则。净现值最大准则的正确性，是由基准折现率——最低期望收益率的经济含义决定的。一般来说，最低期望收益率应等于被拒绝的投资机会中最佳投资机会的盈利率，因此，净现值就是拟采用的方案较之被拒绝的最佳投资机会多得的盈利，其值越大越好，这符合盈利最大化的决策目标要求。

当资金有明显的限制时，应采用净现值率作为净现值的辅助指标进行方案优选。对多方案比选时，不论使用何种经济评价指标，都必须满足方案之间具有可比性的要求，特别要注意的是分析期问题。

三、相关方案的经济效果评价

在多个相关方案之间，如果接受或拒绝某一方案，会显著改变其他方案的现金流量，或者接受或拒绝某一方案会影响对其他方案的取舍。相关方案的类型分类如下：

（1）完全互斥型。如果对于技术或经济的原因，接受某一方案就必须放弃其他方案，那么，从决策角度看这些方案是完全互斥的。这也是方案相关的一种类型。特定项目经济规模的确定，厂址方案的选择，特定水力发电水库坝高方案的选择等，都是方案完全互斥的例子。互斥方案的经济效果评价，在前面已作了较充分的讨论。

（2）互相依存和互补型。如果在两个或多个方案之间，某一方案的实施要求以另一方案或另几个方案的实施为条件，则这两个或多个方案之间具有互相依存性，或是具有完全互补性。例如，在两个不同的工厂分别生产某种大型机器和与之配套的零部件的项目，就是这种类型的相关方案。互补方案的经济效果评价通常应捆在一起进行。

（3）现金流量相关型。即方案既不完全互斥，也不完全互补，若干方案中任一方案的取舍都会导致其他方案现金流量的改变，这些方案之间具有现金流相关性。例如，有两种技术上都可行的方案，一种是在某大河上建一座收费公路桥；另一种是桥址附近建收费轮渡码头。虽然这两个方案之间不存在互不相容的关系，也不存在完全互补关系，但任何一个方案的实施或放弃都会影响另一方案的收入，从而影响方案经济效果评价的结论。

（4）资金约束导致的方案相关。如果没有资金总额限制，各方案具有独立性，但在资金有限的情况下，接受某方案则意味着不得不放弃另外一些方案，这也是方案相关的一种类型。

（5）混合相关型。在方案众多的情况下，方案间的相关关系可能包括多种类型，称为混合相关型。

实际上，可以将独立方案和互斥方案看成是相关方案的特例，可以认为，独立方案是相关系数为 0 的相关方案，互斥方案是相关系数为 1 的相关方案。

下面就后三种类型的相关方案选择方法作详细介绍。

（一）现金流量具有相关性的方案选择

当各方案的现金流量具有相关性，但各方案之间并不完全互斥时，不能简单地按照独立方案或互斥方案的评价方法进行决策，而应当用一种“互斥方案组合法”，将各方案组合为互斥方案，计算各互斥方案的现金流量，再按互斥方案的评价方法进行评价。

【例 4-9】 为了满足运输要求，有关部门分别提出要在某两地之间上一条铁路项目或一公路项目。只上一个项目的净现金流量见表 4-12，若两个项目都上，由于货物分流的影响，两个项目都将减少净收入，其现金流量表见表 4-13，当基准收益率 $i_0=8\%$ 时应如何决策。

表 4-12　　只上一个项目时的净现金流量　　单位：百万元

方　案	时间/年		
	1	2	3～32
铁路 A	−80	−80	50
公路 B	−40	−40	30

表 4-13　　两个项目都上时的净现金流量　　单位：百万元

方　案	时间/年		
	1	2	3～32
铁路 A	−80	−80	40
公路 B	−40	−40	20
两项目都上	−120	−120	60

解： 为保证决策的正确性，先将两个相关方案组合成三个互斥方案，再分别计算净现值，分别画出现金流量图，如图 4-22～图 4-24 所示。

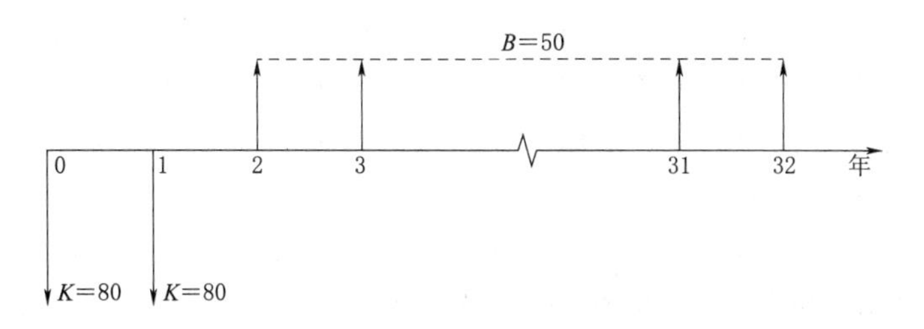

图 4-22　铁路方案 A 的资金流程图（单位：百万元）

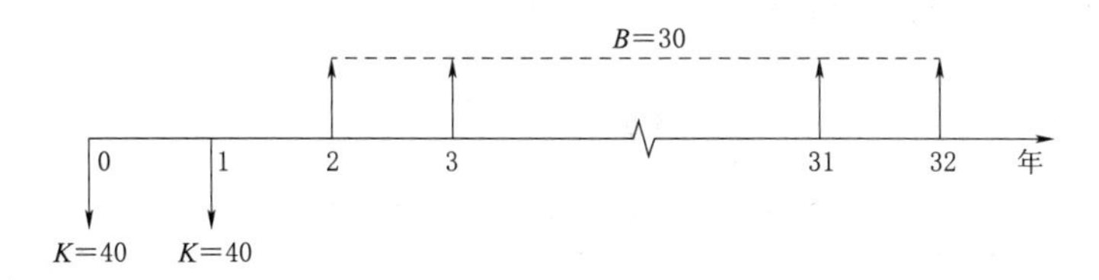

图 4-23　公路方案 B 的资金流程图（单位：百万元）

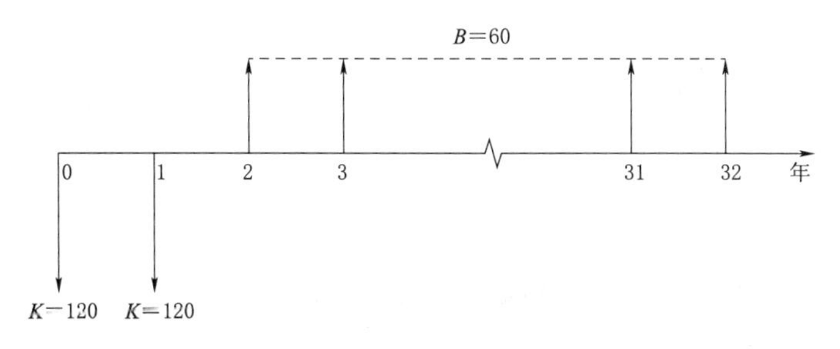

图 4-24　方案 A+B 的资金流程图（单位：百万元）

根据净现值评价准则，在三个互斥方案中，方案 A+B 净现值最大且大于零（$NPV_{A+B}>NPV_A>NPV_B>0$），故方案 A+B 为最优可行方案。

如用净年值法、增量内部回收率法、增量效益费用比法对表 4-14 中的互斥方案进行评价，也会得出相同的结论。

表 4-14　　两个项目都上时的净现金流量　　单位：百万元

方　案	时间/年			净现值
	1	2	3～32	
铁路 A	−80	−80	50	328.5
公路 B	−40	−40	30	215.5
A+B	−120	−120	60	347.98

（二）受资金限制的方案选择

在资金有限的情况下，局部看来不具有互斥性的独立方案也成了相关方案，如何对这类方案进行评价选择，以保证在给定资金总额的前提下取得最大的经济效果，就是“受资金限制的方案选择”。受资金限制的方案选择使用的主要方法有“净现值率排序法”和“互斥方案组合法”。

净现值率排序法，就是在计算各方案净现值率的基础上，将净现值大于或等于零的方案按净现值率大小排序，并依据净现值率大小的次序选取项目方案，直至所选取方案的投资总额最大限度地接近投资限额。该法所要达到的目标是在一定的投资限额约束下使所选项目方案的净现值最大。

互斥方案组合法是把不超过资金限额的所有可行组合方案排列出来，使得各组合方案之间是互斥的，再按照互斥方案的选择方法选出最优的组合方案。下面通过实例说明如何采用“互斥方案组合法”对受资金限制的方案进行选择。

【例 4-10】 现有甲、乙、丙三个独立的投资方案，其初始投资及各年净收益见表 4-15。投资限额为 450 万元，其基准收益率为 8%，各方案的净现值计算结果也列于表中。试用互斥方案组合法选取最优组合方案。

表 4-15　　三个独立方案的净现金流量和经济指标　　单位：万元

方　案	第 1 年初投资	1～10 年净收入	净现值
甲	−160	45	141.95
乙	−200	52	148.92
丙	−280	64	149.44

解： 构造互斥组合方案共 7 个 [(2^3-1)]，并计算各互斥组合方案的净现值指标，见表 4-16。

表 4-16　　甲、乙、丙的互斥组合方案的净现金流量和经济指标　　单位：万元

互斥组合方案序号	组合状态			第 1 年初投资	1～10 年净收入	净现值
	甲	乙	丙			
1	1	0	0	−160	45	141.95
2	0	1	0	−200	52	148.92
3	0	0	1	−280	64	149.44
4	1	1	0	−360	97	290.87
5	1	0	1	−440	109	291.39
6	0	1	1	−480	116	298.36
7	1	1	1	−640	161	440.31

注　组合状态中“1”表示方案入选，“0”表示方案不入选。

由计算结果可知，方案 6、方案 7 不符合资金限制条件，首先淘汰掉；应选择组合方案 5（甲、丙），净现值总额为 291.39 万元。

（三）混合相关方案的选择

混合相关方案可通过建立数学规划模型来选择。模型以净现值最大为目标函数，在该目标函数及一定的约束条件下，寻求某一组合方案，使其净现值比其他可能的组合方案的净现值都大。

模型将影响项目方案相关性的各种因素以约束方程的形式表达出来，这些因素主要有：①人力、物力、资金等资源可用量限制；②方案之间的互斥性；③方案之间的依存性；④方案之间的紧密互补关系；⑤非紧密互补关系；⑥项目方案的不可分性。

思 考 与 习 题

1. 净现值和净年值有何区别，其各自的适用性如何？

2. 当计算期为无穷时，净现值与净年值之间的关系如何？

3. 什么叫内部收益率？它有什么意义？如何求内部收益率？有几种算法？内部收益率必须大于什么值，方案才是可行的？为什么？内部收益率大的方案好，还是内部收益率小的方案好？为什么？

4. 什么叫效益费用比，什么叫净效益？如何求效益费用比和净效益？有几种算法？

5. 净效益必须大于什么值，方案才是可行的？效益费用比必须大于什么值，方案才是可行的？为什么？当各个方案的效益费用比均大于 1.0 时，如何判断方案经济效果的优劣？

6. 简述投资回收年限法的局限性及其适用范围。

7. 某水电工程的建设投资为 4.2 亿元，建成后每年各项收入为 1.2 亿元，年运行费 0.5 亿元，运行期为 50 年，试计算该工程的净现值、净年值、效益费用比、内部收益率（$i_0=10\%$）。

8. 某企业欲购置新设备，年利率取 8%，备选方案数据资料见表 4－17。试问应如何决策？用现值法分析。

表 4－17　　　　备 选 方 案 数 据

方　案	投资/元	寿命期/年	残值/元	年净效益/元
A	10000	5	300	2000
B	12000	5	360	3000
C	15000	5	450	4167

9. 根据表 4－18 中所列方案 A、方案 B 的数据，试用作图法说明以下问题：

(1) 什么条件下选择方案 A？

(2) 什么条件下选择方案 B？

(3) 什么条件下放弃方案 A 与方案 B？

表 4－18　　　　方 案 数 据 计 算

方　案	寿命期/年	*NPV* ($i=5\%$)/万元	*IRR*
A	10	100000	10%
B	10	110000	8%

10. 某公司现有两个生产方案，欲从中选择一较优方案用年值法分析。已知折算利率 $i_0=8\%$。各方案现金流量见表 4－19。

表 4－19　　　　现　金　流　量

方　案	投资/万元	寿命期/年	年运行费/万元	残值/万元
A	10	20	1.2	0.5
B	7	10	1.4	0.4

11. 某工程有两个方案，方案甲：投资 $K_{甲}$ 万元，无运行、管理、维修费用；方案乙投资 $K_{乙}$ 万元，运行、管理、维修费用为 $U_{乙}$ 万元/年。两种方案使用寿命均为 25 年，年效益也相同，仅乙方案运行、管理、维修费用为一不确定值，问：当 $K_{甲}>K_{乙}$ 时，$U_{乙}$ 在什么范围内总是乙优？

12. 某井灌工程投资 100 万元，每年的运行费共 8 万元，使用期 15 年，前 5 年的每年灌溉水量为 $5\times10^6\text{m}^2$，中间 5 年为每年 $10\times10^6\text{m}^2$，后 5 年为每年 $15\times10^6\text{m}^2$。如果希望得到 10％的收益率，则每立方米水的水费应为多少？

13. 某水利工程投资、年运行费、效益数据见表 4－20。若最低希望收益率为 10％，试用现值法、年金法、效益费用比法、内部收益率法对该工程进行经济分析。

表 4－20　　　　现　金　流　量　　　　单位：万元

年份	1	2	3	4	5	6～25
投资	300	400	200	100	—	—
年运行费	—	2	5	10	10	10
效益	—	50	150	300	300	300

14. 设计一个小型水电站，要求选择装机容量，有四个方案数据见表 4－21。

表 4－21　　　　四 个 方 案 数 据

方　　案	甲	乙	丙	丁
装机容量/kW	3000	4000	5000	6000
平均年发电量/(kW・h)	1869	2153	2364	2526
工程投资/万元	415	520	626	723

假定：

（1）施工期各方案均为 2 年，基准年取为第 2 年末，自第 3 年初起正式投产运行。

（2）工程投资第 1 年初投入 50％，第 2 年初投入 50％，以后不再有工程投资，年运行费率取 0.02。

（3）平均年发电量全部为非季节性电量，电价 0.2 元/(kW・h)。

（4）综合经济使用年限为 40 年。

（5）最低希望收益率 $i=10\%$。

要求：

（1）求出各方案的工程投资折算现值，各方案的年运行费及运行费折算现值，各年效益及效益折算现值。

（2）求出各方案的投资回收年限，审查经济合理性。

（3）对经济合理的各方案分别求出净现值，净现值最大的方案为经济最佳方案。

第四章答案

第五章　水利建设项目的经济评价

【教学内容】 国民经济评价与财务评价的区别、关系和地位；财务评价的报表和指标；国民经济评价的指标；水利工程经济的不确定性分析。

【基本要求】 掌握国民经济评价和财务评价的关系，国民经济评价和财务评价的指标。水利工程不确定性分析的敏感性分析。

【思政教学】 在解释国民经济评价和财务评价时，使学生明白在追求科学真理的过程中，从多方面、多角度考虑问题的重要性；培养学生树立全面的思想，综合分析问题方法；看问题不能偏颇、遗漏，更不能凭想象，培养学生严谨学习态度，一丝不苟工作方法。同时在讲述国民经济评价知识点时，可以扩展性引导学生思考个人发展与国家发展的关系，增强学生的大局观念和全局意识，让学生理解个人发展与国家的前途和命运是相依共存的，培养学生的政治意识、大局意识、核心意识和看齐意识，增强学生的中国特色社会主义道路自信、理论自信、制度自信、文化自信。在讲述财务评价知识点时，引入数学家爱德华·索普（Edward Thorpe）的案例介绍，让学生进一步认识专业知识学习和专业技能培养的重要性，培养学生积极的人生态度和竞争意识，形成良好的心理素质、坚强的意志、健全的人格。在讲述不确定性分析方法时，可以扩展讨论国际形势的不确定性对我国经济社会发展的影响及其应对措施，一方面激发学生的爱国热情，培养历史责任感，坚定文化自信，增强使命担当；另一方面可以增强学生对不确定性和风险的意识并培养逻辑思辨能力。

水利工程的经济评价一般包括国民经济评价和财务评价两项基本内容，这两项基本内容均属于定量分析的范畴，在大型水利建设项目的经济评价中，还应该在此两项评价的基础上结合定性分析，从宏观的角度对项目进行综合经济评价，使得评价成果更加全面可靠。

第一节　国民经济评价和财务评价的相关概念

一、国民经济评价和财务评价的基本内涵

国民经济评价又称经济分析，是从全社会或国民经济平衡的角度，运用国家规定的影子价格、影子汇率、影子工资和社会折现率等经济参数，分析计算项目所需投入的费用和可获得的效益，据此判别建设项目的经济合理性和宏观可行性。国民经济评价是项目经济评价的核心部分，是决策部门考虑建设项目取舍的主要依据。

财务评价又称财务分析，是从项目财务核算单位的角度，在国家现行财税制度和价格体系的条件下，计算项目范围内的效益和费用，分析项目的清偿能力、盈利能力及外汇平衡，其目的是考察项目在财务上的可行性。

二、国民经济评价与财务评价比较

国民经济评价与财务评价是针对同一个项目，两者相互联系，但代表的利益主体不同。两者之间的区别主要有以下几点：

（1）评价的角度不同。国民经济评价是从国家的整体经济利益出发，评价项目对国民经济的贡献，考察经济效果对社会的影响，从宏观的角度评价项目经济上的合理性。而财务评价是从项目本身的角度出发，在国家现行财税制度和价格体系下，对项目的财务支出收入、生存能力、偿债能力以及盈利能力进行评价分析，从而判别项目在财务上是否合理。

（2）费用和效益的计算范围不同。国民经济评价的焦点在社会，主要考察社会为该项目付出的费用和从该项目中获得的收益，因而属于国民经济内部转移的各种补贴等不作为项目的效益，同理，各种税金也就不作为项目的费用。国民经济评价分析计算的是项目的外部效果。财务评价是从项目财务的角度出发，核算项目实际的财务支出和收入，缴纳的各项税金也要算作项目的财务支出，各种补贴收入等要作为项目的收入计入财务评价中。财务评价计算的是项目的直接支出与收入，分析项目本身的费用效益。

（3）评价采用的投入物和产出物的价格不同。国民经济评价采用的是影子价格，影子价格能更好地反映产品的真实价值，市场的供求情况以及资源稀缺的程度，使得资源配置更加趋于合理化。财务评价则采用财务价格，以现行价格体系为基础。

（4）评价采用的主要参数不同。国民经济评价采用的是国家统一测定的影子汇率和社会折现率，而财务评价采用的是国家外汇牌价和行业财务基准收益率。

（5）主要评价指标不同。国民经济评价采用的指标有经济净现值、经济内部收益率、经济效益费用比、经济换汇成本等。财务评价是从财务核算的角度考察项目的可行性，主要采用的评价指标是财务内部收益率、投资回收期、贷款偿还期等。

国民经济评价与财务评价比较见表 5－1。

表 5－1　　国民经济评价与财务评价比较

比较项目	国民经济评价	财务评价
评价角度	全社会或整个国民经济	项目核算单位
计算范围	直接效益和直接费用及比较明显的间接费用。属于国民经济内部转移支付的利润、税金、贷款利息等不计入项目的费用和效益	直接效益和直接费用。利润、税金、贷款利息等计入项目的费用和效益
价格	影子价格	现行价格
评价标准	社会折现率	部门或行业的基准收益率
主要评价指标	经济内部收益率，经济净现值，经济效益费用比	盈利项目（财务内部收益率、投资回收期、贷款偿还期），公益项目（产品成本、价格、补偿办法、优惠措施）
主要报表	国民经济效益费用流量表	总成本费用估算表，利润和利润分配表，财务计划现金流量表，项目投资现金流量表，项目资本金等

三、项目经济评价的原则

项目经济评价是一项政策性、综合性、技术性很强的工作，为了提高经济评价的准确性和可靠性，真实地反映项目建成后的实际效果，项目经济评价应在国家宏观经济政策指导下进行，使各投资主体的内在利益符合国家宏观经济计划的发展目标。具体应遵循以下原则和要求：

（1）必须符合国家经济发展的产业政策，投资的方针、政策以及有关的法规。

（2）项目经济评价应在国民经济与社会发展的中长期计划、行业规划、地区规划及流域规划指导下进行。

（3）项目经济评价必须具备应有的基础条件，所使用的各种基础资料和数据，如建设投资、年运行费、产品产量、销售价格等，务求翔实、准确，避免重复计算，严禁有意扩大或缩小。

（4）项目经济评价中的效益计算和费用计算应遵循口径对应一致的原则，即效益计算到哪一个层次，费用也算到哪一个层次，例如水电工程，若费用只计算了水电站本身的费用，则在计算发电效益时，采用的电价就只能是上网电价。

（5）项目经济评价应考虑资金的时间价值，以动态分析为主，将国家和有关部门所规定的动态指标作为对项目经济评价的主要依据。

（6）在项目国民经济评价和财务评价的基础上，应进行不确定性因素的分析，以保证建设项目能适应建设阶段和运行阶段可能发生的各种变化，进而达到预期（设计）的效益。

（7）考虑到水利建设项目特别是大型综合利用水利工程项目情况复杂，有许多效益和影响不能用货币表示，甚至不能定量，因此在进行经济评价时，除做好以货币表示的经济效果指标的计算和比较外，还应补充定性分析和实物分析，以便全面地阐述和评价水利建设项目的综合经济效益。

（8）项目经济评价一般都应按国家和有关部门的规定，进行国民经济评价和财务评价，并以国民经济评价的结论为主考虑项目或方案的取舍。由于水利建设项目特别是大型水利工程项目规模巨大，投入和产出都很大，对国民经济和社会发展影响深远，经济评价内容除按一般程序进行国民经济评价和财务评价指标计算分析外，还应根据本项目的特殊问题增加若干专题经济研究，以便从不同侧面把兴建水利工程的利弊理清楚，正确评价其整体效益的影响。

（9）必须坚持实事求是的原则，据实比选，据理论证，保证项目经济评价的客观性、科学性和公正性。

（10）对大、中型水利建设项目，在国民经济评价和财务评价的基础上，还应根据具体情况，分析以下经济评价补充指标，并与可比的同类项目或项目群进行比较，分析项目的经济合理性。经济评价补充指标有：①总投资和单位功能投资指标；②主要工程量、三材用量，单位功能的工程量和三材用量指标；③水库淹没实物量和工程挖压占地面积，单位功能的淹没、占地指标。

（11）对特别重要的水利建设项目，应站在国民经济总体高度，从以下几方面分析、评价建设项目在国民经济中的作用和影响：①在国家、流域、地区国民经济中的地位和作用；②对国家产业政策、生产力布局的适应程度；③投资规模与国家、地区的承受能力；④水库淹没、工程占地对地区社会经济的影响。

（12）对工程规模大、初始运行期长的水利建设项目，应分析以下经济评价补充指标，研究分析项目的经济合理性：①开始发挥效益时所需投资占项目总投资的比例；②初期效益分别占项目总费用和项目总效益的比例。

第二节　国 民 经 济 评 价

一、目的和作用

国民经济评价作为一种宏观评价，为了使国家获得最大的净效益，在充分合理利用有限资源的前提下，希望建设项目符合整个国民经济发展的需要。换言之，就是要评价投入（从国民经济中所汲取）和产出（向国民经济提供）对总体国民经济目标的影响，从而选择对总体目标优化最有利的方案，以达到合理利用有限资源，国民经济增益最大的目的。依照现行价格计算项目的投入与产出，并不能确切地反映项目建设给国民经济带来的效益和费用的情况，这是因为不少商品的现行价格不能反映商品的价值，更不能反映出供求关系。因此，国民经济评价选取影子价格来计算建设项目的费用和效益，以此反映真实的资源价值以及项目对国民经济的净贡献，从而得出项目的建设是否有利于国民经济的总体目标。

国民经济评价计算中一个重要的参数是社会折现率，国家可以通过调整这个重要参数来控制投资的规模，鼓励或抑制某些行业或项目发展，促进资源的合理分配。当投资规模膨胀、资金紧缺时，国家可适当提高社会折现率，控制一部分项目的通过，社会效益更高的项目可以得到投资；亦可以适当降低社会折现率，使得有足够数量的备选项目，便于投资者进行投资方案的选择。

二、国民经济评价的费用与效益

1. 费用与效益的识别

确定建设项目经济合理性的基本途径是将建设项目的费用与效益进行比较，进而计算其对国民经济的净贡献。因此正确地识别费用与效益，是保证国民经济评价正确性的重要条件和必要前提。

由于国民经济评价是从整个国民经济增长的目标出发，以项目对国民经济的净贡献大小来考察项目的，所以，国民经济评价中所指建设项目的费用应是国民经济为项目建设投入的全部代价，所指建设项目的效益应是项目为国民经济作出的全部贡献。为此，对项目实际效果的衡量，应计算项目的间接费用和间接效益，属于国民经济内部转移支付的部分不计为项目的费用或效益。

在辨识和分析计算项目的费用和效益时应按“有无分析法”（即“有”投资和“无”投资情况的费用和效益）计算其增量，按效益与费用计算口径对应的原则确定费用与效益的计算范围，避免重复和遗漏。

2. 直接费用和直接效益

直接费用和直接效益是项目费用与效益计算的主体部分。项目的直接费用主要指国家为满足项目投入（包括固定资产投资、流动资金及经常性投入）的需要而付出的代价。水利建设项目中的枢纽工程（或河渠工程）投资、水库淹没处理（或河渠占地）补偿投资、年运行费用、流动资金等均为水利水电建设项目的直接费用。

项目的直接效益主要指项目的产出物（物质产品或服务）的经济价值。不增加产出的项目，其效益表现为投入的节约，即释放到社会上的资源的经济价值。如水利建设项目建成后水电站（增加）的发电效益，减免的洪灾淹没损失，增加的农作物、树木、牧草等主、副产品的价值，均为水利建设项目的直接效益。

3. 间接费用和间接效益

间接费用又称外部费用，是指国民经济为项目付出了代价，而项目本身并不实际支付的费用。例如项目建设造成的环境污染和生态的破坏。

间接效益又称外部效益，是指项目对社会作了贡献，而项目本身并未得益的那部分效益。例如在河流上游建设水利水电工程后，增加的河流下游水电站出力和电量。

间接费用和间接效益通常较难计量，为了减少计量上的困难，首先应力求明确项目的“边界”。一般情况下可扩大项目的范围，特别是一些相互关联的项目可以合在一起视为同一项目（联合体）捆起来进行评价，这样可使间接费用和间接效益转化为直接费用和直接效益。

4. 转移支付

项目财务评价用的费用或效益中的税金、国内贷款利息和补贴等，是国民经济内部各部门之间的转移支付，不造成资源的实际消耗或增加。因此，在国民经济评价中不能计为项目的费用或效益，但国外借款利息的支付产生了国内资源向国外资源的转移，则必须计为项目的费用。

三、国民经济评价中的影子价格

国民经济评价是项目投入物和产出物应使用影子价格。计算影子价格时应分别按其外汇货物、非外汇货物、特殊投入物（劳动力、土地）三种类型进行计算。

计算影子价格时应采用的参数如下：影子汇率按国家外汇牌价乘以 1.08；贸易费用率统一采用 6%；由贸易费用率计算货物的贸易费用时，可使用下列公式：

$$\text{进口货物的贸易费用}=\text{到岸价}\times\text{影子汇率}\times\text{贸易费用率} \quad (5-1)$$

$$\text{出口货物的贸易费用}=(\text{离岸价}\times\text{影子汇率}-\text{国内长途运杂费})\times\text{贸易费用率}\div(1+\text{贸易费用率}) \quad (5-2)$$

$$\text{非外贸货物的贸易费用}=\text{出厂影子价格}\times\text{贸易费用率} \quad (5-3)$$

式中：口岸价格可根据《海关统计》（中国海关出版社，2008 年）对历年的口岸价格进行回归和预测，或根据国际上一些组织机构编辑的出版物，分析一些重要的国际市场价格趋势。在确定口岸价格时，要注意剔除倾销、暂时紧缺、短期波动等因素的影响，同时还要考虑质量差价。

国内长途运杂费按交通运输影子价格换算系数，其中铁路货运影子换算系数采用 1.84，与其对应的基础价格为 1992 年调整发布的铁路货运价格；公路货运影子价格换算系数采用 1.26，与其对应的基础价格为 1991 年公路货运实际价格；沿海货运影子价格换算系数采用 1.73，内河货运影子价格换算系数采用 2.00，与其对应的基础价格为 1992 年调整发布的全国沿海、内河货运价格；杂费影子价格换算系数采用1.00。

外贸货物是指其生产、使用将直接或间接影响国际进口的货物。外贸货物的影子价格以实际将要发生的口岸价格为基础确定。

影子价格的计算方法如下：

进口货物的影子价格＝到岸价×影子汇率×(1＋贸易费用率)＋国内影子运杂费 (5－4)

出口货物的贸易费用＝(离岸价×影子汇率－国内长途运杂费)÷(1＋贸易费用率) (5－5)

非外贸货物是指其生产或使用不影响国际进口货出口的货物，除了所谓“天然”的非贸易货物如施工、国内运输和商业等基础设施的产品和服务外，还有由于运输费用过高或受国内国外贸易政策和其他条件的限制不能进行外贸的货物。

从理论上讲，非外贸货物的影子价格主要应从供水关系出发，按机会成本或消费者支付意愿的原则确定。非外贸货物的影子价格的确定方法如下：

非外贸货物的贸易费用＝出厂影子价格×(1＋贸易费用率)＋影子运杂费 (5－6)

特殊投入物的影子价格有以下几类：

(1) 劳动力的影子价格——影子工资。影子工资是指项目国民经济评价中用以计算劳务社会成本的国家参数，反映国家和社会为建设项目提供劳动力付出的代价。它包含在调整为经济价值的经营成本之中，反映该劳动力用于拟建项目而使社会为此放弃的原有效益，以及社会为此而增加的资源消耗。影子工资由劳动力的边际产出（即一个建设项目占用的劳动力，在其他使用机会下可能创造的最大效益）和劳动力就业或转移而引起的社会资源消耗两部分构成，一般采用工资标准乘以影子工资换算系数求得。影子工资换算系数是指影子工资与项目财务分析中的劳动力工资之间的比值。技术劳动力的工资报酬一般可由市场决定，影子工资可以以财务实际支付工资计算，即影子工资换算系数取值为1。对于非技术劳动力，其影子工资换算系数取值为0.25～0.8，根据当地的非技术劳动力供求状况决定，非技术劳动力较为富裕的地区取较低值，不太富裕的地区可取较高值，中间状况可取0.5。

(2) 土地的影子价格——土地影子费用。土地影子费用应能反映该土地用于拟建项目而使社会为此放弃的原有效益，以及社会为此增加的资源消耗（如居民搬迁费等)。

若项目占用的土地为没有什么用处的荒山野岭，其机会成本可视为零；若项目占用的土地是农业用地，其机会成本为原来的农业净收益、拆迁费用和劳动力安置费；若项目占用的土地是城市用地，应以土地市场价格计算土地的影子价格，主要包括土地出让金、基础设施建设费、拆迁安置补偿费等。

土地影子价格可以直接从机会成本和新增资源消耗两方面求得，也可在财务评价土地费用的基础上调整计算得出。项目实际征地财务费用包括三部分：①机会成本性质的费用，土地补偿费、青苗补偿费，应按机会成本计算；②新增资源消耗，拆迁费用、剩余劳动力安置费用、养老保险费用，应按影子价格调整计算；③转移支付，粮食开发基金、耕地占用税等，则应予以剔除。

城镇土地影子价格通常按市场交易价格计算，主要包括土地出让金、征地费、拆迁安置补偿费等。

四、国民经济评价指标

国民经济评价的内容包括盈利能力分析和外汇效果分析，特殊情况下，对难以量化的外部效果还需进行定性分析。其评价指标有经济净现值、经济内部收益率、经济效益费用比、经济换汇成本等指标。

1. 经济净现值

经济净现值（economic net present value，ENPV）是反映项目对国民经济所作贡献的绝对指标，以用社会折现率 i_s 将项目计算期内各年的净效益折算到计算期初的现值之和表示，表达式为

$$ENPV=\sum_{t=0}^{n}(B-C)_t(1+i_s)^{-t} \tag{5-7}$$

式中　B——年效益，万元；

C——年费用，万元；

n——计算期，年；

t——计算期各年的序号；

$(B-C)_t$——第 t 年的净效益，万元。

依据经济净现值的大小确定项目的经济合理性。当经济净现值大于或等于零（$ENPV\geqslant 0$）时，则该项目在经济上是合理的。

2. 经济内部收益率

经济内部收益率（economic internal rate of return，EIRR）表示项目占用的费用对国民经济的净贡献能力，反映了项目对国民经济所作贡献的相对指标，表达式为

$$\sum_{t=0}^{n}(B-C)_t(1+EIRR)^{-t}=0 \tag{5-8}$$

式中各变量含义同式（5-7）。

项目的经济合理性应按经济内部收益率 $EIRR$ 和社会折现率 i_s 对比分析确定。当经济内部收益率大于或等于社会折现率（$EIRR\geqslant i_s$）时，项目在经济上是合理的。

3. 经济效益费用比

经济效益费用比（economic benefit-cost ratio，EBCR）是反映项目单位费用对国民经济所作贡献的相对指标，用项目效益现值与费用现值之比来表示，表达式为

$$EBCR=\frac{\sum_{t=0}^{n}B_t(1+i_s)^{-t}}{\sum_{t=0}^{n}C_t(1+i_s)^{-t}} \tag{5-9}$$

式中各变量含义同式（5-7）。

根据经济效益费用比的大小来确定项目的经济合理性。当经济效益费用比大于或等于1（$EBCR\geqslant 1$）时，项目在经济上是合理的。

4. 经济换汇成本

经济换汇成本是用影子价格、影子工资和社会折现率计算的为生产该产品而投入的国

内资源现值（以人民币表示）与经济外汇净现值（通常用美元表示）之比，也就是换取1美元的外汇所需要的人民币金额，是分析、评价项目实施后在国际上竞争能力的指标。当项目生产直接出口产品或者替代进口产品时，需要计算该指标，表达式为

$$经济换汇成本=\frac{\sum_{t=0}^{n}DR_t(1+i_s)^{-t}}{\sum_{t=0}^{n}(FI_t-FO_t)(1+i_s)^{-t}} \tag{5-10}$$

式中　DR_t——项目在第 t 年为生产出口产品或替代进口产品所投入的国内资源（包括投资和经营成本），元；

FI_t——第 t 年的外汇流入量，美元；

FO_t——第 t 年的外汇流出量，美元。

当影子汇率大于或等于经济换汇成本（元/美元）时，表明该项目产品出口或替代进口是有竞争力的，从获得或节约外汇的角度考虑是合算的。

当项目有部分外贸品产出时，在用上式进行计算之前，应先将生产外贸品部分所耗费的国内资源价值从国内资源总耗资中划出。

第三节　财　务　评　价

一、财务评价的概念

财务评价是按照国家现行财税制度和价格，从财务角度对水利建设项目的费用、效益及生存能力、偿债能力、盈利能力等所作的分析评估，目的是考察建设项目在财务上的可行性。

二、水利工程财务评价的特点

水利工程具有防洪（防凌）、治涝、发电、航运、城镇供水、灌溉、水产养殖、旅游等多种功能。因此，应根据不同功能的财务收益特点进行水利工程财务评价，其特点如下：

（1）对于水利营利型项目，应根据国家现行财税制度和价格体系在计算项目财务费用和财务效益的基础上，全面分析项目的清偿能力和营利能力。

（2）对灌溉等保本型水利项目，重点应核算水利项目的灌溉水利成本和水费标准，对使用贷款或部分贷款建设的项目还需作项目清偿能力的分析，主要是计算和分析项目的借款偿还期。在某些情况下，可将水利项目与农业项目结合起来，以灌区为单位进行财务分析评价。

（3）对具有综合利用功能的水利工程，除把项目作为整体进行财务评价外，还应进行费用分摊计算，而后再进行财务评价。

（4）对防洪、防凌、治涝等社会公益型水利项目，主要是研究提出维持项目正常运行需由国家补贴的资金数额和需采取的经济优惠措施及有关政策。

三、资金规划

为了保证项目所需资金能按时提供，项目经营者、投资者、贷款部门都要知道拟建项目的投资金额，据此安排投资计划或国家预算，这就需要通过财务评价提出建设资金恰当

的计划安排和适宜的筹资方案。资金筹措包括资金来源的开拓和对来源、数量的选择；资金的使用包括资金的投入、贷款偿还、项目运营的计划。

1. 资金来源

项目的资金来源可分为国内国外两大类。国内资金包括企业自有资金、银行贷款、社会集资、其他集资渠道等，如图 5-1 所示。

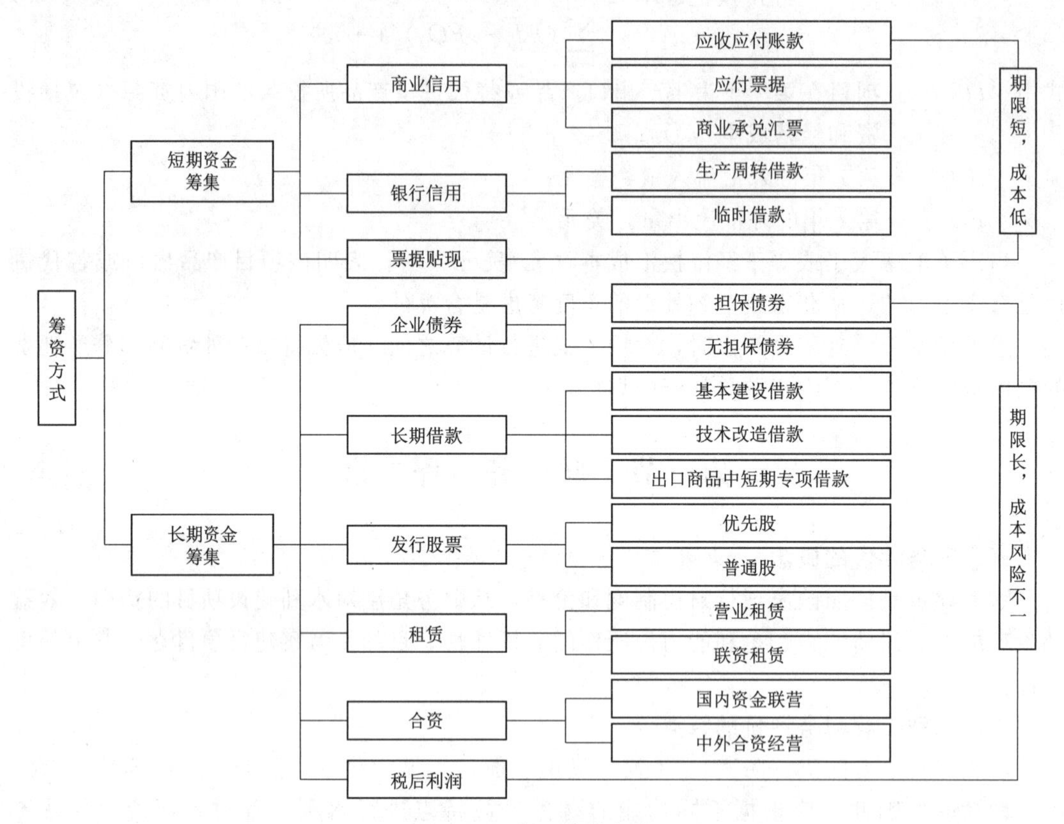

图 5-1　资金筹措方式

企业自有资金是项目资金来源的基础，主要由企业未分配的税后利润、折旧基金等组成。为了使企业能够可持续发展，企业应当注重自有资金的积累，并把它主要用于再投资。除少数特殊项目外，国家和地方已经不对投资项目拨款，项目所需的外部资金主要来自银行贷款以及发行行业债券。

投资项目中很多是采用引进技术的方式进行的，这就需要使用外汇。筹措外汇比筹措国内资金更加困难，外汇的偿还也是一些投资项目的重要负担。因此，在外汇使用上，尤其要精打细算。

投资项目所需外汇可以来自国家的外汇收入，也可以利用外资。利用外资的方式主要有以下几种：

(1) 从银行贷款。这种贷款利率较高，但用途不限。

(2) 取得外国政府贷款。这种贷款大多是低息或无息的，期限也较长，故被称为“软贷款”。

（3）从国际金融机构（主要指世界银行和国际货币基金组织）贷款。这种贷款一般比较优惠，有些是软贷款。

（4）利用外国银行的出口信贷。出口信贷是指工业发达国家银行为鼓励本国设备出口而提供的贷款，一般条件也较优惠。出口信贷有两种方式：一种是“买方信贷”，即外国银行向我方（买方）提供贷款，用途限于购买该国设备；另一种是“卖方信贷”，即外国银行向外商提供贷款，外商向我方提供设备，我方则延期付款。

（5）补偿贸易。由外商提供设备，我方用本项目的产品或双方商定的其他产品归还。补偿贸易与出口信贷的性质相似。

（6）在国外发行债券。

（7）中外合资。一般是外商以设备、技术、资金入股。

由各种渠道得来的资金是否可用，在很大程度上取决于偿还能力，资金运用得是否合理则要看资金的使用效益。

2. 资金结构与财务风险

这里说的资金结构是指投资项目所使用资金的来源及数量构成，财务风险是指与资金结构有关的筹资风险。不同来源的资金所需付出的代价是不同的，选择资金来源与数量不仅与项目所需要的资金量有关，而且与项目的效益有关。一般说来，在有借贷资金的情况下，全部投资的效果与自有资金投资的效果是不相同的。拿投资利润率指标来说，全部投资的利润率一般不等于贷款利息率。这两种利率差额的后果将为企业所承担，从而使自有资金利润率上升或下降。因此有必要对资金结构加以分析。下面以自有资金与借款的比例结构为例说明资金结构和资金来源选择、使用量的关系。

设全部投资为 K，自有资金为 K_0，贷款为 K_L，即 $K=K_0+K_L$。

设全部投资利润率为 R，自有资金利润率为 R_0，贷款利率为 R_L，因资金利润率为利润与资金的百分比，因此 R_0 计算如下：

$$R_0=\frac{KR-K_LR_L}{K_0}=R+\frac{(R-R_L)K_L}{K_0} \tag{5-11}$$

由式（5－11）可知，当 $R>R_L$ 时，$R_0>R$；当 $R<R_L$ 时，$R_0<R$；而且自有资金利润率与全部投资利润率的差别被资金构成比 K_L/K_0 所放大。这种放大效应称为财务杠杆效应。贷款与全部投资之比 K_L/K 称为债务比。

【例 5－1】 某项工程有三种方案，全部投资利润率分别为 6%、10%、15%，贷款利率为 10%，试比较债务比为 0（不借款）、0.5 和 0.8 时的自有资金利润率。

解：全部投资由自有资金和贷款构成，因此，若债务比 $K_L/K=0.5$，则 $K_L/K_0=1$，依此类推。利用式（5－11）计算，结果见表 5－2。

表 5－2　　不同债务比下的自有资金利润率

方案	债务比	$K_L/K=0$	$K_L/K=0.5$	$K_L/K=0.8$
A	$R=6\%$	$R_0=6\%$	$R_0=2\%$	$R_0=-10\%$
B	$R=10\%$	$R_0=10\%$	$R_0=10\%$	$R_0=10\%$
C	$R=15\%$	$R_0=15\%$	$R_0=20\%$	$R_0=35\%$

方案A：$R<R_L$，债务比越大，R_0 越低，甚至为负值；方案B：$R=R_L$，R_0 不随债务比改变；方案C：$R>R_L$，债务比越大，R_0 越高。

假设投资在20万～100万元的范围内，上述三个方案的投资利润率不变，贷款利率为10%，若有一企业拥有自有资金20万元，现在来分析该企业在以上三种情况下如何选择资金构成。

对于方案A，如果全部投资为自有资金（20万元），则企业每年可得利润1.2万元；如果自有资金和贷款各20万元，则每年可得总利润2.4万元，在贷款偿还之前，每年要付利息2万元，企业获利0.4万元；如果除自有资金20万元以外又贷款80万元，则每年总利润为6万元，每年应付利息8万元，企业亏损2万元。显然，在这种情况下，企业是不宜贷款的，贷款越多，损失越大。

对于方案B，贷款多少对企业的利益都没有影响。

对于方案C，如果仅用自有资金投资，企业每年获利为3万元；如果贷款20万元，则在偿付利息后，企业可获利4万元；如果贷款80万元，在付利息后企业获利可达7万元。在这种情况下，对企业来说，有贷款比无贷款有利，贷款越多越有利。

可见，选择不同的资金结构对企业的利益会产生很大的影响。

以上是在项目投资效益具有确定性时的情形。当项目的效益不确定时，选择不同的资金结构，所产生的风险是不同的。在上述例子中，若项目的投资利润率估计在6%～15%，企业如果选择自由资金和贷款各半的结构，企业利润将在0.4万～4万元；如果自有资金占20%，贷款占80%，则企业利润将在2万～7万元。此时，使用贷款，企业将承担风险。贷款比例越大，风险越大；当然，相应地获得更高利润的机会也越大。对于这种情况，企业要权衡风险与收益的关系进行决策。采用风险分析方法对项目本身和资金结构作出进一步分析，对企业决策会有帮助。

从资金供给者的角度来看，为减少资金投放风险，常常拒绝过高的贷款比例。企业在计划投资时，须与金融机构协商借款比例和数量。

四、基本财务报表编制

为做好水利建设项目的财务评价，国家有关部门设计了一套基本报表，主要有9张，见表5-3～表5-11，现说明如下。

表5-3为固定资产投资估算表，明细列出各项固定资产投资的数量和所占比重，以了解水利建设项目投资的组成情况。

表5-3　　　　固定资产投资估算表

费用名称	估算价值/万元	占固定资产投资的比例/%	备注
1. 固定资产投资（1.1+1.2）			
1.1　一至六部分合计			
1.1.1　第一部分：建筑工程			
1.1.2　第二部分：机电设备及安装工程			
1.1.3　第三部分：金属结构及安装工程			

续表

费　用　名　称	估算价值/万元	占固定资产投资的比例/%	备注
1.1.4　第四部分：临时工程			
1.1.5　第五部分：水库淹没及建设占地补偿费			
1.1.6　第六部分：其他费用			
1.2　预备费用			
1.2.1　基本预备费			
1.2.2　价差预备费 编制期价差预备费 建设期价差预备费			
2. 静态总投资（1.1+1.2.1）			
3. 专用配套工程投资			

表5-4为投资计划和资金筹措表，明细列出各年投资金计划和资金来源。

表5-4　　　　投资计划和资金筹措表

项　目 \ 建设期/年	1	2	3	…	m	合计
1. 总投资						
1.1　固定资产投资						
1.1.1　主体工程						
1.1.1　专用配套工程						
1.2　建设期利息						
1.2.1　主体工程						
1.2.2　专用配套工程						
1.3　流动资金						
2. 资金筹措						
2.1　资本金 其中：用于流动资金						
2.2　借款						
2.2.1　长期借款 其中：本金						
2.2.2　流动资金借款						
2.2.3　其他短期借款						
2.3　其他						

注　1. 建设期含运行初期。
2. 如有多种借款方式时，应分项列出。

表5-5为总成本费用估算表，明细反映出总成本的各项组成。为方便计算经营成本，表中须列出各年折旧费、摊销费、借款利息额。

表 5－5　　总成本费用估算表

项　目 ＼ 年　序	运行初期			正常运行期			合计
	…	$m-1$	m	$m+1$	…	n	
供水量/亿 m^3							
供电量/(亿 kW·h)							
1. 成本							
1.1　折旧费							
1.2　修理费							
1.3　职工工资及福利费							
1.4　材料、燃料及动力费							
1.5　库区及水源区维护建设费							
1.6　摊销费							
1.7　利息净支出							
1.8　其他费用							
2. 专用配套工程成本							
2.1　折旧费							
2.2　利息净支出							
2.3　经营成本							
3. 总成本费用（1＋2）							
3.1　经营成本							
3.2　其他成本							

注　1. 运行初期固定资产投资利息，若已计入总投资，则此处不再计入。
2. 经营成本＝(成本－折旧费－摊销费－利息净支出)＋专用配套工程经营成本。
3. 其他成本＝总成本费用－经营成本。

表 5－6 为损益表，该表反映水利建设项目计算期内各年的利润总额、所得税及税后利润的分配情况，用以计算投资利润率、投资利税率和资本金利润率等指标。

表 5－6　　损　益　表

项　目 ＼ 年　序	运行初期			正常运行期			合计
	…	…	…	…	…	n	
1. 财务收入							
2. 销售税金及附加							
3. 总成本费用							
4. 利润总额							
5. 应纳税所得额							
6. 所得税							
7. 税后利润							
8. 特种基金							

续表

年序 项目	运行初期			正常运行期			合计
	…	…	…	…	…	n	
9. 可供分配利润							
9.1　盈余公积金							
9.2　应付利润							
9.3　未分配利润							
10. 累计未分配利润							

表5－7为借款还本付息计算表，明细列出偿还资金还本付息的动态过程。

表5－7　　借款还本付息计算表

年序 项目	运行初期			正常运行期			合计
	…	$m-1$	m	$m+1$	…	n	
1. 借款及还本付息							
1.1　年初借款本息累计							
1.1.1　本金							
1.1.2　建设期利息							
1.2　本金借款							
1.3　本金应计利息							
1.4　本年还本							
1.5　本年付息							
2. 偿还借款本金的资金来源							
2.1　利润							
2.2　折旧							
2.3　摊销							
2.4　其他资金							
2.5　小计							

表5－8为资金来源与运用表，反映水利建设项目计算期内各年资金盈余或短缺情况，用于选择资金筹措方案，制订适宜的借款及还款计划。

表5－8　　资金来源与运用表

年序 项目	建设期			运行初期			正常运行期			合计
	1	…	…	…	…	…	…	…	n	
1. 资金来源										
1.1　利润总额										
1.2　折旧费										
1.3　摊销费										
1.4　长期借款										

续表

项目 \ 年序	建设期			运行初期			正常运行期			合计
	1	…	…	…	…	…	…	…	n	
1.5 流动资金借款										
1.6 其他短期借款										
1.7 自有资金										
1.8 其他										
1.9 回收固定资产余值										
1.10 回收流动资金										
2. 资金运用										
2.1 固定资产投资（含更新改造投资）										
2.2 建设期和部分运行初期的借款利息										
2.3 流动资金										
2.4 所得税										
2.5 特种基金										
2.6 应付利润										
2.7 长期借款本金偿还										
2.8 流动资金借款本金偿还										
2.9 其他短期借款本金偿还										
3. 盈余资金										
4. 累计盈余资金										

表 5－9 为全部投资财务现金流量表（不区分投资的资金来源）。用于计算全部投资所得税前或所得税后财务内部收益率、财务净现值及投资回收期等评价指标，考虑水利项目全部投资的盈利能力。

表 5－9　　全部投资财务现金流量表

项目 \ 年序	建设期			运行初期			正常运行期			合计
	1	…	…	…	…	…	…	…	n	
1. 现金流入量 CI										
1.1 销售收入										
1.2 提供服务收入										
1.3 回收固定资产余值										
1.4 回收流动资金										
2. 现金流出量 CO										
2.1 固定资产投资（含更新改造投资）										
2.2 流动资金										
2.3 年运行费										

续表

项目 \ 年序	建设期			运行初期			正常运行期			合计
	1	…	…	…	…	…	…	…	n	
2.4 销售税金及附加										
2.5 所得税										
2.6 特种基金										
3. 净现金流量（$CI-CO$）										
4. 累计净现金流量										
5. 所得税前净现金流量										
6. 所得税前累计净现金流量										
评价指标 财务内部收益率： 财务净现值（$I_C=$ ）： 投资回收期：										

表 5-10 为自有资金财务现金流量表（涉及外汇收支的项目为国家投资），从投资者角度出发，以投资者的出资额作为计算基础，把借款本金偿还和利息支付作为现金流出，用以计算资本金的财务内部收益率、财务净现值等评价指标，考察项目资金的盈利能力。

表 5-10　自有资金财务现金流量表

项目 \ 年序	建设期			运行初期			正常运行期			合计
	1	…	…	…	…	…	…	…	n	
1. 现金流入量 CI										
1.1 销售收入										
1.2 提供服务收入										
1.3 回收固定资产余值										
1.4 回收流动资金										
2. 现金流出量 CO										
2.1 固定资产投资中自有资金										
2.2 流动资金中自有资金										
2.3 国外借款本金偿还										
2.4 国内借款本金偿还										
2.5 国外借款利息支付										
2.6 国内借款利息支付										
2.7 年运行费										
2.8 销售税金及附加										
2.9 所得税										
2.10 特种基金										
3. 净现金流量（$CI-CO$）										
4. 累计净现金流量										
评价指标 财务内部收益率： 财务净现值（$I_C=$ ）：										

注 本表以自有资金为计算基础，考察自有资金的盈利能力。

表 5-11 为资产负债表，综合反映水利项目在计算期内各年末资产、负债和所有者权益的增值或变化及对应关系，以便考察项目资产、负债、所有者权益的结构情况，用以计算资产负债率等指标，进行清偿能力分析。

表 5-11　　　　资 产 负 债 表

项　目 ＼ 年　序	建设期			运行初期			正常运行期			合计
	1	…	…	…	…	…	…	…	n	
1. 资产										
1.1　流动资金总额										
1.1.1　应收账款										
1.1.2　存货										
1.1.3　现金										
1.1.4　累计盈余资金										
1.2　在建工程										
1.3　固定资产净值										
1.4　无形及递延资产净值										
2. 负债及所有者权益										
2.1　流动负债总额										
2.1.1　应付账款										
2.1.2　流动资金借款										
2.1.3　其他短期借款										
2.2　长期负债										
负债小计（2.1＋2.2）										
2.3　所有者权益										
2.3.1　资本金										
2.3.2　资本公积金										
2.3.3　累计盈余公积金										
2.3.4　累计未分配利润										
评价指标　资产负债率/%										

注　资产负债率＝(流动负债总额＋长期负债)÷资产。

上述 9 张财务表可以根据水利项目的功能情况增减，如涉及外汇收支的项目应增加财务外汇平衡表；属于社会公益性质或财务收入很少的水利建设项目，财务报表可适当减少。各财务报表之间的关系如图 5-2 所示。

五、财务评价指标

水利工程的财务评价应包括盈利能力分析、偿债能力分析和财务生存能力分析，财务评价的内容根据项目的功能特点和财务收支情况应区别对待。对于年财务收入大于年总成本费用的项目，应进行全面的财务分析，包括财务生存能力分析、偿债能力分析和盈利能力分析，判断项目的财务可行性；对于无财务收入或者年财务收入小于年运行费用的项

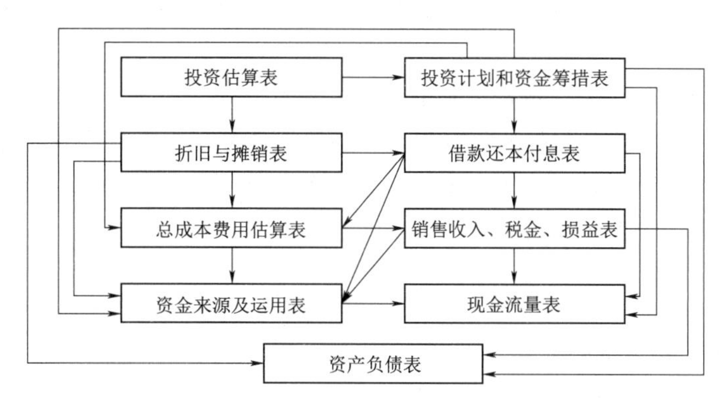

图 5-2 各财务报表之间的关系

目，应进行财务生存能力分析，提出维持项目正常运营需要采取的政策措施。常用的财务评价和分析指标如图 5-3 所示。

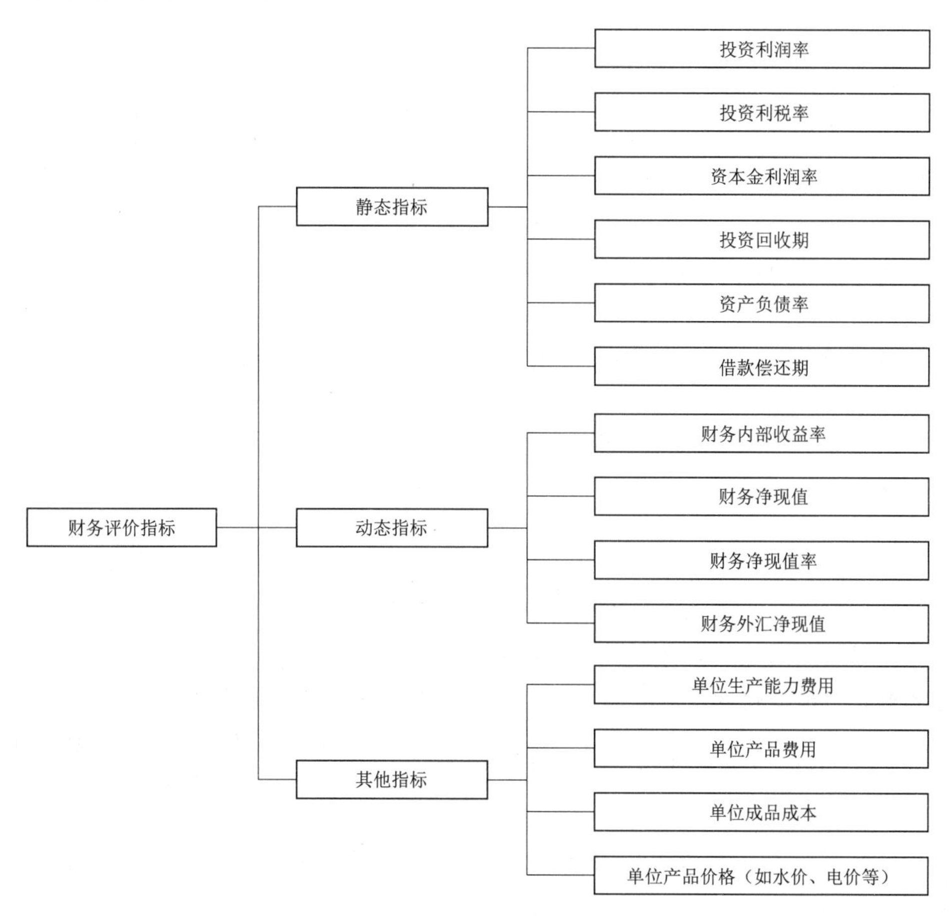

图 5-3 常用的财务评价和分析指标

（一）盈利能力分析

水利建设项目财务盈利能力分析主要考察投资的盈利水平，主要计算指标为财务内部收益率、投资回收期，根据项目的实际需要，也可计算财务净现值、投资利润率、投资利税率等指标。

1. 财务净现值（financial net present value，FNPV）

按设定的折现率 i 或行业基准收益率 i_c，将项目计算期内各年净现金流量折现到计算基准年的现值之和称为财务净现值。该指标是财务评价中主要的动态评价指标，考察项目在计算期内盈利能力，表达式为

$$FNPV=\sum_{t=0}^{n}(CI_t-CO_t)(1+i_c)^{-t} \tag{5-12}$$

式中　CI_t——第 t 年现金流入量；

CO_t——第 t 年现金流出量；

i_c——设定的折现率或财务基准收益率；

n——计算期，年。

根据财务现金流量表可计算该指标，当 $FNPV\geqslant 0$ 时，项目在财务上是可行的。

2. 财务内部收益率（financial internal rate of return，FIRR）

财务内部收益率是指在计算期内，项目各年净现金流量值累计等于零时的折现率，反映的是项目所占用资金的盈利率，也是财务评价中主要的动态评价指标，表达式为

$$\sum_{t=0}^{n}(CI_t-CO_t)(1+FIRR)^{-t}=0 \tag{5-13}$$

式中符号意义同式（5-12）。

当项目财务内部收益率大于或等于设定的折现率或行业基准收益率 i_c 时，满足盈利能力的最低要求，在财务上是可以考虑接受的。

3. 投资回收期

投资回收期 P_t 是考察项目在财务上的投资回收能力的主要静态评价指标，是指项目的净现金流量累计等于零时所需要的时间。投资回收期以年表示，一般从建设开始年算起，表达式为

$$\sum_{P_t=0}^{n}(CI_t-CO_t)=0 \tag{5-14}$$

式中符号意义同式（5-12）。

该指标也可根据财务现金流量表（表5-9）中的累计净现金流量求得，计算公式为

$$P_t=(\text{累计净现金流量开始出现正值的年份数})-1+\frac{\text{上年累计净现金流量绝对值}}{\text{当年净现金流量}} \tag{5-15}$$

若投资回收期 $P_t\geqslant$ 标准投资回收期 P_b，表明项目投资能在规定的时间内收回。

4. 投资利润率

投资利润率是考察项目单位投资盈利能力的静态指标。指项目达到设计生产能力后的一个正常生产年份的年利润总额或项目生产期平均利润总额与项目总投资额的比率。计算公式为

$$投资利润率=\frac{年利润总额(或平均利润总额)}{项目总投资额}\times 100\% \qquad (5-16)$$

项目年利润总额为年财务收入减去年总成本费用和销售税金及附加。总投资额为项目的固定资产投资、建设期和部分试运营期利息、固定资产投资方向调节税之和。为判断项目单位投资盈利能力是否达到本行业平均水平，该指标应与行业平均投资利润率进行比较。

5. 投资利税率

投资利税率是指项目达到设计生产能力后的一个正常生产年份的年利税总额或项目生产期内年平均利税总额与项目总投资额的比率，计算公式为

$$投资利税率=\frac{年利税总额(或平均利税总额)}{项目总投资额}\times 100\% \qquad (5-17)$$

$$\begin{aligned}年利税总额&=年财务收入-年总成本费用\\&=年利润总额+销售税金及附加\end{aligned} \qquad (5-18)$$

为判断项目单位投资对国家积累的贡献是否达到本行业平均水平，应将该指标与行业平均投资利税率进行比较。

以上五个指标主要用于财务盈利能力分析，考察项目投资的盈利水平。

（二）偿债能力分析

偿债能力分析主要是考察计算期内各年的财务状况及还款能力，主要计算指标为借款偿还期和资产负债率。

1. 借款偿还期

借款偿还期是指在国家财政规定及项目具体财务条件下，以项目投产后可用于还款的资金偿还固定资产投资借款本金和利息所需的时间。以年表示，一般从借款开始年计算，当从投产年计算时，应予注明。

水利工程项目可用于还贷的资金来源有水利产品销售利润、折旧费、摊销费等。

$$还贷利润=税后发电(供水)利润-盈余公积金-公益金-应付利润 \qquad (5-19)$$

盈余公积金和公益金可按税后发电（供水）利润的10%和5%提取；应付利润为企业法人每年需支付的利润，如股息、红利等。

$$\begin{aligned}税后发电(供水)利润=&发电(供水)收入-发电(供水)总成本费用\\&-发电(供水)所得税+销售税金附加\end{aligned}$$

$$还贷折旧费=年折旧费\times 折旧还贷比例 \qquad (5-20)$$

折旧还贷比例可由企业自行确定，当未确定时，可暂按90%用于偿还借款。摊销费用于还贷的比例同折旧。

借款偿还期可编制借款还本付息计算表（表5-7）直接推算。当所计算出的固定资产借款偿还期能满足贷方要求的期限时，该项目在财务上是可行的。

2. 资产负债率

资产负债率是反映项目各年所面临的财务风险程度和偿还能力的指标，是指项目的负债总额与资产总额的百分比。

$$资产总额=负债总额+权益总额 \qquad (5-21)$$

负债是企业所承担的能以货币计量、需以资产或劳务等形式偿还或抵偿的债务，按其期限长短可分为流动负债和长期负债。流动负债是指将在一年或者超过一年的一个营业周期内偿还的债务，包括短期借款、应付短期债券、预提费用、应付及预收款项等。长期负债是指偿还期在一年以上或超过一年的一个营业周期以上的债务，包括长期借款、应付债券、长期应付款项等。

权益指业主对项目投入的资金以及形成的资本公积金、盈余公积金和未分配的利润。资本金是指新建设项目设立企业时在工商行政管理部门登记的注册资金。水利建设项目的资本金一般包括自有资金和国家、地方拨款投入的不计利息、无须偿还的投资。资本公积金主要包括企业的股本溢价、法定财产重估增值、接受捐赠的资产价值等。盈余公积金是指为弥补亏损或其他特定用途按照国家有关规定从利润中提取的公积金，可分为法定盈余公积金和任意盈余公积金两种，一般按所得税后利润的10%提取。未分配的利润是指企业用于以后年度分配的利润或待分配利润，一般可按企业税后利润扣除提取的盈余公积金和按比例分配给股东的红利求得。

资产负债率通过资产负债表（表5－11）计算。一般要求债务占资产的比例不超过0%～70%。涉及外汇收支的水利建设项目，应编制财务外汇平衡表，进行外汇平衡分析，考察项目计算期内各年外汇余缺程度。对外汇不平衡的项目，应提出实现外汇平衡的措施和办法。

六、流动资金

（一）流动资金的概念及预测

流动资金是指在项目建成投产后，为维持生产，在供应、生产、销售过程中，供购置生产资料、支付工资和其他生产经营费用所占用的全部周转资金。其构成要素有现金、存货、应收账款、应付账款、预收账款、预付账款。从财务分析的角度看，流动资金是项目的资本投入，其占用额应该一并纳入财务评价体系中。

建设工程项目流动资金的预测是在同类工程历史数据和实际资料的基础上，用科学的方法对新建工程所需的流动资金进行预测。流动资金预测是在工程运行中，平衡内部资金，确保工程正常运行的保证。为了避免流动资金不足造成工程难以运行，或者流动资金过多滞留造成资金浪费，因此，研究预测流动资金的需求量对于水利建设项目的经济评价有着十分重要的现实意义。

水利水电建设项目所需流动资金在经营成本中占较小比例，计算的基础主要是营业收入和经营成本。主要有扩大指标预测法和分项详细计算法两种方法。

1. 扩大指标预测法

扩大指标预测法主要是参考已作出经济评价的同类项目的营业收入、经营成本以及流动资金的数额来预测当前工程项目的流动资金。

参照营业收入的资金率、经营成本率或是每单位产量的水所占用流动资金来计算。计算公式如下：

流动资金＝年营业收入×营业收入资金率＝年经营成本×经营成本资金率

＝年水利量×单位水利量占用流动资金额　　(5－22)

这种方法是建立在流动资金需求量与工程的营业收入、经营成本或是年水利量成截距为零的线性关系的基础上的，即可用 $y=bx$（其中 y 表示流动资金需求量，x 表示营业收入、经营成本或是年水利量，b 表示营业收入资金率、经营成本资金率或单位水利量占用流动资金额）表示。而实际情况中，这种截距为零的线性关系难以用较准确的数学模型表达，因而，这种预测方法存在较大的误差。

2. 分项详细计算法

分项详细计算法是依据“流动资金＝流动资产－流动负债”的公式来计算的。即对流动资产和流动负债的主要构成要素（现金、存货、预付账款、预收账款、应付账款、应收账款等）进行分项计算，从而得到工程所需要的流动资需求量，计算公式为

$$流动资金=流动资产-流动负债$$
$$流动资产=应收账款+预付账款+存货+现金$$
$$流动负债=应付账款+预收账款$$

此外，还需要分别对流动资产、流动负债中包含的各项内容一一计算，最终才能得到所求的流动资金需求量。使用分项详细计算法，需要对整个项目的建设运营情况都有详细的了解，例如燃料、原材料、工资福利等，计算出的流动资金需求量才比较可靠，但这种方法比较烦琐，工作量也较大。

在多数的工程项目建设前期规划设计时，由于对存货、现金、周转天数等情况的资料缺乏，又为了寻求更可靠的流动资金需求量，采用修正的扩大指标法预测工程项目所需要的流动资金更为现实。

3. 扩大指标法模型的改进与优化

基于上述模型的优缺点，对扩大指标法模型进行改进与优化，具体步骤为：

（1）选取同类水利工程经济评价的多个样本，最好是规模不一的水利工程，从其经济评价的项目投资财务现金流量表中，统计营业收入和流动资金的数额。

（2）寻找该类水利工程中流动资金的需求量和营业收入之间的关系，将流动资金表示成营业收入的表达式，即流动资金＝f（营业收入）。

（3）将评价项目里已计算出的营业收入额代入该式，计算出评价项目流动资金的需求量。扩大指标法模型的改进与优化有预测的流动资金需求量误差减小的特点。

（二）流动资金预测的实现

1. 流动资金预测的准备

选取已做出经济评价的水利工程项目中营业收入和流动资金。选取六个水利工程（①西范灌区东扩工程；②柏叶口水库龙门水利工程；③中部引黄工程；④小浪底引黄工程；⑤松溪水利工程；⑥东城提黄工程）的营业收入和流动资金作为参考依据。具体见表 5－12。

表 5－12　　各水利工程流动资金和营业收入数额

项目	1	2	3	4	5	6
流动资金/万元	1181	89	931	74	179	12
营业收入/万元	842943	59608	813044	89625	171000	10920

而后分别按“递增”的顺序将流动资金和营业收入排序。营业收入作横轴，流动资金作纵轴，将流动资金随营业收入变化的关系用图表示，如图 5-4 所示。

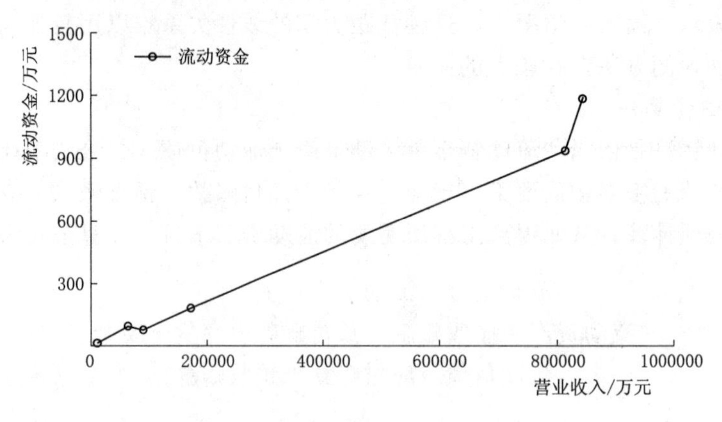

图 5-4　流动资金变化

一般来说，营业收入越多，流动资金需要得越多，即随着营业收入的增加，流动资金应呈增长的趋势，如果违背这种趋势应将这些数据予以剔除。

2. 流动资金预测函数的建立

从图 5-4 可以看出，流动资金随营业收入的变化由几组离散点组成，且并未完全呈现出一般的线性关系。因而需要对图中曲线进行拟合，以分析两变量之间的关系。所谓曲线拟合，就是用连续曲线近似刻画或比拟离散点组所表示的坐标之间的函数关系，即用解析表达式逼近离散数据，也称为离散数据的公式化。拟合模型中，一般有指数、线性、对数、多项式、乘幂五种。在趋势线拟合过程中，会有 R^2 值显示。R^2 是趋势线拟合程度的指标，其数值大小可以反映趋势线的估计值与对应的实际数据之间的拟合程度，R^2 越大，拟合程度越高，趋势线的可靠性也就越高。R^2 的取值范围为 0～1 之间，当 R^2 的值等于或接近 1 时，拟合曲线的可靠性高，反之，可靠性较低。R^2 在一定程度上可决定选取何种拟合模型，因此，也称其为决定系数。

通过对上述流动资金随营业收入变化趋势的五种模型拟合，选择 R^2 最大的拟合模型为所求的流动资金预测模型。通过比较得出乘幂拟合的趋势线的 $R^2=0.993$ 最大且趋近于 1，确定乘幂拟合趋势线为最终的流动资金预测模型，流动资金预测方程为

$$y=0.001x^{1.014} \tag{5-23}$$

式中　x——营业收入，万元；

　　　y——流动资金的数额，万元。

第四节　不确定性分析的内容和方法

一、不确定性分析

在经济评价中，采用的数据大多是测算和估算出来的，具有一定的不确定性，因此有必要对经济评价指标的结果进行不确定性分析。所谓不确定性分析，就是要对工程中各种不确定性因素对经济评价指标的影响进行分析，考察评价结果的可靠程度。

一般来说，产生不确定性的原因有以下几个方面：一是通货膨胀和价格的调整。一个国家通常存在不同程度的通货膨胀，通货膨胀对项目有多方面的影响，另外，通货膨胀也会给借贷资金项目带来好处，因为用于归还贷款时是已降低了购买力的货币。除了通货膨胀对物价的影响，由于市场的瞬息多变，项目评价中投入物和产出物的价格有可能发生较大的变动，这也会给项目的经济评价带来较大的不确定性。二是政府政策和规定的变化。由于国内外政治形势和经济形势的影响以及国家经济政策、财务规定的变化，会给项目带来不可预测和不可控的影响。如外汇汇率提高，会给以国内资源为原料的出口项目带来好处；加入世界贸易组织（WTO），关税的普遍调低和贸易限制的放宽，在给某些项目带来机遇的同时，也给一些项目带来严峻的挑战。三是技术和工艺的变革。在技术和工艺迅速变革的当今，原来计划的水利量可能在项目的建设和实施过程中发生变化。另外，新产品和技术的产生，也会导致工程建设中所需材料价格的变化。四是项目生产能力的变化。项目因资金筹集、外购设备不及时到货或是施工安排等问题引起建设工期的延长，或因涉及装备等原因导致项目建成后达不到预定的生产能力等，都会改变项目的各项经济指标。五是预测和估算的误差。这是一切项目普遍存在的问题，可能由于资料的占有不完全、统计预测方法的不当所引起，也可以是因时间、资金以及地理位置等因素的限制。此外，存在大量不能定量表示的因素和一些不确切的简化和假定，也会给项目带来较大的不确定性。

除了上述这些主要原因外，还有许多难以控制的风险因素会影响项目的经济评价。综上可知，项目经济评价的不确定性有两个来源，即项目本身的不确定性和项目所处环境的不确定性。因此，为了评估项目能否经受各种风险的冲击，例如可能出现的投资超支、建设期的拖长、折现率的加大、生产能力达不到设计水平、投入物价格和产出物销售价格的变化、市场需求的减少以及项目寿命期的缩短等，有必要在计算出项目评价指标后对项目进行不确定性分析。

不确定性分析的目的主要有：第一预测经济评价指标发生变化的范围，分析工程获得预期效果的风险程度，为工程项目决策提供依据；第二找出对工程经济评价效果指标影响较大的因素，从而在工程规划设计以及施工中采取适当的措施，把影响控制在最小的范围内。项目经济评价需要进行不确定性分析，找出哪些是造成不确定性的关键因素，估计项目可能的风险程度，以提高项目经济评价的可靠性，提高项目投资决策的科学性。

水利工程经济不确定性分析的内容包含敏感性分析、概率（风险）分析和盈亏平衡分析三部分。

二、敏感性分析

所谓敏感是由于某种因素的作用，给项目经济效益指标带来牵一发而动全身的变化。

敏感性指的是经济评价指标对其影响因素的变化的反应。用敏感程度可说明各影响因素发生单位变化时引起评价指标变化多大，并以此确定关键因素。用敏感方向反映影响因素的变化会引起评价指标同向变化还是反向变化，并以此确定影响因素的变化给项目带来有利影响还是有害影响。

敏感性分析就是验证影响现金流量的诸因素（如投资、成本、售价）发生变化时，对工程项目获利性随之发生变化的分析，一般以百分比表示。它的任务是测定各主要因素中单因素的变化值对经济效果指标的影响程度，并找出最关键的因素，以便提出改进措施或改变方案。

敏感程度的大小用敏感系数给出，敏感系数定义为影响因素的单位变化 ΔX_k 引起的评价指标的变化 ΔV_k，记作 S，其表达式为

$$S=\Delta V_k/\Delta X_k$$

根据项目的特点，分析测算固定资产投资、效益、主要投入物和产出物的价格、建设期年限及汇率等主要因素，确定一项或多项指标浮动对经济评价的影响的分析称为敏感性分析。敏感性分析主要分为四个步骤：一是选择不确定性因素；二是确定各因素的变化幅度及其增量；三是选定评价指标进行敏感性分析；四是计算某种因素浮动对项目经济评价指标的影响及其敏感程度。

在水利工程中，通常选择固定资产投资、工程效益、建设工期等因素为敏感性因素。工程效益的变化除了要考虑一般变化幅度外，还要考虑大洪水年或连续枯水年出现时水利等效益的影响。一般在确定性分析所使用的指标内选择敏感性分析的指标，通常只是对主要经济评价指标如经济净现值、经济内部收益率、投资回收期、财务净现值等进行敏感性分析。根据变动因素的多少，敏感性分析还可分为单因素敏感性分析和多因素敏感性分析。

按照 SL 72—2003《水利建设项目经济评价规范》的规定，确定各不确定性因素的变化范围如下：

工程固定资产投资：－20％，－10％，－5％，＋5％，＋10％，＋20％。

工程效益：－15％，－10％，－5％，＋5％，＋10％，＋15％。

【例 5－2】 某综合利用水利工程具有防洪、发电和航运等方面的效益，经分析计算，工程计划总投资 295.7 亿元，其中工程建设投资 185 亿元，水库淹没移民投资 110.61 亿元，工程正常运行年效益 60.9 亿元，在社会折现率 12％的条件下，工程的经济内部收益率为 14.5％，试对其进行敏感性分析。敏感性分析结果见表 5－13。

表 5－13　　某综合利用水利工程敏感性分析

序号	因素	变化率	经济内部收益率	与基本方案的差值
1	基本方案	0	14.5	
2	固定资产	＋20	13	－1.5
3	固定资产	＋10	13.7	－0.8
4	固定资产	－5	15.1	＋0.6
5	经济效益	－20	12.6	－1.9
6	经济效益	－10	13.5	－1
7	经济效益	＋5	14.9	＋0.4
8	工期	延长两年	13.3	－1.2

由表 5－13 所示敏感性分析结果（按经济效果指标变动量大小排序，变动最大的为最敏感因素，最小的为最不敏感因素）可以看出，该工程财务内部收益率对效益的变化最为敏感，其次是施工期，最后才是投资。并且各敏感因素在敏感性分析范围内变动，均不改变工程经济评价的结论，说明该工程的抗风险能力较强。

经济内部收益率敏感性分析如图 5－5 所示。图 5－5 中固定资产投资和效益变动对经

济内部收益率的影响线，可根据项目的分析成果点绘。两线与社会折现率线的交点 A 和 B 为临界点，相应横坐标分别是固定资产投资和效益允许变动的最大幅度。如项目固定资产投资和效益超过临界点，该项目在经济上是不合理的。其他经济评价指标的敏感性分析图，可用类似的方法绘制。

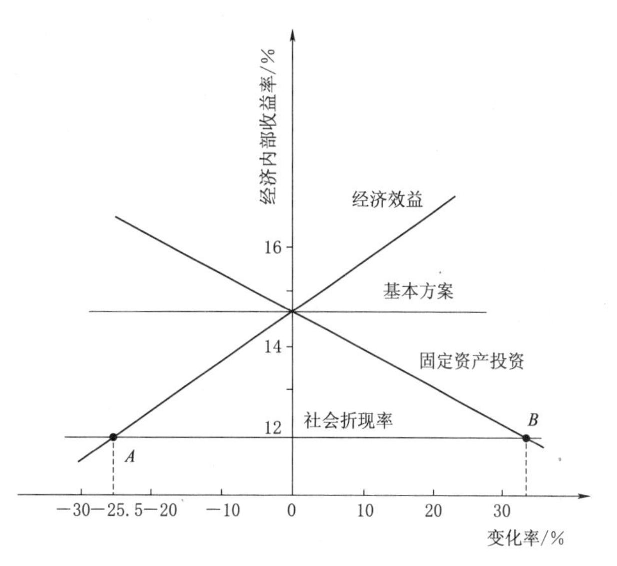

图 5－5　经济内部收益率敏感性分析

敏感性分析可发现最敏感的因素，减少该因素的浮动，对经济评价指标的稳定作用最大。因此，对该因素应研究提出减少其浮动的措施，其目的在于使项目能达到预期的经济效果。如固定资产投资是最敏感的因素，就应从设计到施工建设，采取尽可能节省的措施，控制其浮动等。

敏感性分析有助于找出影响项目经济效果的敏感因素及其影响程度，便于决策者全面了解投资方案可能出现的经济效果变动情况，从而设法采取措施减少不利因素的影响，以利于提高项目的经济效果，此外在方案的比较过程中，根据各种方案对影响因素敏感度的对比，可以选出敏感度小的方案。但是，实际工作中往往要求盈利越大时，所需投资越多，风险也越大，风险小而盈利多的方案几乎是不存在的。因此，具体作出何种决策，主要取决于决策者对待风险的态度。敏感性分析的局限性，主要表现在它不能明确指出某个因素变动对经济效果影响的可能性有多大。因为，无论何种类型的项目，各个不确定性因素对项目经济效果的影响是交叉发生的，而且各个因素变化的幅度大小及其发生的概率也是随机的。因而，实际上会出现这样的状况：某一敏感因素在未来可能发生某一幅度变动的概率很小，甚至完全可以不考虑该因素的影响；而另一不敏感因素可能发生某一幅度变化的概率却很大，甚至必须考虑其变动对项目经济效果的影响。这些问题的解决，不能依靠敏感性分析而只有借助其他方法。

三、盈亏平衡分析

各种不确定性因素的变化会影响投资方案的经济效果，当这些因素的变化达到某一临界值时，就会影响方案的取舍。盈亏平衡分析的目的就是要找出这种临界值，判断投资方案对不确定性因素变化的承受能力。换言之，就是要研究在一定的市场条件下，通过计算项目正常运行年份的盈亏平衡点（break even point，BEP），来分析项目收入与成本的平衡关系。

水利工程的营业收入与水利量（产量）之间的关系有两种情况：第一种情况是工程项目水利经营活动不会明显地影响市场中水的供求状况，即假定其他市场条件不变，产品价格（水价）不会随着工程项目的售水量的变化而变化，是一个常数，收入与销售量是线性关系。如图 5－6 所示，图中生产成本与销售收入的交点 M 即为线性盈亏平衡点，M 点

所对应的产量 X_0 即为盈亏平衡产量。在 M 点销售收入等于生产成本，此时利润为零。这时，只有当产量大于 X_0 时，工程项目才能盈利，否则就会面临亏损。

第二种情况是工程项目的水利经营明显地影响市场供求状况，随着工程项目水利量的增加，水价有所下降，这时营业收入与销售量之间是非线性关系。

如图 5-7 所示，由于销售收入与成本之间是非线性关系，因而图中出现了两个交点，即两个盈亏平衡点 M_1、M_2，对应着 X_1、X_2 两个盈亏平衡产量。此时，当产量小于 X_1 或者大于 X_2 时销售收入低于生产成本，项目会发生亏损，只有产量大于 X_1 且小于 X_2 时，项目才能盈利。当产量达到 X_b 时，项目的利润最大。

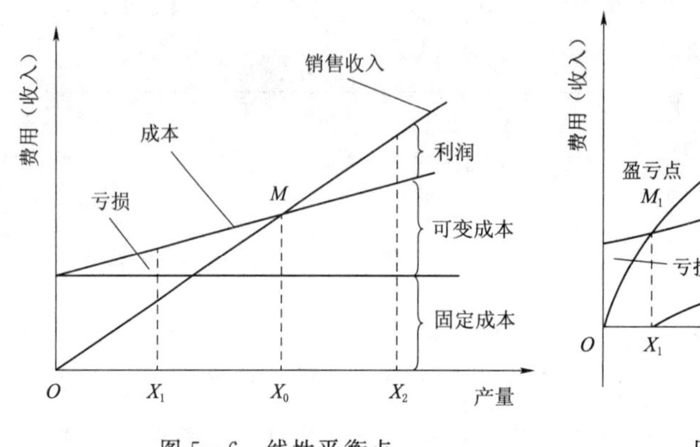

图 5-6　线性平衡点

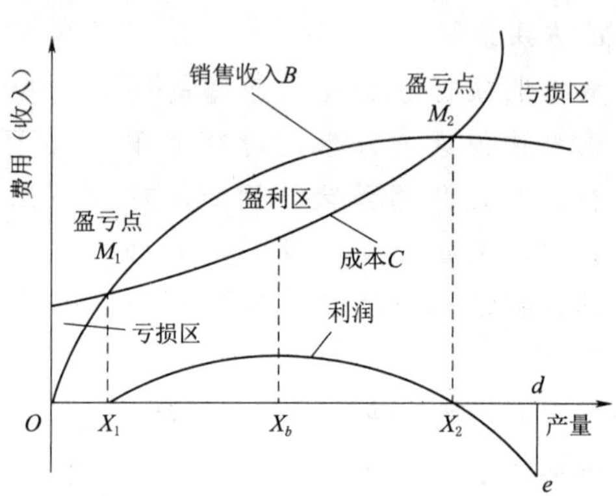

图 5-7　非线性平衡点

任何一个施工单位，承包水利工程的施工，或水利管理单位开展多种经营，在财务上总是希望能获得利润。例如，承包某一个水利枢纽的施工既可采用人工也可采用机械化施工。显然，后者可以提高效率，但也带来投资的增加。于是就要进行分析，当施工机械化提高到什么程度时，就可能不合算了。又如在电价已定的情况下，电厂的建设规模多大才能赢得利润。这些盈亏状况的分析，是企业或经营管理单位最关注的问题之一，它可以使经营者了解和掌握企业获利的必要条件和生产规模扩大后盈利的情况等。显然，进行盈亏分析首先就要研究产品的成本。

企业生产的总成本一般可区分为固定成本和可变成本。可变成本是随产量的增减而变化的。相对地固定成本则可视为一个常量，成本的概念如图 5-8 所示。

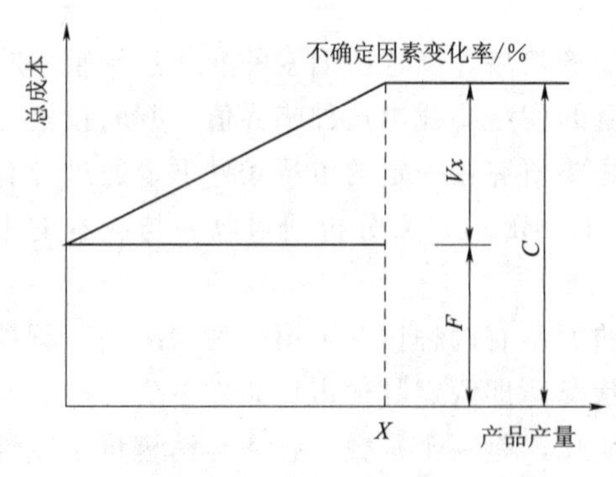

图 5-8　成本的概念

1. 固定成本

固定成本一般包括行政管理费、设备折旧费、债务保险费和利息等。严格地说，不论何种费用都不可能完全绝对地与产量无关。但是，在一定的时间内，企业或生产部门不可能马上更换或增加设备，改变投资回收计划或改组管理机构等，所以上述费用在一定时间里可认为是相对固定的。

2. 可变成本

可变成本又称产品的直接费用，是指企业

或工厂设备没有变化的情况下，生产单位产品所需消耗的直接劳务及原材料费用。显然，可变成本是随产品产量的增加而增长的。

3. 总成本

固定成本与企业年内所生产的全部产品的可变成本之和称为总成本。如以 F 表示固定成本，V 表示单位产品的可变成本，x 表示该产品的数量，则总成本 C 可用下式表示。

$$C=F+Vx \tag{5-24}$$

如果固定成本 F 和可变成本 V 未知时，可通过测量两批产品的产量 x_1、x_2 和相应的总成本 C_1 和 C_2，来推求 F 和 V 值。此时

$$V=(C_1-C_2)/(x_1-x_2)$$

$$F=C_1-Vx_1 \text{ 或 } F=C_2-Vx_2 \tag{5-25}$$

式中　C_1、C_2——第一批产品和第二批产品的总成本；

x_1、x_2——第一批产品第二批产品的产品数量。

设建设项目在正常生产年份中，x 为年产量，P 为单价，V 为单位产品的可变成本，F 为年固定总成本，并假设产量与销售量相同，TR 为年总收入，TC 为总成本，x_0 为设计生产能力。若求以产量 x 表示的盈亏平衡点，则 $Px=F+Vx$，从上式中解出 x，并用 BEP 表示如下：$BEP=F/(P-V)$，盈亏平衡生产能力利用率 $E=x_0/BEP$。

【例 5-3】 某市拟建一个商品混凝土搅拌站，年设计产量 10 万 m^3，混凝土平均售价 105 元/m^3，平均可变成本为 76.25 元/m^3，平均销售税金为 5.25 元/m^3，该搅拌站的年固定总成本为 194.39 万元，试计算该项目用产量和生产能力利用率表示的盈亏平衡点。

解：

$$BEP=1943900/(105-76.25)=67613.9(m^3)$$

$$E=\frac{67613.9}{100000}\times 100\%=67.6\%$$

四、概率（风险）分析

建设项目经济评价的概率分析，是运用数理统计原理，研究一个或几个不确定性因素发生随机变化情况下，对项目经济评价指标所产生影响的一种定量分析方法。其目的在于研究建设项目盈利的概率或亏损的风险率，对概率分析有时也被称为风险分析。

前述敏感性分析，只能指出项目评价指标对各个不确定性因素的敏感程度，但不能表明不确定性因素的变化对评价指标的影响发生的概率。敏感性分析与概率分析的区别在于，敏感性分析中不确定性因素的各种状态的概率是未知的，而概率分析中不确定性因素的各种状态的概率是可知的。

某一事件的概率可分为客观概率和主观概率两类。客观统计数值（如水位、流量等）出现的概率称为客观概率，人为预测和估计数值的概率称为主观概率。水利建设项目经济评价的概率分析主要是主观概率分析。

概率分析一般包括两方面内容：①计算并分析项目净现值、内部收益率等评价指标的期望值；②计算并分析净现值大于、等于零；内部收益率大于、等于社会折现率（或行业基准收益率）的累计概率。累计概率的数值越大（上限值为 1），项目承担的风险越小。

考虑到对不确定性因素出现的概率进行预测和估算难度较大，各地又缺乏这方面的经验。为此，规范规定对一般大、中型水利建设项目，只要求采用简单的概率分析方法，就

净现值的期望值和净现值大于或等于零时的累计概率进行研究，并允许根据经验设定不确定性因素的概率分布，这样可使计算大为简化。对特别重要的大型水利建设项目，则应根据决策需要进行较完善的概率分析。规范规定通过模拟法，测算内部收益率等的概率分布，曾在一些项目中使用过，是行之有效的一种方法。

简单的概率分析方法的计算步骤为：①列出各种要考虑的不确定性因素（敏感要素）；②设想各不确定性因素可能发生的情况，即其数值发生变化的几种情况；③分别确定每种情况出现的可能性即概率，每种不确定性因素可能发生情况的概率之和必须等于1；④分别求出各可能发生事件的净现值、加权净现值，然后求出净现值的期望值；⑤求出净现值大于或等于零的累计概率。

【例5-4】 某径流式水电站的年发电量与当年来水量的大小密切相关，而天然来水量逐年发生随机变化，可用下列统计特征值表达：多年平均年径流量 $W=10$ 亿 m^3，变差系数 $C_v=0.5$，偏态系数 $C_s=2C_v$。由此可以求出各种频率（累计概率）的年水量 W_p，通过水能计算可以求出各种频率的年发电量 E_p，已知电站上网电价为0.10元/(kW·h)，则各年收益 $B_t=0.10E_p$ 也是随机变化的，但水电站的年费用 C_t（包括资金年回收值和年运行费等）假设不变，暂定每年的年费用 $C_t=600$ 万元，由此可求出各种频率（累计概率）的净现值 $B-C$，当净现值 $B-C=0$，相应的累计概率 $P=80\%$，见表5-14。

由表5-14的计算结果可知，该径流式水电站的年净效益 $B-C$ 的期望值为295万元，效益费用比 B/C 的期望值为1.49，年净效益 $B-C>0$ 的累计概率 $P_s=80\%$，即表示年净效益 $B-C<0$ 的风险率 $P_s=20\%$。可以认为该水电站项目在经济上是有利的，承担亏损的风险率不大。

表5-14　某径流式水电站经济评价指标的概率分析

累计概率 P/%	5	10	20	30	…	70	80	90	95	期望值
年发电量 E_p/(亿kW·h)	1.40	1.30	1.25	1.15	…	0.69	0.60	0.44	0.44	0.895
年收益 B_t/万元	1400	1300	1250	1150	…	690	600	440	340	895
年费用 C_t/万元	600	600	600	600	…	600	600	600	600	600
净现值 $B-C$/万元	800	700	650	550	…	90	0	−160	−260	295
效益费用比 B/C	2.3	2.2	2.1	1.9	…	1.15	1.0	0.73	0.57	1.49

第五节　改、扩建项目经济评价

一、改、扩建项目的特点

改、扩建项目一般是在老的建设项目基础上的增容扩建和改建，不可避免地与老企业发生种种联系，以水利工程改、扩建项目为例，与新建项目相比，改、扩建项目具有以下主要特点。

1. 与老企业的密切相关性

水利工程改、扩建项目一般在不同程度上利用了已建工程的部分设施，如拦水坝等，以增加装机容量和电量。同时，新增投资、新增资产与原有投资和资产相结合而发挥新的作用。由于改、扩建项目与老企业各方面密切相关，因此，项目与老企业的若干部门之间不易划清界线。

2. 效益和费用的显著增量性

改、扩建项目是在已有的大坝电站、厂房设备、人员、技术基础上，进行追加投资（增量投资），从而获得增量效益。一般而言，追加投资的经济效果应比新建项目更为经济，因此，改、扩建项目的着眼点应该是增量投资经济效果。

3. 改、扩建项目目标和规模的多样性

改、扩建项目的目标不同，实施方法各异，其效益和费用的表现形式则千差万别。其效益可能表现为以下一个方面或者几个方面的综合：

（1）增加产量。水利工程改、扩建项目表现为增加发电量、增加装机容量、增加水库库容、增加供水量等。

（2）扩大用途。如因库容扩大而增加养殖、防洪、灌溉、供水等效益。

（3）提高质量。如提高水库的调节性能，增发保证电量和调峰电量，提高供电、供水的可靠性。

（4）降低能耗。如提高机组效率，降低水头损失，降低输电线路损失、变电损失等。

（5）合理利用资源。如充分利用水资源，扩大季节性电能的利用等。

（6）提高技术装备水平、改善劳动条件或减轻劳动强度。如增加自动化装置，采用遥控遥测、遥调设备和设施，减少值班人员，减轻劳动强度，节省劳动力和改善工作环境等。

（7）保护环境。如保护水环境、保持生态平衡、增加旅游景点和旅游效益等。

改、扩建项目的费用不仅包括新增固定资产投资和流动资金、新增运行费用，还包括由于改、扩建项目带来的停产或减产损失和原有设备的拆除费用。

4. 经济计算的复杂性

改、扩建项目的经济计算原则上采用有无对比法。无项目是指不建该项目时的方案，它考虑在没有该项目情况下整个计算期项目可能发生的情况。采用有无对比法计算项目的效益和费用，实际就是计算项目的增量效益和费用。由于改、扩建项目目标的多样性和项目实施的复杂性，经济计算和评价变得较为复杂，特别是增量效益的计算更加复杂。

二、增量效益和增量费用的识别与计算

1. 增量效益的识别与计算

改、扩建项目的增量效益可能来自增加产量、扩大用途、提高质量，也可能来自降低能耗、合理利用资源、提高技术装备水平等一个或者几个方面的综合，这给增量效益的识别与计算带来较大困难，通常是将有项目的总效益减去无项目的总效益即为增量效益，以避免漏算或重复计算。

2. 增量费用的识别与计算

增量费用包括新增投资、新增经营费用，还包括由于改、扩建该项目可能带来的停产或减产损失，以及原有设施拆除费用等。

（1）沉没成本。沉没成本在改、扩建项目经济评价中经常遇到。改、扩建项目主要是分析增量效益和增量费用，而增量效益并不完全来源于新增投资，其中一部分来自原有固

定资产潜力的发挥。从有、无项目对比的观点来看，没有本项目，原有的潜力并不能产生增量效益，改、扩建项目的优点也正是利用了原有设备的潜力。因此，沉没费用来源于过去的决策行为，与现行的可行方案无关，在计算增量效益时不计算沉没费用。

有些项目在过去建设时，已经考虑到了今天的扩建，因而预留了一部分发展的设施。比如引水管道预留了过流能力，厂房预留了安装新设备的位置，变压器考虑了将来的增容等，如果不进行改、扩建，这笔投资无法收回，在此情况下进行改、扩建，这笔投资作为沉没费用。还有些项目是停建后的复建，已花的部分投资也是沉没费用，只计算原有设施现时尚可卖得的净价值。

改、扩建项目大多是在旧有设施基础上进行的，或多或少都会利用旧设备，不论潜力有多大，已花掉投资都属于沉没成本。

改、扩建项目经济评价，原则上应在增量效益和增量费用对应一致的基础上进行。因此，沉没费用不应计入新增投资中。在实际工作中，还会经常遇到废弃建设问题，凡在第一期工程建设中为二期工程花掉的投资，都只应在第一期工程中计算，二期工程经济评价中不再计入这部分投资。

（2）增量固定资产投资的计算。对于项目而言，固定资产投资应包括新增投资和可利用的原有固定资产价值并扣除拆除资产回收的净价值。由于改、扩建过程中带来的停产或减产损失，应作为项目的现金流出列入现金流量表中。对于无项目而言，原有投资应采用固定资产的重估值。

增量投资是有项目对无项目的投资差额。对于停建后有续建的项目，其原有投资为沉没费用，不应计为投资，但应计算其卖得的净价值。

（3）增量经营成本的计算。改、扩建项目如果有几种目标同时存在，要计算有无此项目的差额，以避免重复计算或漏算。

三、改、扩建项目经济评价方法

改、扩建项目具有一般建设项目的共同特征。因此，一般建设项目的经济评价原则和基本方法也适用于改、扩建项目。但因它是在现有企业基础上进行的，在具体评价方法上又有其特殊性。总的原则是考察项目建与不建两种情况下效益和费用的差别，这种差别是项目引起的，一般采用增量效果评价法，其计算步骤是：首先计算改、扩建产生的增量现金流，然后根据增量现金流进行增量效果指标计算（如增量投资内部收益率、增量投资财务净现值等），最后根据指标计算结果判别改、扩建项目的可行性。

增量现金流的计算是增量法的关键步骤。常见的计算增量现金流的方法是将进行改、扩建和技改后（简称项目后）的现金流减去改、扩建和技改前（简称项目前）的对应现金流，这种方法称为前后比较法，或前后法。方案比较中的现金流比较必须保证该方案在时间上的一致性，即必须用同一时间的现金流相减。前后法用项目后的量减去项目前的量，实际上存在一个假设：若不上项目，现金流将保持项目前的水平不变。当实际情况不符合这一假设时，就将产生误差。因此，前后法是一种不正确的方法。计算增量现金流的正确方法是有无法，即用进行改、扩建和技改（有项目）未来的现金流减去不进行改、扩建和技改（无项目）对应的未来现金流。有无法不作无项目时现金流保持项目前水平不变的假设，而要求分别对有、无项目未来可能发生的情况进行预测。

由于进行改、扩建与不进行改、扩建两种情况下都有相同的原有资产，在进行增量现金流计算时互相抵消，这样就不必进行原有资产的估价，这是人们所希望的。按照通常的理解，在计算出增量效果指标后，若 $NPV>0$，或 $IRR>i_0$，则应进行改、扩建投资。然而，能否这样下结论仍然是个有待讨论的问题。

【例 5-5】 某企业现有固定资产 500 万元，流动资产 200 万元，若进行技术改造须投资 140 万元，改造当年生效。改造与不改造的每年收入、支出见表 5-15，假定改造、不改造的寿命均为 8 年，折现率 $i_0=10\%$，问该企业是否应当进行技术改造？

表 5-15　　某企业改造与不改造的收支预测

方　案	不改造	改造	方　案	不改造	改造
寿命/年	8	8	资产回收/万元	250	300
年销售收入/万元	600	650	年支出/万元	495	520

解：(1) 画出增量法的现金流量图，如图 5-9 所示。

$$K=140\text{ 万元},F_B=300-250=50(\text{万元})$$

$$B_A=(650-520)-(600-495)=25(\text{万元})$$

(2) 计算增量投资财务净现值 NPV。

$$NPV=-140+25(P/A,10\%,8)+50(P/F,10\%,8)=16.7(\text{万元})$$

因为 $NPV=16.7>0$，可以说企业进行技术改造比不改造好，至少经济效益有所改善。但若作出应当改造的结论就过于草率了。因为增量法所体现的仅仅是相对结果，它不能体现绝对效果。相对效果只能解决方案之间的优劣问题，绝对效果才能解决方案能否达到规定的最低标准问题。从理论上说，互斥方案比较应该同时通过绝对效果和相对效果检验。

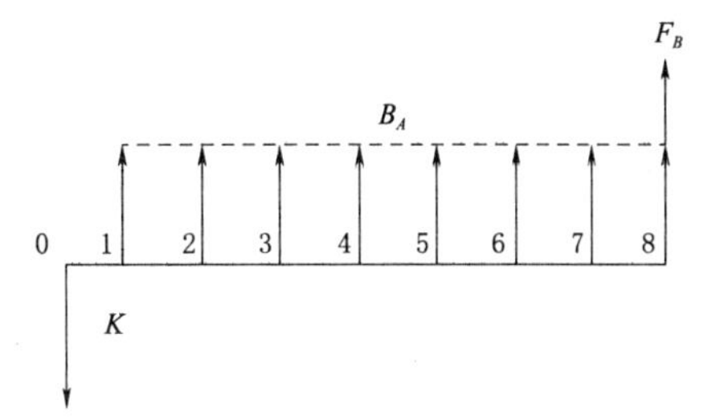

图 5-9　[例 5-5] 现金流量图

画出改造与不改造时总量法的现金流量图进行分析：

改造时投资财务净现值 NPV_a 为

$$K=840\text{ 万元},F_B=300\text{ 万元},B_A=130\text{ 万元}$$

$$NPV_a=-840+130(P/A,10\%,8)+300(P/F,10\%,8)=-6.5(\text{万元})$$

不改造时投资财务净现值 NPV_b 为

$$K=700\text{ 万元},\ F_B=250\text{ 万元},\ B_A=105\text{ 万元}$$

$$NPV_b=-700+105(P/A,10\%,8)+250(P/F,10\%,8)=-23.2(\text{万元})$$

此时虽然 $NPV_a>NPV_b$，但两者都小于 0，不能通过绝对效果检验，因此，不能作出应当改造的结论。

总量法的优点在于它不仅能够显示出改、扩建与否的相对效果，还能够显示出改、扩建与否的绝对效果。但总量法的缺点在于要对原有资产进行估价，好在现实经济生活中，改、扩建项目评价一般情况下只需要进行增量效果评价，只有当企业面临亏损，需要将企业关闭、拍卖还是进行改、扩建作出决策时，才需要同时进行增量效果评价和总量效果评价。

思考与习题

1. 项目投资的国民经济评价与财务评价有何区别？

2. 在投资项目国民经济分析中，主要的费用项和收益项有哪些？当采用影子价格计量费用与收益时，哪些费用项和收益项需要列入国民经济分析的现金流量表中？

3. 在评价工程投资风险与不确定性时，项目经济效益期望值、标准差与离散系数有何作用？

4. 为什么经济评价要进行不确定性分析，不确定性分析一般包括哪几方面内容？

5. 某水利建设项目位于某省B城上游50km处，项目建设需用优质木材若干，拟由R国进口，从R国进口的木材到岸价为72美元/m^3，从R国进口的木材先由铁路运至B城，再由公路运至项目所在地的有关运距和运杂费见表5-16，试求建设项目所在地木材的影子价格。

表5-16　运距与运杂费

项目	进口口岸至B城			B城至项目所在地		
	运距/km	运费/(元/m^3)	杂费/(元/m^3)	运距/km	运费/(元/m^3)	杂费/(元/m^3)
	2500	83	26	50	12	1.0

注　计算时，国家外汇牌价按1美元可兑换人民币7.64元取值。

第五章答案

第六章　综合利用水利工程投资费用分摊

【教学内容】 进行水利工程的费用分摊的原因和目的；综合利用水利工程费用构成及其四种计算方法。

【基本要求】 了解水利工程费用的构成及其最常用的四种计算方法。

【思政教学】 根据水利工程的特殊性，使学生明白在追求科学真理的过程中，培养学生勤于思考，理论联系实际，综合运用知识的能力和严谨务实的态度。综合利用水利工程的投资费用分摊、灌排及其相关工程的投资及费用的计算方法，将这些知识点进行适当扩展，介绍水利对社会经济发展的作用，可以增强学生的使命感和担当精神。

第一节　概　　述

一、综合利用水利工程的经济特点

1. 效益的多面性

我国水利工程一般具有防洪、发电、灌溉、供水、航运等综合利用效益，其中的某几项效益对国民经济的发展影响较大。国民经济各部门，有的为直接的经济效益，有的为间接的经济效益。有的效益可用货币表示，有的效益无法用货币价值量表示，例如，对生态环境的改善、减少洪涝灾害对人民精神造成的痛苦等。

2. 效益的错综复杂性

综合利用水利工程的效益，随水文现象的随机性，各年之间的效益是不同的。各受益部门的效益有时利益是一致的，有时利益是相互矛盾的，在调度运用中，保证了主要部门的利益，就要减少次要部门的利益。随着时间的推移，经济形势的发展，各部门的效益有时需要重新分配相互转移，称为效益再分配。例如，一个综合利用的水库工程，兴建时以灌溉为主，随着城市工业的发展，转为以供应城市饮用水为主。

3. 工程项目的多样性

综合利用水利工程中有一些工程项目是为各受益部门服务的，称为共用工程，其所需的工程费用，理应在各受益部门之间合理分摊；有一些工程项目是专门为某一部门服务的，称为专用和配套工程，其所需的工程费用，理应由各部门自己承担。枢纽中的各项工程各有其特点和要求，技术要求是不同的，有其独立性的一面。但各项工程之间又有紧密的联系，要相互协调。

4. 建设周期长，发挥效益的时间不同

由于综合利用水利工程项目多，工程量大，只有全部完成所有主体、专用、配套工程后，才能全部发挥效益，故所需建设期较长。枢纽工程主体完成后，有些部门就可能开始受益。例如，水库的主体工程完工后，就能拦蓄洪水，就可发挥效益。有的部门只有完成了相应的专用和配套工程后，才能发挥效益。由于人力、物力、财力等条件限制，不可能所有部门同时完成工程建设任务，故发挥效益的时间是有先有后的。

在过去一段时间内由于缺乏经济核算，整个综合利用水利工程的投资，并不在各个受益部门之间进行投资分摊，主要由某一主要受益部门负担。结果负担全部投资的部门认为，本部门的效益有限，而所需投资却较大，因而迟迟不下决心或者不愿兴办此项工程，使水资源得不到应有的开发与利用，任其白白浪费；或者主办单位由于受本部门投资额的限制，可能使综合利用水利工程的开发规模偏小，使得其综合利用效益得不到充分的发展；另外，如果综合利用水利工程牵涉的部门较多，相互关系较为复杂，有些不承担投资的部门往往提出过高的设计标准或设计要求，使工程投资不合理地增加，工期被迫拖延，不能以较少的工程投资在较短的时间内发挥较大的综合利用效益。

二、费用分摊的目的

由于综合利用各部门的自身特点，对水资源各有其不同的要求。这些要求既有一致的一面，又有矛盾的一面。为了保证水资源的综合利用，除在规划中从整体利益出发，通盘考虑安排外，在综合利用各部门之间进行合理的费用分摊，把综合利用各部门的经济效益与经济责任联系起来也是保证水资源得到充分、合理利用的一条重要措施。对综合利用水利工程进行投资分摊的主要目的是：

（1）合理分配国家资金，正确编制国民经济发展与建设规划，保证国民经济各部门有计划按比例协调发展。

（2）充分合理地开发和利用水利资源和各种能源，在满足国民经济各部门要求的条件下，使国家总投资和运行费用最少。

（3）协调国民经济各部门对综合利用水利工程的要求，选择经济合理的开发方式和规模，分析比较各部门有关参数和技术经济指标。

（4）充分发挥投资的经济效益，正确计算各部门费用与效益，以便加强经济核算，制定各种合理的价格，提高综合利用工程的经营和管理水平。

（5）有利于设备更新改造按计划实施。国外对综合利用水利工程（一般称为多目标水利工程）的投资分摊问题曾作过较多的研究，提出很多计算方法。由于问题的复杂性，有些文献认为：直到现在为止，还提不出一个可以普遍采用的、能够被各方面完全同意的多目标开发工程的投资分摊公式。我国过去对这方面的问题研究较少，也缺乏这方面的实践经验。随着改革开放和现代化建设的深入进行，我国水利事业又迎来了新的发展机遇。现在对水资源水能进行综合开发利用的工程越来越多，因而，多目标开发工程投资分摊的问题得到我国专家学者和高层管理者的普遍重视。

第二节 综合利用水利工程的投资构成

综合利用水利工程费用的分摊，先要了解综合利用水利工程投资的构成。采用不同的分类方法可将综合利用水利工程投资分成不同的种类。以下介绍用两种关于综合利用水利工程投资的分类方法划分的种类。

一、第一种分类

用第一种分类法把综合利用水利工程的投资划分成为共用投资和专用投资两大部分。共用投资是指为各受益部门服务的水利枢纽工程建筑物（如水库和大坝等）的投资、工程用地投资和移民安置费以及给受损失部门的补偿费，这部分投资可列为共用投资。专用投资是指为某一部门服务的专用工程及其配套工程的投资，如电厂、船闸、灌溉引水渠系建筑物等的投资就属于这部分。

二、第二种分类

用第二种分类法把综合利用水利工程的投资划分为可分投资和剩余投资两大部分。某一部门的可分投资是指水利工程中包括该部门时的总投资与不包括该部门时的总投资之差值。显然某一部门的可分投资，比它的专用投资要大一些，例如水电部门的可分投资，除电厂、调压室等专用投资外，还应包括为满足电力系统调峰、调谷等需要而增大压力引水管道的直径，为满足最低发电水头和事故备用库容的要求而必须保持一定死库容所需增加的那一部分投资。所谓剩余投资就是总投资减去各部门可分投资后的差值。

在投资分摊计算中，还需考虑各个部门的最优替代工程方案。所谓最优替代工程方案，是指在能够同等程度满足国民经济发展要求的具有同等效益的许多方案中，选择一个在技术上可行的、经济上最有利的替代工程方案。例如水电站的最优替代工程方案在一般情况下是凝汽式火电站；水库下游地区防洪的最优替代工程方案可能是在沿河两岸修筑堤防或在适当地区开辟蓄洪、滞洪区；地表水自流灌溉的最优替代工程方案可能是在当地抽引地下水灌溉；等等。

在具体研究综合利用水利工程投资构成时，还会遇到许多复杂的情况，例如：

（1）天然河道原来是可以通航的，由于修建水利工程而被阻隔，为了恢复原有河道的通航能力而增加的投资，不应由航运部门负担，而应由其他受益部门共同承担；但是为了提高通航标准而专门修建的建筑物，其额外增加的费用则应由航运部门负担。

（2）溢洪道和泄洪建筑物及其附属设备的投资，一般占水利枢纽工程总投资的相当大的比重，上述建筑物的任务包括两个方面：一方面，为保证工程本身的安全，当发生千年一遇或万年一遇洪水时，依靠泄洪建筑物的巨大泄洪能力而确保水库及大坝的安全，这一部分工程所需的投资，应由各个受益部门共同负担；另一方面，对于10年一遇或20年一遇的一般性洪水，依靠上述建筑物及泄洪设备的控泄能力而能确保下游河道的防汛安全。这一部分任务所需增加的投资，则应由下游防洪部门单独负担。

（3）灌溉、工业和城镇生活用水，常常须修建专用的取水口和引水建筑物，其所需的投资应列为有关部门的专用投资。当这些部门所引用的水量与其他部门用水（如发电用水）结合时，在此情况下投资分摊计算就比较复杂。但无论在上述何种情况下，一般认为任一部门所负担的投资，不应超过该部门的最优替代工程方案所需的投资，也不应少于专为该部门服务的专用建筑物的投资。

综上所述，综合利用水利工程的投资构成可用下式表示：

$$K_{总}=K_{共}+\sum_{j=1}^{n}K_{专,j}\qquad(j=1,2,\cdots,n)\tag{6-1}$$

式中　$K_{总}$——工程总投资；

$K_{共}$——几个部门共用建筑物的投资；

$K_{专,j}$——第 j 部门的专用建筑物的投资。

也可用下式表示：

$$K_{总}=K_{剩}+\sum_{j=1}^{n}K_{分,j} \quad (j=1,2,\cdots,n) \tag{6-2}$$

式中　$K_{分,j}$——第 j 部门的可分离部分的投资（简称可分投资）；

$K_{剩}$——工程总投资减去各部门可分投资后所剩余的投资。

第三节　投资和费用的分摊方法

国内外已提出和使用过的费用分摊方法有 30 多种，本节主要介绍实际工作中较常用的费用分摊方法。

一、按各部门的主次地位分摊

在综合利用水利工程中各部门所处的地位并不相同，往往某一部门占主导地位，要求水库的运行方式服从它的要求，其他次要部门的用水量及用水时间则处在从属的地位。在这种情况下，各个次要部门只负担为本身服务的专用建筑物的投资或可分投资，其余部分的投资则全部由主导部门承担。这种投资分摊方法适用于主导部门的地位十分明确，工程的主要任务是满足该部门所提出的防洪或兴利要求。

如以灌溉为主的水库，该部门应承担单独兴建的灌溉工程，并达到同等的抗旱标准时所需要的全部工程费用；发电部门仅承担由于发电需要而扩建的工程设施所需要的相应费用；这种按主次任务来进行费用分摊，相对来说比较合理。

二、按各部门利用建设项目的某些指标（用水量、库容等）的比例分摊

水是水利工程特有的指标，综合利用各部门要从综合利用工程得到好处都离不开水，防洪需要利用水库拦蓄超额洪水，削减洪峰；发电需要利用水库来获得水头和调节流量；灌溉需要利用水库来储蓄水量；航运要利用水库抬高水位，淹没上游滩险和增加下游枯水期流量，提高航深；等等。同时，水利工程费用也是与水库规模大小成正比的，水库越大，费用也越多。因此，按各部门利用库容或水量的比例来分摊综合利用工程的费用是比较合理的。

此法概念明确、简单易懂、直观，分摊的费用较易被有关部门接受，在世界各国获得了广泛的应用，适用于各种综合利用工程的规划设计、可行性研究及初步设计阶段的费用分摊。此法存在的主要缺点有：一是它不能确切地反映各部门用水的特点，如有的部门只利用库容、不利用水量（如防洪），有的部门既利用库容又利用水量（如发电、灌溉）。同时，利用库容的部门其利用时间不同，使用水量的部门随季节变化对水量的要求不一样，水量保证程度也不一样（如工业供水的保证程度一般高于农业供水）。二是它不能反映各部门需水的迫切程度。三是由于水库水位是综合利用各部门利益协调平衡的结果，水库建成后又是在统一调度下运行的，因此，不能精确划分出各部门利用的库容或者水量。为了克服上述缺点，可以适当计入某些权重系数，如时间权重系数、迫切程度权重系数、保证率权重系数等。例如，对共用库容和重复使用的库容（或水量）可根据使用情况和利用库容时间长短或主次地位划分，对死库容可按主次地位法、优先使用权法等在各部门之间分摊，并适当计入某些权重系数。

【例 6-1】 某水库枢纽，以灌溉为主，防洪次之。总库容 6300 万 m^3，其中兴利库容 4500 万 m^3，防洪库容 1100 万 m^3，死库容为 700 万 m^3。共用工程的总投资为 1250 万元。试用枢纽库容系数结合工程任务主次，分摊该枢纽共用工程的投资。

解： 该枢纽以灌溉为主，因此灌溉部门应负担兴建水库垫底库容及兴利库容的全部投资；防洪部门负担增加的防洪库容的投资。灌溉部门应分摊的投资为

$$K_1' = \frac{V_0 + V_1}{V_0 + V_1 + V_2} K = \frac{700 + 4500}{6300} \times 1250 = 1032(\text{万元})$$

防洪部门应分摊的投资为

$$K_1'' = \frac{V_2}{V_0 + V_1 + V_2} K = \frac{1100}{6300} \times 1250 = 218(\text{万元})$$

三、可分离费用-剩余效益法（SCRB 法）

可分离费用-剩余效益法（seperable cost - remaining benefit method，SCRB 法），其基本原理是把综合性水利工程各部门多目标开发与单目标开发进行比较，所节省的投资费用被看作剩余效益的体现，所有参加的部门都有权分享。某部门的“剩余效益”PS_j 是指某部门的效益与其合理替代方案费用两者之中的较小值减去该部门的可分离费用的差值。此法分摊比例是按各部门剩余效益占各部门剩余效益总和的比例计算。其计算表达式如下：

$$\alpha_j = \frac{PS_j}{\sum_{j=1}^{m} PS_j} \tag{6-3}$$

式中　α_j——第 j 部门分摊比例。

【例 6-2】 计算整个水利工程的投资、年费用和年平均效益，求出各部门的可分费用及其替代工程和专用工程的投资和年费用，见表 6-1。

表 6-1　　各部门的投资、年费用和年效益　　单位：万元

项　目		投资	年　费　用			年平均效益
			投资年回收值	年运行费	合计	
综合水利工程		20000	1635	1000	2635	3000
可分费用	发电	10000	817	600	1417	2000
	灌溉	4000	327	150	477	1000
替代工程	发电	14000	1144	1000	2144	2000
	灌溉	8000	654	100	754	1000
专用工程	发电	7000	572	520	1092	
	灌溉	2000	164	120	284	

注　投资年回收值＝投资 [A/P，i，n]，在本表计算中，假设 n＝50 年，i＝8%。

解： 用 SCRB 法进行分摊计算，见表 6-2。

表 6-2 **用 SCRB 法进行分摊计算** 单位：万元

项目	内容	发电	灌溉	合计	备注
年费用分摊	a. 年平均效益	2000	1000	3000	表 6-1
	b. 替代工程年费用	2144	754		表 6-1
	c. 选用年效益	2000	754	2754	选用 a、b 中较小者
	d. 可分费用	1417	477	1894	表 6-1
	e. 剩余效益	583	277	860	$c-d$
	f. 分摊百分比	67.8%	32.2%	100%	按 e 比例
	g. 剩余年费用分摊	502	239	741	(2635−1894) 按 f 分摊
	h. 总分摊额	1919	716	2635	$d+g$
年运行费分摊	a. 可分年运行费	600	150	750	表 6-1
	b. 剩余年运行费分摊	170	80	250	(1000−750) 按 f 分摊
	c. 总分摊额	770	230	1000	$a+b$
投资分摊	a. 可分投资	10000	4000	14000	表 6-1
	b. 剩余投资分摊	4068	1932	6000	按 f 分摊
	c. 总分摊额	14068	5932	20000	$a+b$

计算步骤如下：

(1) 基础资料的计算，即确定工程的总投资、年费用和年平均效益；各部门的可分费用及其替代工程和专用工程的投资和费用。

(2) 选择部门的直接收益和最优替代工程的年费用的最小值作为本部门的选用年效益。

(3) 利用剩余效益求出分摊百分比。

(4) 利用求出的分摊百分比分别对年运行费和投资进行分摊。

为了发挥此法的优点，克服其不足，有的学者和专家在 SCRB 法的基础上，提出了“修正 SCRB 法”和“可分离费用-某某法”。

修正 SCRB 法主要考虑到综合利用工程各部门的效益并不是立即同时达到设计水平的，而是有一个逐渐增长过程，计算各部门效益时应考虑各部门的效益增长情况，在效益增长阶段分年进行折算。如增长是均匀的，可运用增长系列复利公式计算；达到设计水平后则运用复利等额系列公式计算。然后把两部分加起来，即可得出各部门在计算期的总效益现值。

可分离费用-某某法主要是考虑分离费用这一思路的合理性，近年来国内外开始把这一思路推广应用于按库容（或用水量）比例、按分离费用比例、按净效益比例、按替代方案费用比例、按优先使用权等方法分摊剩余共用费用。

四、按各部门最优等效替代方案费用现值的比例分摊

如果不兴建综合利用水利工程，各部门为了满足自身的需要，用能取得同等效益的其他工程代替，其所需投资费用反映各部门为满足自身需要付出代价的大小。此法的优点：不需要计算效益，比较适合效益不易计算的综合利用工程。此法的缺点：需要进行最优等效替代方案的设计，以估算各部门的最优等效替代措施的投资。这项工作牵涉面广，工作量大，而且往往需要有关部门的密切配合，有时因条件限制，估算的替代方案的投资费用可靠性较差，这将直接影响分摊投资的效果。

采用此法时，一般应按替代方案在经济分析期内的总费用折现总值的比例，分摊综合利用水利工程的总费用。其分摊比例表达式如下：

$$\alpha_j = \frac{C_{j替}}{\sum_{j=1}^{m} C_{j替}} \tag{6-4}$$

式中　$C_{j替}$——第 j 部门等效最优替代措施折现费用；

　　m——参与综合利用费用分摊的部门个数。

按此比例计算各部门分摊的总费用现值 PA_j，该值减去各部门配套工程费用 PP_j，即为所分摊的枢纽工程费用 PQ_j。

第 j 部门分摊总费用现值：

$$PA_j = PC \cdot \alpha_j \tag{6-5}$$

第 j 部门分摊的枢纽工程总费用现值：

$$PQ_j = PA_j - PP_j \tag{6-6}$$

式中　PC——综合利用工程的总费用现值。

按各部门分摊的枢纽工程费用的比例，再进一步计算各部门分摊枢纽工程投资和年运行费用的数额。

【例 6-3】 某综合利用水利工程的总投资为 4600 万元，其中共用工程的总投资为 3200 万元，专用工程的总投资为 1400 万元。各部门最优等效替代方案及专用工程的投资见表 6-3。试计算各受益部门应承担投资总额。

表 6-3　各部门最优等效替代方案及专用工程的投资　　单位：万元

项目投资	防　洪	灌　溉	发　电
最优等效替代方案	1800	1980	2990
专用工程	350	450	600

解： 应对共用工程 3200 万元按照替代工程投资比例分摊法进行分摊，各部门承担的投资总额等于分摊的共用工程投资与专用工程投资之和，见表 6-4。

表 6-4　按替代工程比例计算共用工程的投资分摊　　单位：万元

序号	项　目	防洪	灌溉	发电	合计
1	综合利用水利工程总投资				4600
2	共用工程总投资				3200
3	专用工程总投资	350	450	600	1400
4	替代工程总投资	1800	1980	2990	6770
5	替代工程投资比例	27%	29%	44%	100%
6	各部门分摊共用工程投资	851	936	1413	3200
7	各部门应承担的总投资	1201	1386	2013	4600

如果估算最优等效替代工程投资的计算工作量较大或最优等效替代方案不易确定时，在水利工程实践中也可按各部门专用工程投资比例来分摊共用工程的投资，方法类似。

五、按各部门可获得效益现值的比例分摊法

兴建综合利用水利工程的基本目的是获得经济效益，因此按各部门获得经济效益的大小来分摊综合利用工程的费用也是比较公平合理的，也易被接受。不过综合利用工程各部门的效益是由共用、专用、配套工程共同作用的结果，如果按各部门获得的总效益的比例分摊共用工程费用，则加大了专用和配套工程大的部门分摊的费用；另外综合利用工程各部门开始发挥效益和达到设计效益的时间长短不同，一般情况是防洪、发电部门开始发挥效益和达到设计效益的时间较快；灌溉部门因受配套工程建设的制约，航运部门因受货运量增长速度的影响，均要较长的时间才能达到设计效益。如果按各部门的年平均效益的比例分摊共用工程费用，将使效益发挥慢的部门分摊的费用偏多，效益发挥快的部门分摊的费用偏少。

因此，采用此法计算分摊比例较合理的做法是，按各部门效益现值减去各部门专用和配套工程费用现值之差（剩余的效益现值）占各部门剩余的效益现值总和的比例计算。其计算表达式如下：

$$\alpha_j = \frac{PB_j - PO_j}{\sum_{j=1}^{m}(PB_j - PO_j)} \tag{6-7}$$

式中　PB_j——第 j 部门经济效益现值；

PO_j——第 j 部门配套工程和专用工程费用现值。

第 j 部门分摊的共用工程总费用现值

$$PP_j = \left(PC - \sum_{j=1}^{m} PO_j\right)\alpha_j \tag{6-8}$$

第 j 部门应承担的总费用现值

$$PA_j = PO_j + PP_j \tag{6-9}$$

【例 6-4】 某综合利用水利工程，总投资 2.0 亿元，其中专用水利工程设施的投资为 0.8 亿元，共用工程设施的投资为 1.2 亿元。各受益部门的效益现值及其专用水利工程的年运行费用现值见表 6-5。试用各受益部门获得净效益现值来分摊投资。

表 6-5　综合利用水利工程各部门受益情况表　单位：万元

项　目	防　洪	灌　溉	发　电
各专用工程投资	3500	1500	3000
毛效益现值	1400	1200	800
专用工程年运行费现值	280	350	200

解： 综合利用水利工程投资分摊计算见表 6-6。

表 6-6　　综合利用水利工程投资分摊计算表　　单位：万元

序号	项　　目	防洪	灌溉	发电	合计
1	共用工程投资				12000
2	专用工程投资	3500	1500	3000	8000
3	毛效益现值	1400	1200	800	3400
4	年运行费用现值	280	350	200	830
5	净效益现值	1120	850	600	2570
6	净效益现值比例	44%	33%	23%	100%
7	共用工程分摊投资	5280	3960	2760	12000
8	各个部门总投资	8780	5460	5760	20000

由于费用分摊涉及工程特性、任务、水资源利用方式和经济效益计算等许多因素，不确定性程度较大，在理论和实践上，至今还没有一种能为各方面完全接受的最好方法，但许多方法都从不同侧面反映了费用分摊的合理性。同时，不同部门、不同人对不同的分摊方法又有不同的意见，这就可能导致各部门、各人对所选费用分摊方法的意见分歧。为了避免按单一分摊方法所得结果可能出现的片面性，提高费用分摊成果的合理程度，我国有关规程规范和许多专家学者都建议，对重要的大、中型综合利用水利工程进行费用分摊时，采用多种方法进行费用分摊的定量计算，然后通过分析方法确定各部门应承担综合利用水利工程费用数额，本节主要讨论如何在采用多种费用分摊方法计算的基础上，合理确定各部门应承担综合利用水利工程费用的综合比例及其份额问题。

采用多种方法进行费用分摊计算后，求各部门综合分摊系数和份额的基本思路是根据各种费用分摊方法对该工程的具体适应情况，分别给予不同的权重（权分），然后进行有关运算，得出其综合分摊结果，最后，再结合考虑其他情况（如各部门的经济承受能力），确定其分摊比例和份额。

采用综合分析方法如同多目标方案综合评价一样，关键在于合理确定各种分摊方法的权重系数。

第四节　费用分摊方法小结

对综合利用水利工程费用分摊的研究，一般可按以下步骤进行。

1. 确定参加费用分摊的部门

一个比较完整的综合利用水利工程的综合效益有防洪、发电、灌溉、工矿及城镇供水、航运、水产、旅游等，从一般原则上说，所有参加综合利用的部门都应参加费用分摊，但是由于参加综合利用的各部门在综合利用工程中所处的地位不同，如有的部门在综合利用工程中处于主导地位，对综合利用工程的建设规模和运行方式都有一定的要求；有的部门处于从属地位，对综合利用工程建设规模和运行方式都没有什么影响，主要是利用综合利用工程发挥本部门的效益；参加综合利用的各部门效益大小不同，效益发挥的快慢也不同。因此，不一定所有参加综合利用的部门都要参与费用分摊，应根据参加综合利用各部门在综合利用水利工程中的地位和效益情况，分析确定参加费用分摊的部门。

2. 划分费用和进行费用的折现计算

根据费用分摊的需要，将综合利用水利工程的费用（包括投资和年运行费）划分为专用工程费用与共用工程费用，或可分离费用与剩余共用费用，并进行折现计算。

3. 研究确定工程采用的费用分摊方法

目前，国内外研究提出的费用分摊方法很多，但由于费用分摊问题十分复杂，涉及面广，到目前为止，还没有一种公认的可适用于各个国家和各种综合利用水利工程情况的费用分摊方法。因此，需根据设计阶段的要求和设计工程的具体条件（包括资料条件），选择适当的费用分摊方法。有条件时，可由各受益部门根据工程的具体情况协商本工程采用的费用分摊方法。对特别重要的综合利用水利工程，应同时选用 2～3 种费用分摊方法进行计算，选取较合理的分摊结果。

4. 费用分摊比例的计算

根据选用的费用分摊方法，计算分析采用的分摊指标，如各部门的经济效益、各部门等效替代工程的费用、各部门利用的水库库容、水量等实物指标等；再计算各部门分摊综合利用水利工程费用的比例和份额。当采用多种方法进行费用分摊计算时，还应对按几种方法计算的成果进行综合计算与分析，确定一个综合的分摊比例和份额。

5. 对费用分摊的比例和份额进行合理性检查

大凡涉及经济利益的事件都可能引起争议，综合利用水利工程费用分摊由于涉及不确定性因素多，更容易引起争论，目前还没有一个十全十美的解决办法。为此，综合利用水利工程各受益部门所分摊的费用，除应从分摊原则分析其是否公平合理外，还应从下列各方面进行合理性检查：

（1）任何部门所分摊的年费用不应大于本部门最优替代工程的年费用。在某种情况下，某一部门所分摊的投资，有可能超过替代工程的投资（$K_j > K_{替}$），而分摊的年运行费可能小于替代工程的年运行费（$u_j < u_{替}$）；在另一种情况下，也可能出现 $u_j > u_{替}$，此时应调整 K_j 和 $K_{替}$，使总的分摊结果符合 $F_j < F_{替}$ 的原则。

（2）各受益部门所分摊的费用不应小于因满足该部门需要所需增加的工程费用（即可分离费用），最少应承担为该部门服务的专用工程（包括配套工程）的费用。

如果检查分析时发现某部门分摊的投资和年运行费不尽合理时，应在各部门之间进行适当调整。

在综合利用水利工程各部门之间进行费用分摊，应该采用动态经济分析方法，即应该考虑资金的时间价值。根据实际情况，分别定出各部门及其替代工程的经济寿命 n（年）、折现率或基准收益率 i。

在初步设计阶段，对于重要的大型综合利用工程进行费用分摊时，尽可能采用按剩余效益分摊剩余费用法［式（6-3）］或 SCRB 法，虽然计算工作量稍大些，但此法使各部门必须分摊的剩余费用尽可能减小，有利于减少费用分摊的误差。

如果兴建水利枢纽而使某些部门受到损失，为此修建专用建筑物以恢复原有部门的效益，这部分工程所需的费用，应计入综合利用工程的总费用中，由各受益部门按其所得的效益进行费用分摊。例如在原来可以通航的天然河道上，由于修筑大坝而使航道遭受损失，为此修建过船建筑物，这部分费用应由其他受益部门分摊。但为了提高航运标准而额外增加各种专用设施，其所需费用应由航运部门负担。

筏运、渔业、旅游等部门一般可不参加综合利用工程的费用分摊，因为在水库内虽然可以增加木筏的拖运量，但却增加了过坝的困难；渔业、旅游等在水库建设中多为附属性质，因此可不分摊综合利用工程的费用，只需负担其专用设施的费用。

再次强调：为了保证国民经济各部门有计划地发展，合理分配国家有限的资金；为了综合开发和利用各种水利资源，充分发挥其经济效益；为了不断提高综合利用工程的经营管理水平，进一步加强经济核算，对综合利用工程必须进行费用分摊，这是当前水利动能经济计算中迫切要求解决的一个课题。

思 考 与 习 题

1. 综合利用工程为什么要进行投资分摊？应遵循哪些原则？

2. 综合利用水利工程有哪些经济特征？费用分摊的目的是什么？投资和费用如何分摊？

3. 果园灌溉和粮食灌溉合资修建一个供水水库，该水库还可以为下游城镇提供防洪效益。工程使用期 50 年。经计算，年平均防洪效益约 40 万元。果园灌区每年需水量为 50 万 m^3，每立方米水量均可获利 1.5 元。粮食灌区每年需水量为 200 万 m^3，但因农产品价值低，每立方米水量只能获利 0.2 元。该工程的基建投资为 1500 万元，分摊给两个灌区和政府，政府负担防洪部分的费用。这个工程基建投资之中的 80%用于水库，20%用于从水库到两灌区的分水点的总干渠。已经计算出水库和总干渠分离费用，各个部门替代方案费用见表 6 - 7。试计算各个部门分摊的费用（经济报酬率为 8%）。

表 6 - 7　　各个部门替代方案费用　　单位：万元

项　　目		果园灌区	粮食灌区	防洪
分离费用	水库	150	350	200
	总干渠	50	150	0
最优替代工程费用		950	2000	700

第六章答案

第七章　水利工程效益计算方法

【教学内容】 灌溉工程的经济效益分析和城镇供水效益计算方法。

【基本要求】 学生能够理解具体工程是如何进行效益分析的。

【思政教学】 在解释灌溉效益计算过程时，引用“千里之堤，溃于蚁穴”之警句，培养学生关注细节，养成细致、严谨的科学态度。同时根据水利工程的特殊性，使学生明白在追求科学真理的过程中，培养学生勤于思考，理论联系实际，综合运用知识的能力和严谨务实的态度，具体问题具体分析。同时在讲述水利工程效益时，用案例和数字说明中华人民共和国成立以来各类水利工程所产生的重大效益和水利事业发展的辉煌成绩，激励学生进一步强化专业学习和素养，树立争做社会主义合格建设者和可靠接班人的决心。

第一节　概　　述

水利工程效益是兴办水利工程设施所能获得的社会、经济、环境等各方面收益的总称。兴办水利工程，需要投入建设资金和经常性的运行管理费，效益是上述两项投入的产出，是评价该水利工程项目是否可行的重要指标。

表述水利工程效益的指标，一般以有工程和无工程对社会、经济和环境等方面作用的差别加以确定。通常有以下三种表示方法：一是效能指标，指水利工程除害兴利能力的指标，如可削减的洪峰流量和拦蓄的洪水量，提高的防洪和除涝标准，增加的灌溉面积，改善的航道里程等；二是实物指标，指水利工程设施可给社会增加提供的实物量，如可增产的粮食和经济作物，可增加提供的水量和电量，增加的水产品和客货运量等；三是货币指标，指用货币表示的上述效益指标，如每年减少的洪、涝灾害经济损失数值，灌溉增产的货币价值等。以上三种表示方法，从不同的方面反映水利工程设施的效益。其中货币效益指标便于相互比较，是评价该工程项目经济和财务可行性的重要指标。

我国大多数水利工程都具有两项以上的综合利用效益，综合利用效益就是由参加综合利用各部门的经济效益相加而成。由于综合利用水利工程各部门经济效益发挥时间不同、计算途径不同，因此，计算综合效益时不能采用各部门效益简单相加的方法，必须首先使各部门经济效益计算的口径和基础一致，即要使各部门的效益具有可加性。一般各部门效益均应采用同一途径计算的成果（最好采用替代工程费用法），且应采用各受益部门效益在计算期内的折现总值相加。

第二节　防洪效益计算方法

洪水灾害泛指洪水造成的各种灾害，主要是河流洪水泛滥、淹没广大平原、山区山洪暴发冲毁和淹没土地、山洪引起的泥石流破坏房屋、村庄和压田毁地等。防洪就是设法防止或尽量缩小洪水灾害，利用一定的工程措施、非工程措施或其他综合治理措施，达到防止或减轻洪灾的目的。

防洪效益通常是指有防洪项目与无防洪项目相比时，可减免的洪灾损失和可增加的土地开发利用价值。洪灾损失通常包括经济损失和非经济损失两大部分，其中经济损失可划分为直接损失和间接损失。防洪效益仅指防洪项目所减免的洪灾经济损失。防洪效益和水利建设项目的其他效益相比，具有以下特点：

(1) 防洪项目主要作用是给防洪保护区以安全保障，使区内各部门免遭大洪水破坏。因此，防洪项目可减免的洪灾损失是其主要效益。

(2) 防洪效益在年际之间变化很大，一般水文年份几乎没有效益，但遇大洪水年份时能体现出很大的效益。因此，防洪效益的大小不能仅按年计算。

(3) 洪灾损失有经济损失和非经济损失，两者均有广泛的社会性，需从全社会角度考虑。

(4) 随着国民经济的发展，防洪保护区内的工农业生产也随之发展和增长，所以防洪效益也将相应增加。

(5) 防洪项目有很大的社会效益，但作为防洪工程的管理单位，目前一般没有防洪财务收入，因此可以不进行财务分析。

防洪效益主要表现在以下几方面：

(1) 基本免除或减少因水灾而可能发生的人员伤亡。

(2) 免除或减少洪水造成的国家、集体和个人财产的淹没损失，为防洪受益区提供一个安全的生产、生活环境。

(3) 使原来经常遭受洪灾地区内的重要工农业生产基地和它们与外区联系有可靠安全的保障。

(4) 提高防洪标准，增加土地利用价值，包括使因经常遭受洪涝灾害而废弃的大片荒地获得开发利用。

(5) 解脱防洪地区在汛期用于修堤抢险的大量劳动力，从而得以投入其他社会生产活动。

(6) 减轻国家和地方政府防汛救灾的财政负担，包括减少洪灾区及影响区内的农村、城市、交通线的防洪费用，汛期临时迁移居民的人力、物力以及救灾、善后安排等财政支出。

因此，防洪效益是指有、无该防洪工程可减免的洪灾损失和可增加的土地开发利用价值，通常以多年平均效益和特大洪水年效益表示。防洪效益不仅体现在能用货币表现的有形效益上，而且体现在不能用货币表现的无形效益上，计算较为困难，因此一般对防洪工程只进行国民经济评价。

多年平均防洪效益是在一次次洪水的洪灾损失的基础上进行的，计算方法有系列法和频率法两种。因此，首先应计算出洪水的洪灾损失，然后再按系列法或频率法计算多年法平均防洪效益。

一、洪灾损失计算方法

洪灾损失可分为直接损失和间接损失，涉及以下五个方面：人口伤亡损失；城乡房屋、设施和物资损坏造成的损失；工矿停产、商业停业，交通、电力、通信中断等所造成的损失；农、林、牧、副、渔各业减产造成的损失；防洪、抢险、救灾等费用支出。

洪灾损失的大小与洪水淹没的范围、淹没的深度、淹没的对象、历时以及决口流量、流速有关，由于不同频率的洪水所引起的洪灾损失不同，一般必须通过对历史资料的分析选定计算洪水年，然后计算洪灾损失。

1. 直接洪灾损失的计算

对某次洪水，首先应对洪水的淹没范围、淹没程度、淹没区的社会经济情况、各类财产的洪灾损失率及各类财产的损失增长率进行调查分析，有条件的应进行普查（对洪水淹没范围很大，进行普查有困难的地区，可选择有代表性的地区和城镇进行典型调查）。在此基础上，求出在该次洪水条件下的单位综合损失指标，农村一般以每亩综合损失值表示，城镇一般以每人综合损失值表示。其次调查并计算发生本次洪水时有、无该防洪工程情况的洪水淹没实物指标。最后用洪水淹没面积（农村）或受淹人口（城镇）的差值乘以单位综合损失指标（农村：元/亩；城镇：元/人），即得出针对某一次洪水有、无防洪工程的直接洪灾损失。

2. 间接洪灾损失的计算

防洪工程所减免的间接经济损失称为间接防洪效益。间接洪灾损失是指在洪水淹没区内外没有与洪水直接接触，但受到洪水危害、同直接受灾的对象或其他方面联系的事物所受到的经济损失。主要表现在淹没区内因洪水淹没造成工业停产、农业减产、交通运输受阻中断，致使其他地区因原材料供应不足而造成的经济损失，也称为洪水影响的“地域性波及损失”。洪水期后，原淹没区内外因洪灾损失影响，使生产、生活水平下降，工农业产值减少所造成的损失，也称为“时间后效性波及损失”。

3. 增加土地开发利用价值的计算方法

防洪项目建成后，防洪标准提高，可使部分荒芜的土地变为耕地，使原来只能季节性使用的土地变为全年使用，使原来只能种低产作物的耕地变为种高产作物，使原来作农业种植的耕地改为城镇和工业用地，从而增加了土地的开发利用价值。当防洪受益区土地开发利用价值增加而使其他地区的土地开发利用价值受到影响时，其损失应从受益地区收益中扣除。

二、多年平均防洪效益计算方法

1. 实际年系列法

实际年系列法的基本原理是选一段洪水资料比较完整、代表性较好，并具有一定长度的实际年系列，分别求出各年有、无防洪工程情况下的直接洪灾损失值，然后再用算术平均法求其多年平均损失值，其差值即为防洪工程的多年平均直接防洪效益。

【例 7-1】 据调查，某江在 1951—1995 年共发生四次较大洪水（1954 年、1956 年、1985 年、1990 年），其直接洪灾损失值分别是 15000 万元、30000 万元、60000 万元、100000 万元，建立防洪工程后能避免这四次洪灾损失。试用系列法计算多年平均直接防洪效益。

解：在这 45 年内，无防洪工程情况下的直接洪灾损失值合计为 205000 万元，有防洪工程情况下的直接洪灾损失值为 0，则相应多年平均直接防洪效益为（205000－0）/45＝4555.56（万元）。

系列法以实际洪水资料为基础，是各种洪水在时间和空间上的实际可能组合，并且简单、直观、方便。缺点是若系列中大洪水年份（特别是特大洪水年）较多，则多年平均损失就可能偏大；反之，则可能偏小。因此，采用此法时必须使所用的系列具有较好的代表性。

2. 频率法

频率法的基本思路是：首先根据洪水统计资料拟定几种洪水频率，然后分别算出各种频率洪水有、无防洪工程情况下的洪灾损失值，据此可绘出有、无防洪工程情况下的直接洪灾损失-频率关系曲线，如图 7－1 所示，两曲线和坐标轴之间的面积即为防洪工程的多年平均直接防洪效益。值得注意的是由于天然河道有一定的过流能力，因此曲线的右下方是直线。

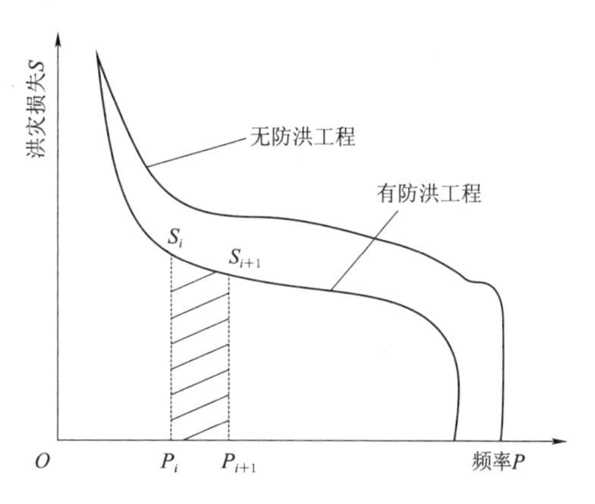

图 7－1 洪灾损失-频率关系曲线

频率法考虑了频率大小与洪水损失的关系，洪水出现的概率越小，对应的洪水量则越大，其直接经济损失也越大，这种方法在一定程度上反映了洪水随机性的特点，从概率统计理论上看是可取的。

根据直接洪灾损失-频率关系曲线，将频率曲线化解为离散状态下求解多年平均洪灾损失 S_0，其计算公式为

$$S_0=\sum_{P=0}^{1}(P_{i+1}-P_i)(S_{i+1}+S_i)/2=\sum_{P=0}^{1}\Delta P\overline{S} \tag{7-1}$$

【例 7－2】 某江现状情况能防御 100 年一遇的洪水，建立防洪工程后能防御 1000 年一遇的洪水，其不同频率的洪灾损失见表 7－1。试用频率法计算多年平均防洪效益。

表 7－1 有、无防洪工程时不同频率的洪灾损失

频率 P	频率差 ΔP	无防洪工程/万元			有防洪工程/万元		
		洪灾损失 S	$(S_{i+1}+S_i)/2$	$\Delta P\overline{S}$	洪灾损失 S	$(S_{i+1}+S_i)/2$	$\Delta P\overline{S}$
1		0					
0.7	0.3	15000					
0.5	0.2	30000	22500	4500			
0.2	0.3	60000	45000	13500			
0.1	0.1	100000	80000	8000	0		
0.06	0.04	200000	150000	6000	15000		
0.03	0.03	300000	250000	7500	30000	22500	675

续表

频率 P	频率差 ΔP	无防洪工程/万元			有防洪工程/万元		
		洪灾损失 S	$(S_{i+1}+S_i)/2$	$\Delta P\overline{S}$	洪灾损失 S	$(S_{i+1}+S_i)/2$	$\Delta P\overline{S}$
0.01	0.02	400000	350000	7000	60000	45000	900
可能最大	0.01	500000	450000	4500	100000	80000	800
小计			51000			2375	

解：根据表 7-1 所列数据，由式（7-1）可知无防洪工程年平均损失为 51000 万元，有防洪工程年平均损失为 2375 万元，则该工程的多年平均防洪效益为

$$51000-2375=48625(\text{万元})$$

目前在规划设计中，对拟建水利工程的多年平均防洪效益一般以工程建成前某一年生产水平和价格水平的效益表示。由于防洪效益随国民经济发展逐年增加，因此调查年度的防洪效益与正常运行期多年平均防洪效益的值是不同的。例如三峡工程按 1992 年生产水平和影子价格计算的多年平均防洪效益为 13.78 亿元；据调查和预测，洪灾损失年增长率 j 取 3%；调查计算的 1992 年至正常运行期第 1 年的时间为 21 年。考虑国民经济增长因素后，正常运行期第 1 年的防洪效益应为

$$b_1=13.78\times(1+0.03)^{21}=25.635(\text{亿元})$$

同理，正常运行期第 2 年的防洪效益 b_2 为 $b_1\times1.03=26.404$（亿元）；如此类推，正常运行期第 t 年的防洪效益 b_t 为

$$b_t=b_1(1+j)^{t-1} \tag{7-2}$$

设折现率为 i，以正常运行期第 1 年为基准年，正常运行期 n 取 41 年，则在整个生产期内的防洪效益现值 B 为

$$\begin{aligned}B&=\sum_{t=1}^{n}b_t(1+i)^{-t}=\sum_{t=1}^{n}b_1(1+j)^t(1+i)^{-t}\\&=b_1\left[\frac{(1+j)}{(1+i)}+\frac{(1+j)^2}{(1+i)^2}+\cdots+\frac{(1+j)^n}{(1+i)^n}\right]\\&=b_1\times\frac{(1+j)}{(i-j)}\times\frac{(1+i)^n-(1+j)^n}{(1+i)^n}\end{aligned} \tag{7-3}$$

$$B=25.635\times\frac{1.03}{0.07}\times\frac{1.1^{41}-1.03^{41}}{1.1^{41}}=351.744(\text{亿元})$$

若以开工的第 1 年（1992 年）为基准年，则

$$B=351.744\times(1+0.1)^{-21}=47.531(\text{亿元})$$

上述分析与计算结果表明：由于防洪效益随国民经济发展而逐年增加，正常运行期各年的平均效益要比目前通常习惯采用的工程开工前某一年为条件计算的多年平均效益大得多。

3. 其他方法

计算防洪效益除上述基本方法外，还有以下方法：

（1）等效替代法。该法的基本出发点是从水利工程和替代措施的比较入手，研究满足防洪要求（防洪标准相同）的最优等效替代措施所需费用，并以此作为水利工程的防洪

效益。

（2）保险费法。此法的基本含义是为补偿洪灾损失，在每年国家预算中需提取一定数额的洪灾保险费，以扩大保险基金，作为补偿洪灾损失的预备费。保险费为保险额（年平均损失）与风险费之和，其计算公式为

$$\text{保险费} = M + \sigma = M + \sqrt{\sum (S_i - M)^2 / (n-1)} \tag{7-4}$$

式中　M——保险额，年平均洪灾损失；

S_i——各年洪灾损失；

n——统计年限。

三、防洪保护费

防洪保护费的征收范围应是直接受防洪工程保护的地区，可按下列原则确定防洪保护费的收费标准：

（1）按为保障某一地区的防洪安全所付出代价的大小。

（2）按防洪保护区防洪标准高低。

（3）按防洪保护区的经济发展水平。

第三节　治涝工程经济效益计算

内涝的形成，主要是暴雨后排水不畅，形成积水而造成灾害。治涝必须采取一定的工程措施，当农田中由于暴雨产生多余的地面水和地下水时，可以通过排水网和出口枢纽排泄到容泄区内，其目的是及时排除由于暴雨所产生的地面积水，减少淹水时间及淹水深度，不使农作物受涝；并及时降低地下水位，减少土壤中的过多水分，不使农作物受渍。

治涝工程具有除害的性质，工程效益主要表现在涝灾的减免程度上，即与工程修建前比较，修建工程后减少的那部分涝灾损失，即为治涝工程效益。在计算除涝治渍效益时，应根据调查资料估算所减免的这些损失。

一、除涝效益计算

1. 涝灾频率曲线法

涝灾频率曲线法可用于计算已建工程的除涝效益。计算时应收集以下资料：

（1）排水区的长系列暴雨资料。

（2）排水工程兴建以前，历年排水区受灾面积及其相应实情调查资料。

（3）排水工程修建后，涝灾发生情况的统计资料。

在此基础上，可按以下步骤计算除涝效益：

（1）对排水区的成灾暴雨进行频率分析。

（2）根据排水区受灾面积及其相应的灾情调查资料，计算排水工程兴建前历年的绝产面积，计算公式如下：

$$A_d = \sum_{i=1}^{m} A_i \gamma_i + A_c \tag{7-5}$$

式中　A_d——绝产面积；

A_i——减产 Y（%）的受灾面积；

m——减产等级数；

A_c——调查的完全绝产的面积。

减产成灾程度一般分为轻、中、重三个等级。如有的地方规定减产20%～40%为轻灾，减产40%～60%为中灾，减产60%～80%为重灾。

根据换算的绝产面积，即可求出减产率β，即

$$\beta=\frac{A_d}{A}\times 100\% \tag{7-6}$$

式中　β——减产率；

A——排水区总播种面积。

（3）以暴雨频率为横坐标，相应年份的绝产面积为纵坐标，绘制排水区在工程兴建前历年的绝产面积频率曲线，如图7-2所示。

（4）根据工程兴建后历年的暴雨频率，查出相应的未建工程时的涝灾绝产面积，并与工程兴建后实际调查及统计资料的绝产面积相比较，其差值即为当年由于排水工程兴建而减少的绝产面积ΔA，如图7-2所示。

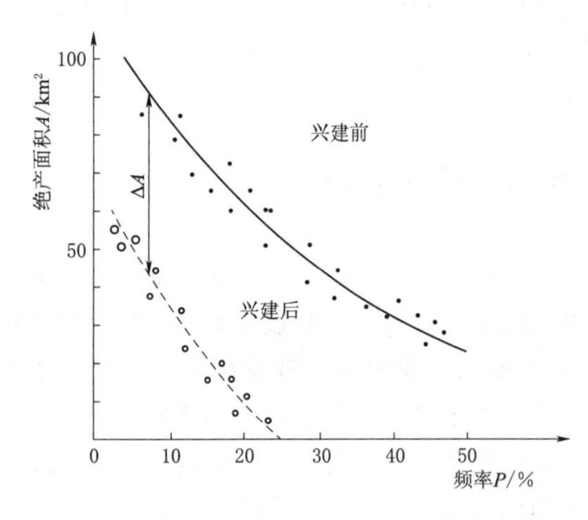

图7-2　排水工程兴建前后暴雨频率-绝产面积相关系

（5）以当年减少的绝产面积ΔA乘以当年排水区的正常产量，即为排水工程兴建后效益的实物量，再与单位产量的价格相乘即可得工程兴建后，该年所获治涝效益的价值量。

（6）对各年的治涝效益价值量求多年平均值，作为排水工程的效益。

此法适用于治涝地区在工程兴建前后都有长系列的多年受灾面积和相应的暴雨资料。经过实际资料分析验证，排水区绝产面积与成灾暴雨频率之间密切相关，其相关系数$\gamma=0.85$左右。

2. 内涝积水量法

为了计算治涝工程减免的内涝损失，特此作出以下几点假设：

（1）绝产面积随内涝积水量V而变化，即$A=f(V)$。

（2）内涝积水V是排水区出口控制点水位区的函数，即$V=f(X)$，并假设内涝积水量仅随控制点水位而变，不受河槽断面大小的影响。

（3）假定灾情频率与降水频率和控制点的流量频率是一致的。

治涝工程效益的具体计算步骤如下：

（1）根据水文测站记录资料绘制治涝工程前排水区出口控制站的历年实测流量过程线，如图7-3中的实测流量过程线。

（2）假设不发生内涝积水，绘制无工程时涝区出口控制站的历年理想流量过程线。理想流量过程线是指假定不发生内涝积水，所有排水系统畅通时的流量过程线，一般用小流

域径流公式或用排水模数公式计算洪峰流量，再结合当地地形地貌条件，用概化公式分析求得理想流量过程线。

（3）推求单位面积的内涝积水量 V/A。把历年实测流量过程线及其相应的历年理想流量过程线对比，即可求出历年内涝积水量 V，如图 7-3（a）所示，除以该站以上的积水面积 A，即得出单位面积的内涝积水量 V/A。对于提排区，可用平均排除法作为实测排涝流量过程线，如图 7-3（b）所示。

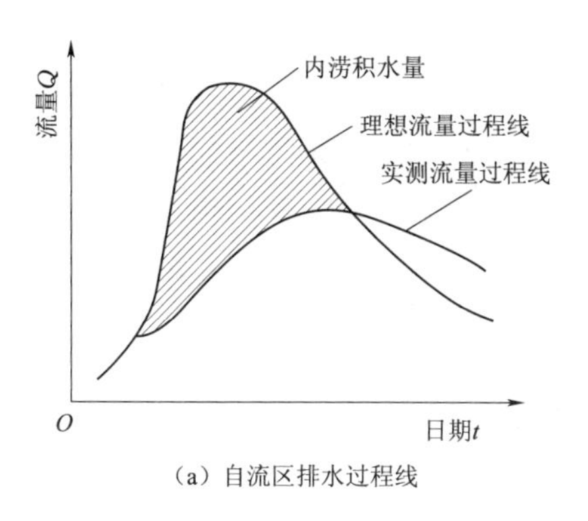

（a）自流区排水过程线

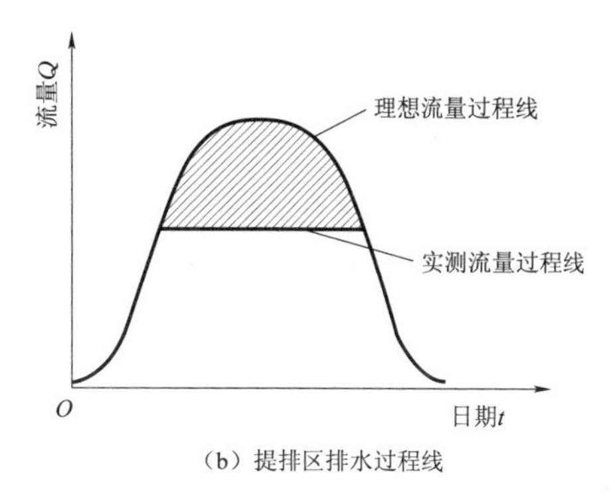

（b）提排区排水过程线

图 7-3　排水过程线

（4）求单位面积内涝积水量 V/A 和农业减产率 β 的关系曲线。根据内涝调查资料，求出历年农业减产率 β，绘制历年单位面积内涝积水量 V/A 和相应的历年农业减产率 β 的关系曲线，如图 7-4 所示。该曲线即为内涝损失计算的基本曲线，可用于计算各种不同治理标准的内涝损失值。

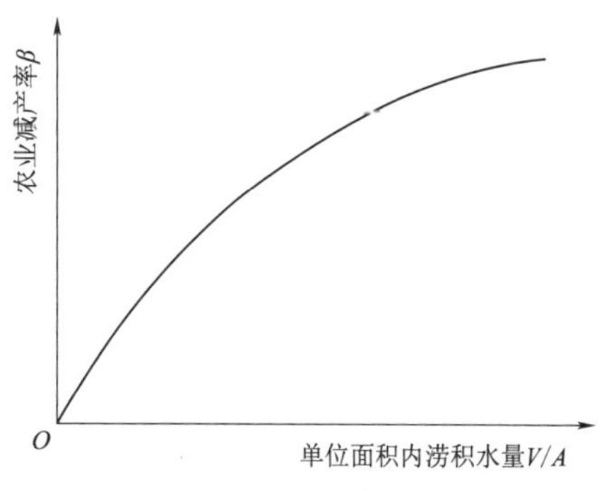

图 7-4　农业减产率-内涝积水量

（5）求不同治理标准的各种频率单位面积的内涝积水量。根据各种频率的理想流量过程线，运用调蓄演算，即可求出不同治理标准（如不同河道开挖断面）情况下，各种频率的单位面积内涝积水量。

（6）求内涝损失频率曲线。有了各种频率的单位面积内涝积水量 V/A 及 $\beta - V/A$ 关系曲线后，即可求得农业减产率 β。乘以计划产值，即可求得在不同治理标准下各种频率内涝农业损失值。求出农业损失值后，再加上房屋、居民财产等其他损失，就可绘出原河道（治涝工程之前）和各种治涝开挖标准的内涝损失频率曲线，如图 7-5 所示。

（7）多年平均内涝损失和工程效益。对各种频率曲线与坐标轴之间的面积，取其纵坐标平均值，即可求出各种治涝标准的多年平均内涝损失值，它与原河道（治涝工程之前）的多年平均内涝损失的差值，即为各种治涝标准的工程年效益。

3. 合轴相关分析法

合轴相关分析法是利用修建治涝工程前的历史涝灾资料，来估计修建工程后的涝灾损失。

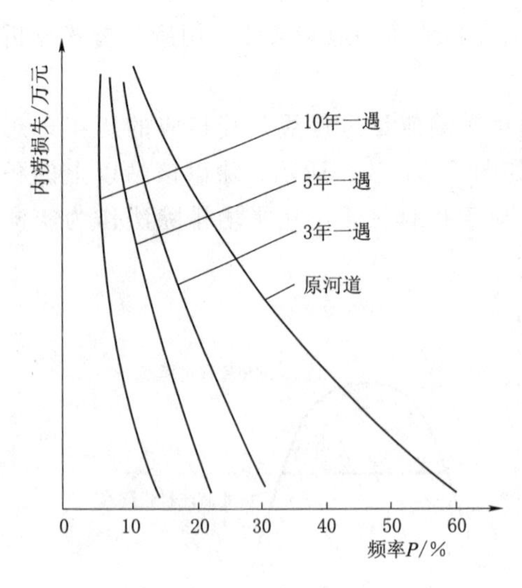

图 7-5　内涝损失-频率关系

(1) 本法的几个假定。

1) 涝灾损失随某一个时段的雨量而变。

2) 降雨频率与涝灾频率相对应。

3) 小于和等于工程治理标准的降雨不产生涝灾，超过治理标准所增加的灾情（或涝灾减产率）与增加的雨量相对应。

(2) 本法的计算步骤。

1) 选择不同雨期（如 1 天、3 天、7 天、…、60 天）的雨量与相应涝灾面积（或涝灾损失率）进行分析比较，选出与涝灾关系较好的降雨时段作为计算雨期，绘制计算雨期的雨量-频率曲线，如图 7-6 所示。

2) 绘制治理前计算雨期的降雨量 P 和前期影响雨量 P_α 之和，$P+P_\alpha$ 与相应年的涝灾损失（涝灾减产率 β）关系曲线，如图 7-7 所示。

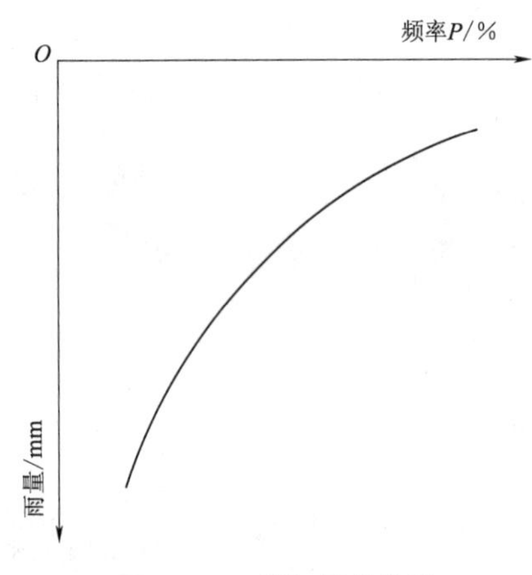

图 7-6　雨量-频率曲线

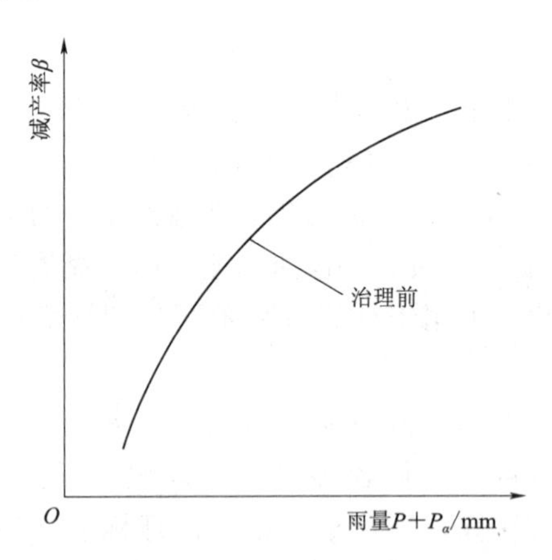

图 7-7　雨量 $P+P_\alpha$

3) 根据雨量频率曲线、雨量 ($P+P_\alpha$)-涝灾减产率曲线，用合轴相关图解法，求得治理前涝灾减产率-频率曲线，如图 7-8 中的第一象限所示。

4) 按治涝标准修建工程后，降雨量大于治涝标准的雨量（$P+P_\alpha$）时才会成灾，例如治涝标准 3 年一遇或 5 年一遇的成灾降雨量较治理前成灾降雨量各增加 ΔP_1 和 ΔP_2，则 3 年一遇或 5 年一遇治涝标准所减少的灾害即由 ΔP_1 或 ΔP_2 造成，因此在图 7-8 的第三象限作 3 年一遇和 5 年一遇两条平行线，其与纵坐标的截距各为 ΔP_1 和 ΔP_2。对其他治涝标准，作图方法相同。

5) 按照图 7-8 中的箭头所示方向，可以求得治涝标准 3 年一遇和 5 年一遇的减产率-频率曲线。

6) 量算减产率-频率曲线和两坐标轴之间的面积，便可求出治理前和治理标准 3 年一遇和 5 年一遇的年平均涝灾减产率的差值，由此算出治涝的年平均效益。

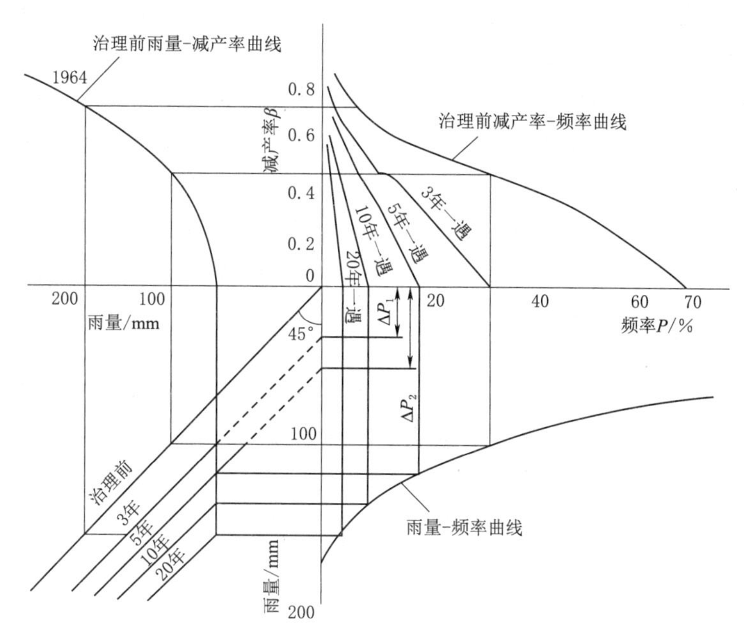

图 7-8　合轴相关图

4. 暴雨笼罩面积法

暴雨笼罩面积法假定涝灾是由于汛期内历次暴雨量超过设计标准暴雨量所形成的，涝灾虽与暴雨的分布、地形、土壤、地下水位等因素有关，但认为这些因素在治理前后的影响是相同的，涝灾只发生在超标准暴雨所笼罩的面积范围内，年涝灾面积与超标准暴雨笼罩面积的比值假设在治理前后是相等的。

根据历年灾情系列资料，计算并绘制治理前的涝灾减产率-频率曲线，统计流域内各雨站的降雨量 P 及其相应的前期影响雨量 P_α，绘制雨量（$P+P_\alpha$）和暴雨笼罩面积关系曲线。计算治理前各年超标准暴雨笼罩面积及其实际涝灾面积的比值，用此比值乘以治理后不同治涝标准历年超设计标准暴雨的笼罩面积，即可计算出治理后各不同治涝标准的年平均涝灾面积和损失值，其与治理前年平均涝灾损失的差值，为治涝工程的效益。本法可用于较大的流域面积。

二、治渍、治碱效益估算

治涝工程往往对排水河道采取开挖等治理措施，从而降低了地下水位，因此，同时带来了治渍、治碱效益。当地下水埋深适宜时，作物的产量和质量都可以得到提高，从而达到增产效果，其估算方法如下：

（1）首先把治渍、治碱区划分成若干个分区，调查治理前各分区的地下水埋深情况、作物种植情况和产量产值收入等情况，然后分类计算各种作物的收入、全部农作物的总收入和单位面积的平均收入。

（2）拟定几个治渍、治碱方案，分区控制地下水埋深，计算各地下水埋深方案的农作物收入、全区总收入，其与治理前总收入的差值，即为治渍、治碱效益。

【例 7-3】 某流域位于平原地区，面积 1888km^2，农业人口 100 万人，耕地约 10.5

万 hm²。该地区地势平坦，低洼易涝，土质黏重，盐碱地分布较广。该流域的治涝工程大致分为三个阶段：

（1）第一阶段（1949—1966 年），基本上无治涝工程状态洪涝灾害交替发生伴随着有渍害和碱化的问题，造成该地区农业产量低而不稳，年平均涝渍面积达 4 万 hm²。

（2）第二阶段（1967—1983 年），兴建了干、支排水沟及疏通了外排河。干、支排水沟的标准为 3 年一遇。因经费紧张，斗渠以下的田间工程没有配套。

（3）第三阶段，随着人民生活水平的提高，1983 年以后进一步提高治涝标准对不同治涝（碱）标准进行经济效益分析。

1. 多年平均涝灾损失

根据对本流域治理前后资料分析，认为 3 日暴雨量与涝灾面积相关关系较好，故选择 3 日作为计算雨期。根据历年的调查资料，可以算出减产率 β，见表 7-2，减产率 β 的计算公式为

$$\beta=\frac{\text{涝灾面积}\times\text{作物减产程度}}{\text{作物播种面积}} \tag{7-7}$$

式中作物播种面积取 10 万 hm²，对该流域 1967 年治理前后涝灾面积及减产率 β 等进行计算，结果见表 7-2。

表 7-2　治理前后涝灾面积与减产率分析

治理前（1950—1966 年）						治理后（1967—1983 年）					
年份	3 日面雨量 /mm	涝灾面积 /万 hm²	减产程度	绝产面积 /万 hm²	减产率 /%	年份	3 日面雨量 /mm	涝灾面积 /万 hm²	减产程度	绝产面积 /万 hm²	减产率 /%
1950	99	3.13	0.75	2.37	23.7	1967	103	0.31	0.64	0.20	2.0
1951	73	3.06	0.70	2.14	21.4	1968	43	0.06	0.60	0.03	0.3
1952	54	1.01	0.60	0.61	6.1	1969	116	1.19	0.66	0.79	7.9
1953	118	9.46	0.78	7.38	73.8	1970	84	0.35	0.65	0.23	2.3
1954	118	9.50	0.75	7.12	71.2	1971	90	2.59	0.65	1.69	16.9
1955	74	1.34	0.59	0.79	7.9	1972	94	2.11	0.69	1.46	14.6
1956						1973	79	0	0	0	0
1957	33	0.87	0.60	0.53	5.3	1974	122	2.35	0.64	2.11	21.4
1958	95	3.10	0.70	2.17	21.7	1975	54	0	0	0	0
1959	72	2.06	0.70	1.44	14.4	1976	68	0.01	0.70	0.01	0.1
1960	104	6.44	0.70	4.51	45.1	1977	158	9.45	0.81	7.66	76.5
1961	103	6.18	0.87	5.44	54.4	1978	73	0	0	0	0
1962	82	4.34	0.81	3.52	35.1	1979	82	0.06	6.00	0.03	0.3
1963						1980	130	3.44	0.67	2.30	23.0
1964	173	9.43	0.85	8.02	80.1	1981	103	2.73	0.60	1.63	16.3
1965	32					1982	76	0	0	0	0
1966	83	2.51	0.64	1.61	16.1	1983	30	0	0	0	0
平均	87.53	4.46		3.40	34.02	平均	88.53	1.45		1.07	10.68

2. 绘制合轴相关图

根据3日暴雨-频率曲线及雨量-减产率关系曲线，可用合轴相关图法求得减产率-频率曲线，参阅图7-8。图中第四象限为3日雨量-频率曲线，第一象限为3日雨量减产率-频率曲线，第三象限为一簇与45°对角线相互平行的斜直线，其在纵坐标的距离分别为ΔP_1，ΔP_2，…，分别表示相应不同治涝标准（3年一遇、5年一遇、……）的成灾雨量较治理前成灾雨量的增加值。利用这一簇平行线进行转换，可以绘出不同治涝标准的减产率-频率曲线，如图7-8中第一象限所示。

由减产率-频率曲线，用求积法可以求出其与坐标轴所包围的面积及其不同治涝标准的多年平均减产率，由此可计算相应减少的受灾面积，见表7-3。

表7-3　不同治理标准的年平均涝灾面积减少值

项　目	治涝标准				
	治理前	3年一遇	5年一遇	10年一遇	20年一遇
平均减产率/%	30.3	12.5	6.7	3.4	1.8
减产率差值	11.8	5.8	3.3	1.6	
涝灾面积减少值/万 hm^2	1.18	0.58	0.33	0.16	

注　涝灾面积减少值=作物播种面积（10万 hm^2）×减产率差值。

3. 治涝效益

在国民经济评价中暂采用市场价格作为农产品的影子价格。考虑到今后本地区的经济发展水平，以近期农业中等水平的年产值b_0作为基数，另考虑年增长率j，治涝工程在生产期n年内每公顷平均年效益b为

$$b=b_0\frac{1+j}{i-j}\left[1-\left(\frac{1+j}{1+i}\right)^n\right]\frac{i(1+i)^n}{(1+i)^n-1} \tag{7-8}$$

式中　b_0——基准年每公顷产值，假设$b_0=2625$元/hm^2；

j——农业年增长率，假设$j=2.5\%$；

i——社会折现率，假设$i=6\%$及$i=12\%$两种情况；

n——生产期，采用$n=30$年。

当$i=6\%$时

$$b=2625\times\frac{1+0.025}{0.06-0.025}\times\left[1-\left(\frac{1.025}{1.06}\right)^{30}\right]\times\frac{0.06\times1.06^{30}}{1.06^{30}-1}=3545(\text{元}/\text{hm}^2)$$

当$i=12\%$时

$$b=2625\times\frac{1+0.12}{0.12-0.025}\times\left[1-\left(\frac{1.025}{1.12}\right)^{30}\right]\times\frac{0.12\times1.12^{30}}{1.12^{30}-1}=3573(\text{元}/\text{hm}^2)$$

由此可求出不同治涝标准的年平均效益，见表7-4。

表7-4　　不同标准的治涝年效益

治涝标准	$i=6\%$			$i=12\%$		
	减涝面积/万 hm^2	每公顷效益/(元/hm^2)	年效益/万元	减涝面积/万 hm^2	每公顷效益/(元/hm^2)	年效益/万元
治涝前→3年一遇	1.18	3545	4183.1	1.18	3573	4216.14
3年一遇→5年一遇	0.58	3545	2056.1	0.58	3573	2072.34
5年一遇→10年一遇	0.33	3545	1169.85	0.33	3573	1179.09
10年一遇→20年一遇	0.16	3545	567.2	0.16	3573	571.68

注　表中3年一遇→5年一遇表示治涝标准由3年一遇提高到5年一遇，余同。

4. 治碱效益

据调查，1967年本流域未治理前盐碱地面积达276万 hm^2，1985年经治理后（3年一遇标准）盐碱地为0.92万 hm^2。表7-5中不同治涝标准的盐碱地改良面积，是根据渠沟排水断面的不断加深和田间配套工程的不断完善后求出的。盐碱地改良一般以水利措施为主，辅以农业、生物等综合措施，则增产效果更为明显。假设水利工程分摊的增产值秋作物为450元/hm^2，夏作物为810元/hm^2。盐碱地改良效益见表7-5。

表7-5　　盐碱地改良效益

治碱标准	秋　作　物		夏　作　物		年增产值/万元
	改良碱地/万 hm^2	增产值/万元	改良碱地/万 hm^2	增产值/万元	
治理前→3年一遇	1.18	813	0.92	745.2	1558.2
3年一遇→5年一遇	0.45	204	0.32	259.2	463.2
5年一遇→10年一遇	0.29	129	0.21	167.4	296.4
10年一遇→20年一遇	0.17	75	0.11	91.8	166.7

由表7-5可以看出，低标准的盐碱地改良效果比较显著，较高标准的盐碱地增产效果不大。

5. 总效益

本流域遇大涝年份，尚有房屋倒塌、水利和公路等建筑物损坏以及居民财产等损失。骨干河道、干支渠占地，在投资中已作了赔偿，而未给赔偿的群众举办的田间工程占地，应计算其负效益从治涝效益中扣除。各种治涝标准的治涝效益、治碱效益、减少的财产损失值及田间工程占地负效益，见表7-6。

表7-6　　治涝工程年效益汇总　　单位：万元

治涝标准	治涝效益		治碱效益	财产损失减少值	负效益	总效益	
	$i=6\%$	$i=12\%$				$i=6\%$	$i=12\%$
治理前→3年一遇	4183.1	4216.14	1558.2	148	−51.8	5837.5	5870.54
3年一遇→5年一遇	2056.1	2072.34	463.2	216	−59.2	2676.1	2692.34
5年一遇→10年一遇	1169.85	1179.09	296.4	179	−34.6	1610.65	1619.89
10年一遇→20年一遇	567.2	571.68	166.7	136	−32.1	837.8	842.28

第四节　灌溉工程的经济效益分析

灌溉工程按照用水方式，可分为自流灌溉和提水灌溉；按照水源类型，可分为地表水灌溉和地下水灌溉；按照水源取水方式，又可分为无坝引水、低坝引水、抽水取水和水库取水等。对某一灌区，可能是综合各种取水方式，形成蓄、引、提相结合的灌溉系统。在灌溉工程规划设计中，究竟采用何种取水方式，应通过不同方案的技术经济分析比较，才能最终确定。

一、灌溉工程的经济效益

灌溉工程的经济效益，是指灌溉和无灌溉相比所增加的农、林、牧产品的产值。灌区开发后农作物的增产效益是水利和农业两种措施综合作用的结果，应该对其效益在水利和农业之间进行合理的分摊。一般有两大类计算方法：一类是对灌溉后的增产量进行合理分摊从而计算出水利灌溉分摊的增产量，并用分摊系数 e 表示部门间的分摊比例；另一类是扣除农业生产费用，求得灌溉后增产的净产值作为水利灌溉分摊的效益。

由于我国幅员辽阔，各地气象、水文、土壤、作物构成及其他农业生产条件相差甚大，因此灌溉效益也不尽相同。我国南方及沿海地区雨量充沛，平均年降雨量一般在1200mm，旱作物一般不需要进行灌溉，这类地区灌溉工程的效益主要表现如下：

（1）提高灌区原有水稻种植面积的灌溉保证率。

（2）作物的改制，如旱地改水田，冬季蓄水的灌水田改种两季作物等。

（3）由于水利条件的改善或灌溉水源得到保证以及农业技术措施的提高，可能引起作物品种（如杂交水稻）的推广等。

二、灌溉效益计算方法

1. 分摊系数法

灌区开发以后，农业技术措施一般有较大改进，此时应将灌溉效益进行合理分摊，以便计算水利工程措施的灌溉效益，其计算表达式为

$$B=\varepsilon\left[\sum_{i=1}^{n}A_i(Y_i-Y_{oi})V_i+\sum_{i=1}^{n}A_i(Y_i'-Y_{oi}')V_i'\right] \tag{7-9}$$

式中　B——灌区水利工程措施分摊的多年平均年灌溉效益，元；

A_i——第 i 种作物的种植面积，hm^2；

Y_i——采取灌溉措施后第 i 种作物单位面积的多年平均年产量，可根据相似灌区、灌溉试验站、历史资料确定，kg/hm^2；

Y_{oi}——无灌溉措施时，第 i 种作物单位面积的多年平均年产量，可根据无灌溉措施地区的调查资料分析确定，kg/hm^2；

V_i——相应于第 i 种农作物产品的价格，元/kg；

Y_i'、Y_{oi}'——有、无灌溉的第 i 种农作物副产品如棉籽、棉秆、麦秆等单位面积的多年平均年产量，可根据调查资料确定，kg/hm^2；

V_i'——相应于第 i 种农作物副产品的价格，元/kg；

i——表示农作物种类的序号；

n——农作物种类的总数目；

ε——灌溉效益分摊系数。

计算时，多年平均产量应根据灌区调查材料分析确定。若利用试验小区的资料，则应考虑大面积上的不均匀折减系数。当多年平均产量调查有困难时，也可以用近期的正常年产量代替。因采取灌溉工程措施而使农业增产的程度，各地区变幅很大，在确定相应数值时应慎重。对于各种农作物的副产品，亦可合并以农作物主要产品产值的某一百分数计算。

现将灌溉效益分摊系数的计算方法简要介绍如下：

(1) 根据历史调查和统计资料确定分摊系数 ε。对具有长期灌溉资料的灌区，进行深入细致分析研究后，常常可以把这种长系列的资料划分为几个阶段：

1）在无灌溉工程的若干年中，农作物的年平均单位面积产量，以 $Y_{前}$ 表示。

2）在有灌溉工程后的最初几年，农业技术措施还没有来得及大面积展开，其年平均单位面积的产量，以 $Y_{水}$ 表示。

3）农业技术有了很大幅度的提高，而水利条件在没有改变的情况下年平均单位面积产量，以 $Y_{农}$ 表示。

4）农业技术措施和灌溉工程同时发挥综合作用后，其年平均单位面积产量，以 $Y_{水}+Y_{农}$ 表示。则灌溉工程的效益分摊系数：

$$\beta=\frac{(Y_{水}-Y_{前})+(Y_{水+农}-Y_{农})}{2(Y_{水+农}-Y_{前})} \tag{7-10}$$

(2) 根据试验资料确定分摊系数。设某灌溉试验站，对相同的试验田块进行下述试验：

1）不进行灌溉，但采取与当地农民基本相同的旱地农业技术措施，结果单位面积产量为 $Y_{前}$ (kg/hm^2)。

2）进行充分灌溉，即完全满足农作物生长对水的需求，但农业技术措施与上述基本相同，结果单位面积产量为 $Y_{水}$ (kg/hm^2)。

3）不进行灌溉，但完全满足农作物生长对肥料、植保、耕作等农业技术措施的要求，结果单位面积产量为 $Y_{农}$ (kg/hm^2)。

4）使作物处在水、肥、植保、耕作等灌溉和农业技术措施都是良好的条件下生长，结果单位面积产量为 $Y_{水+农}$ (kg/hm^2)。

灌溉工程的效益分摊系数：

$$\beta_{w1}=\frac{Y_{水}-Y_{前}}{Y_{水+农}-Y_{前}}\text{或}\beta_{w2}=\frac{Y_{水+农}-Y_{农}}{Y_{水+农}-Y_{前}} \tag{7-11}$$

农业措施的效益分摊系数：

$$\beta_{f1}=\frac{Y_{水+农}-Y_{水}}{Y_{水+农}-Y_{前}}\text{或}\beta_{f2}=\frac{Y_{农}-Y_{前}}{Y_{水+农}-Y_{前}} \tag{7-12}$$

两套表达式得出的 β_w、β_f 相差会很大，这主要是由于投入增幅大，存在二阶近似项处理问题。可采用求平均值的方法来处理，即

$$\beta_w=\frac{\beta_{w1}+\beta_{w2}}{2},\beta_f=\frac{\beta_{f1}+\beta_{f2}}{2} \quad (7-13)$$

且
$$\beta_w+\beta_f=1$$

2. 扣除农业生产费用法

扣除农业生产费用法是从农业增产的产值中，扣除农业技术措施所增加的生产费用（包括种子、肥料、保管等所需的费用）后，求得农业增产的净产值作为水利灌溉效益：或者从有、无灌溉的农业产值中，各自扣除相应的农业生产费用，分别求出有、无灌溉的农业净产值，其差值即为水利灌溉效益。这种扣除农业生产费用的方法，目前为美国、印度等国家所采用。

3. 以灌溉保证率为参数推求多年平均增产效益

灌溉工程建成后当保证年份及破坏年份的产量均有调查或试验资料时，则其多年平均增产效益 B 可按下式进行计算：

$$\begin{aligned}B&=A[Y(P_1-P_2)+(1-P_1)\alpha_1 Y-(1-P_2)\alpha_2 Y]V\\&=A[YP_1+(1-P_1)\alpha_1 Y-(1-P_2)\alpha_2 Y-YP_2]V\\&=A[YP_1+(1-P_1)\alpha_1 Y-Y_0]V\end{aligned} \quad (7-14)$$

式中　A——灌溉面积，hm^2；

P_1、P_2——有、无灌溉工程时的灌溉保证率；

Y——灌溉工程保证年份的多年平均亩产量，kg/hm^2；

$\alpha_1 Y$、$\alpha_2 Y$——有、无灌溉工程在破坏年份的多年平均亩产量，kg/hm^2；

α_1、α_2——减产系数；

Y_0——无灌溉工程时多年平均亩产量，kg/hm^2；

V——农产品价格，元/kg。

当灌溉工程建成前后的农业技术措施有较大变化时，均需乘以灌溉工程效益分摊系数 ε。

减产系数 α 取决于缺水数量及缺水时期，一般减产系数和缺水量、缺水时间存在如图 7-9 所示的关系。图中缺水系数：

$$\beta=\frac{\text{缺水量}}{\text{作物在该生育阶段的需水量}} \quad (7-15)$$

减产系数：

$$\alpha=\frac{\text{该生育阶段缺水后实际产量}}{\text{水分得到满足情况下产量}} \quad (7-16)$$

以上两个系数均可通过调查或试验确定。

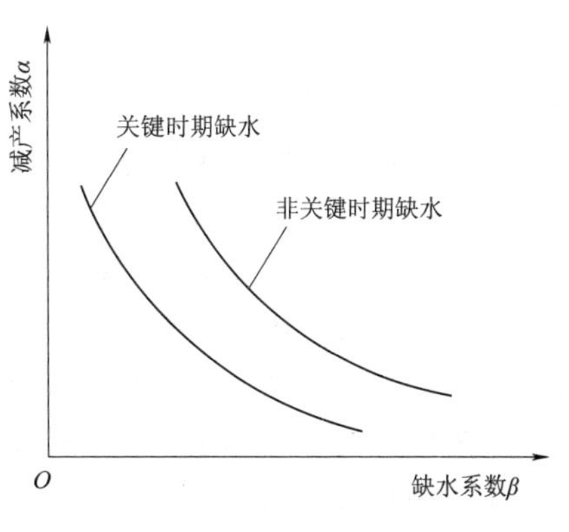

图 7-9　减产系数 α 与缺水系数 β 的关系

4. 其他方法

在计算灌溉工程效益时，如果没有调查资料或试验资料，也可采用以下方法：

（1）最优替代费用法。以最优等效替代工程的费用作为灌溉工程的效益，最优等效替代工程要保证替代方案是除了拟建工程方案之外的最优方案。

(2) 缺水损失法。以减免缺水损失的费用作为灌溉工程效益。

(3) 综合效益计算法。将灌溉效益与治碱、治渍等效益结合起来进行综合效益计算，减少分摊计算和避免重算或漏算。

(4) 影子水价法。水的影子价格反映了单位水量给国民经济提供的效益，因而灌溉水的影子价格可以作为度量单位水量灌溉效益的标准。某年的灌溉效益可根据以下公式计算：

$$B=W\cdot SP_w \tag{7-17}$$

式中 B——灌区某年的灌溉效益；

W——灌区某年的灌溉用水量；

SP_w——灌溉水的影子价格。

由于不同地区以及同一地区不同年份灌溉水资源量及其分布都是不相同的，此外，各地水资源的供求状况、稀缺程度各异，使得确定灌溉水的影子价格有一定的难度。因此，该方法适用于已进行灌溉水影子价格研究并取得合理成果的地区。

第五节 城镇供水效益计算方法

城镇用水主要包括生活用水（指广义生活用水）、工业用水、郊区农副业生产用水和其他用水。生活用水主要指家庭生活、环境、公共设施和商业用水；工业用水主要指工矿企业在生产过程中制造、加工、冷却、空调、净化等部门的用水。城镇用水一般不考虑气候变化的影响，在某一规划水平年是不变的，它只在年内变化，并没有年际间的变化。水利建设项目的城镇供水效益按该项目向城镇工矿企业和居民提供生产、生活用水可获得的效益计算，以多年平均效益、设计年效益和特大干旱年效益表示。

城镇供水财务效益按销售水价计算，而国民经济效益计算较复杂。在进行城镇供水效益计算时，应注意与经济费用计算口径对应一致。城镇供水建设，通常包括水源建设和水厂、管网建设，城镇供水经济效益的层次应与供水工程建设费用计算的层次相同。另外要注意的是，在进行城镇供水效益计算时，其计算参数应采用预测值，而不能简单地采用统计年鉴上的统计资料。

一、城镇供水效益计算

比较常用的城镇供水效益的计算方法有最优等效替代法、缺水损失法、分摊系数法、水价法。

1. 最优等效替代法

一般来说，可作为城镇供水替代方案的有：开发本地地面水资源，开发本地地下水资源，跨流域调水，海水淡化，采用节水措施，挤占农业用水或其他一些耗水量大的工矿企业，以上几项替代措施不同的组合替代方案（各项替代措施替代多少供水量需根据拟建供水工程供水区的具体条件研究确定，必要时可研究几种不同的组合方案进行比较，选择最优方案作为综合替代方案的代表方案）。

对可以找到等效替代方案替代该项目向城镇供水的，可按最优等效替代工程或节水措施所需的年费用计算该项目的城镇供水年效益。最优等效替代法在国外应用较广泛，但对我国水资源严重缺乏地区，难以找到合理的可行的替代方案，此法在应用上受到限制。

2. 缺水损失法

缺水损失法是按缺水使城镇工矿企业停产、减产等造成的损失计算该项目的城镇供水年效益。本法适用于现有供水工程不能满足城镇工矿企业用水或居民生活用水需要，导致工矿企业停产、减产或严重影响居民正常生活的缺水地区。

与缺水损失法相类似的另一种方法是缺水影响法，即在缺水地区，当供水成为工矿企业发展的制约因素，不解决供水问题，工矿企业就不能在本地兴建，需要迁移厂址（如迁到水资源丰富的地区兴建）时可以采用缺水影响法。该法认为：缺水地区兴建工矿企业新增的产值扣除工业生产成本和建厂资金的合理利润（一般可采用反映社会平均利润率的社会折现率）后的效益均为供水的效益。

缺水影响法的表达式如下：

$$B_{水}=B_{工}-C_{工}-\sum_{i=1}^{n'}I_{1i}(1+i_s)^t i_s-I_2 i_s \tag{7-18}$$

式中　$B_{水}$——工业供水经济效益；

$B_{工}$——有供水项目时的工业增产值；

$C_{工}$——工业生产中不包括水的生产成本费用；

I_{1i}——新建工业企业第 i 年的投资；

n'——工业企业建设期，年；

I_2——流动资金；

i_s——社会折现率。

3. 分摊系数法

按有该项目时工矿企业的增产值乘以供水效益的分摊系数近似估算。

采用分摊系数法关键是如何确定分摊系数，把供水效益从工业总效益中分出来。目前确定分摊系数的方法有投资比法、固定资产比法、占用资金比法、成本比法、折现年费用比法等；分摊媒介有分摊工业净产值和分摊工业毛产值两种情况。

分摊系数法是目前在计算城镇供水经济效益中使用最多，又是争论最大的一种方法，进一步理解和完善这个方法，对合理计算城镇供水经济效益具有现实意义。在采用分摊系数法时，应同时采用其他方法进行验证。

4. 水价法

按项目城镇供水量乘以该地区的水价计算。计算国民经济效益时采用影子水价，计算财务效益时采用销售水价。

随着我国工业化和城市化水平不断提高，城镇用水量占整个用水量的比重越来越大，合理计算城镇供水效益对正确评价供水工程的经济效益具有重要作用。因此，在分析计算城镇供水效益时应采用多种方法进行计算，互相验证；通过综合分析，确定合理的城镇供水效益。

二、水利工程供水价格

1. 水利工程供水影子价格测算方法

（1）采用替代措施按影子价格计算的分解成本计算影子水价。

（2）按用水户的支付意愿测算影子水价。

(3) 按供水工程的分解成本和水的边际效益相结合的方法测算水的影子价格。

2. 水利工程供水销售价格测算方法

水利工程供水价格由供水生产成本、费用、税金和利润构成。贷款、集资建设的水利工程供水价格按还本付息要求核定。水价测算的步骤如下：

(1) 计算供水总成本费用和每立方米水成本。

(2) 计算每立方米水投资。

(3) 测算每立方米水水价。工业供水水价则按下式计算：

$$工业供水水价=工业供水成本+工业供水每立方米水投资\times资金利润率 \tag{7-19}$$

(4) 对测算水价进行合理性检查和用水户承受能力分析。

第六节 水力发电效益计算方法

电力资源有水电、火电、核电、风力发电、太阳能发电等，但在今后一定时期内我国能源工业还是以水电和火电为主。因此，在水力发电经济评价中一般以火电作为其替代方案。为了合理计算水力发电效益，必须对水电和火电的生产特性和经济特性有较全面的了解。

一、水电与火电的生产特性和经济特性

1. 水电与火电投资的差别

水电站建设受自然条件的限制，一般远离负荷中心，而火电站则可建在负荷中心。其次，水电是清洁的再生能源，污染环境较少，水库还能美化和改善环境；而火电对环境的影响大，火电的排尘、硫、氮化合物和放射性物质的防护处理费用较高。

2. 水电与火电生产上的差别

水电机组启动、停机、增减负荷快，能灵活适应和改善电力系统的运行，在电力系统中调峰、调频、调相和担负事故备用的作用显著。大致是 1kW 水电有效容量相当于 1.1～1.3kW 火电有效容量，1kW・h 水电电量相当于 1.05～1.07kW・h 火电电量。

3. 水电与火电年运行费上的差别

水电前期投资大，建设期长，但水电站建成后，年运行费很小；相比之下，火电则相反。火电站的年运行费包括固定年运行费和燃料费，固定年运行费主要与装机容量有关，燃料费则与发电量的大小有关。

二、水力发电效益计算

水力发电的经济效益主要是向电网或用户提供的电力和电量。水电建设项目的发电经济效益主要包括售电经济效益、给电网带来的安全与经济效益、节省火电费用的替代效益。

由于水力发电有销电收入，因此水力发电效益有国民经济效益，也有财务效益。其国民经济效益常采用最优等效替代法或影子电价法计算，财务效益则按销电收入计算。

最优等效替代法是按最优等效替代设施所需的年费用作为水电建设项目的年发电效益。在满足同等电力、电量条件下选择技术可行的若干替代方案，取年费用最小的方案为替代方案中最优方案。实际工作中一般是依据拟建工程供电范围的能源条件选择其他水电

站、火电站、核电站等电站，或上述几种不同形式电站的组合方案作为拟建水电站的替代方案，在保证替代方案和拟建水电站电力电量基本相同的前提下，计算出替代方案的费用，其值即为水利工程的发电效益。

三、电价测算

1. 电力影子价格的确定

（1）根据电力系统增加单位负荷所增加的容量成本和电量成本之和确定。

（2）参照2006年8月中国计划出版社出版的《建设项目经济评价方法与参数》中作为投入物的电力影子价格，考虑输配电因素分析确定。

（3）根据供电范围内用户愿意支付的电价分析确定。

2. 电力销售价格及确定方法

2021年7月，国家发展改革委发布《关于进一步完善分时电价机制的通知》（发改价格〔2021〕1093号），部分内容如下：

（1）完善峰谷电价机制。

1）科学划分峰谷时段：各地要统筹考虑当地电力供需状况、系统用电负荷特性、新能源装机占比、系统调节能力等因素，将系统供需紧张、边际供电成本高的时段确定为高峰时段，引导用户节约用电、错峰避峰；将系统供需宽松、边际供电成本低的时段确定为低谷时段，促进新能源消纳、引导用户调整负荷。可再生能源发电装机比重高的地方，要充分考虑新能源发电出力波动，以及净负荷曲线变化特性。

2）合理确定峰谷电价价差：各地要统筹考虑当地电力系统峰谷差率、新能源装机占比、系统调节能力等因素，合理确定峰谷电价价差，上年或当年预计最大系统峰谷差率超过40%的地方，峰谷电价价差原则上不低于4∶1；其他地方原则上不低于3∶1。

（2）建立尖峰电价机制。各地要结合实际情况在峰谷电价的基础上推行尖峰电价机制。尖峰时段根据前两年当地电力系统最高负荷95%及以上用电负荷出现的时段合理确定，并考虑当年电力供需情况、天气变化等因素灵活调整；尖峰电价在峰段电价基础上上浮比例原则上不低于20%。热电联产机组和可再生能源装机占比大、电力系统阶段性供大于求矛盾突出的地方，可参照尖峰电价机制建立深谷电价机制。强化尖峰电价、深谷电价机制与电力需求侧管理政策的衔接协同，充分挖掘需求侧调节能力。

（3）健全季节性电价机制。日内用电负荷或电力供需关系具有明显季节性差异的地方，要进一步建立健全季节性电价机制，分季节划分峰谷时段，合理设置季节性峰谷电价价差；水电等可再生能源比重大的地方，要统筹考虑风光水多能互补因素，进一步建立健全丰枯电价机制，丰、枯时段应结合多年来水、风光出力特性等情况合理划分，电价浮动比例根据系统供需情况合理设置。鼓励北方地区研究制定季节性电采暖电价政策，通过适当拉长低谷时段、降低谷段电价等方式，推动进一步降低清洁取暖用电成本，有效保障居民冬季清洁取暖需求。

此外，对新建电站的上网电价，在还贷期间根据资金来源和还贷条件测算，还清借款后的年份按投资利润率测算。中外合资、利用外资和集资电厂的利润分配按三七分成，即发电得利润的70%，供电得利润的30%；其余电厂按四六分成，即发电得利润的60%，供电得利润的40%，其中担负电网调峰任务的电厂可按三七分成。

3. 上网电价的计算方法

目前确定水电上网电价大体上有以下四种方法：

（1）按还贷条件测算上网电价。其计算公式为

$$k+u+d=B \tag{7-20}$$

式中　k——水电站建设期总投资（包括贷款利息）；

u——贷款偿还期内的水电站运行费用；

d——贷款偿还期的贷款利息；

B——水电站在偿还期内的售电收入及可用于还贷的其他收益。

（2）采用合理资金利润率测算上网电价。其计算公式为

上网电价=单位电量成本+单位电量税金+单位电量投资×资金利润率　（7-21）

（3）比照同一供电系统的火电平均电价确定电价，确定水电电价也可采用相同的方法。

（4）还贷期间根据资金来源和还贷条件测算电价。

第七节　航运效益计算方法

水利工程建成后，可以改善枢纽上下游的航道条件，例如：枢纽上游，由于水位抬高，滩险被淹没，库区形成优良的深水航道；枢纽下游，由于水库调节，枯水期流量加大，相应可增加枯水期航深；在汛期可削平洪水期的洪峰，减少洪水流速，对航运有利的中水期持续时间增长，从而为促进航运现代化，降低航运成本，增加水运的竞争能力创造条件。但也将给航运带来一些不利影响和可能产生一些新问题，主要有以下几个方面：

（1）增加船舶过坝的环节和时间。

（2）水库变动回水区泥沙淤积对航运的影响。

（3）电站日调节所产生的不稳定流对航运的影响。

（4）清水下泄对下游航运的影响。

（5）工程建设期间对航运的临时影响。

因此，分析与计算水利工程的航运效益时需从有利和不利两个方面全面加以考虑。

一、航运效益的特点

水利工程航运效益是指项目提供或改善通航条件所获得的效益。和其他部门的效益相比，航运效益有以下特点：

（1）既有正效益（有利影响），又有负效益（不利影响）。

（2）航运效益发挥的过程比较长，一般要经过几十年的时间才能达到设计水平。

（3）航运部门为实现水利工程的航运效益的配套工程量大。

（4）社会效益是航运效益的主要方面，而这部分效益的数量化计算还比较困难。

根据航运效益的特点，航运经济效益的评价应重视系统观点，按整个航运系统和运输全过程考虑。

二、航运效益计算

航运效益的计算一般采用最优等效替代方案法和对比法两种。

1. 最优等效替代方案法

可作为水利工程航运替代措施方案的有：疏浚、整治天然航道；修建铁路、公路分流；整治天然航道和修建铁路或公路分流相结合的方案。一般情况是，在运量较小的中小型河流上，航运替代方案可采用修建公路（原为不通航的中小河流）或整治天然河道结合公路分流（原为通航的中小河流）；在运量较大的大江大河上，航运替代方案可采用整治天然河道结合铁路分流的方案。

替代方案规模的确定一般按水利工程建成后，水库航道的通过能力与水利工程建成前天然河道通过能力之差来确定。考虑水库航道的通过能力很大，充分利用需要相当长的时间，因此，在作经济分析时一般可按水利工程通航建筑物的设计通过能力与天然航道通过能力之差来计算。

2. 对比法

对比法，就是按有、无水利工程项目对比节省运输费用、提高运输效率和提高航运质量可获得的效益计算。采用对比法时，航运效益主要表现在：①替代公路或铁路运输所能节省的运费；②提高和改善港口靠泊条件和通航条件所能节省的运输、中转及装卸等费用；③缩短旅客和货物在途时间，缩短船舶停港时间等所带来的效益；④提高航运质量，减少海损事故所带来的效益。一般以计算期的总折现效益或年折现效益表示。

水利工程比较完整的航运效益可用下式表达：

$$B=B_1+B_2-B_3 \tag{7-22}$$

式中　B——航运经济效益；

B_1——扩大航道通过能力，增加客货运量的效益；

B_2——节省原航道通过能力范围内的成本和费用的效益；

B_3——航运负效益。

第八节　水利工程其他效益计算方法

水利工程除有以上主要效益外，还有旅游效益、水产效益、水土保持效益、水质改善效益等。

一、旅游效益

水利工程建成后，水利工程和水库及其周围地区环境得到美化，旅游景点增加，提高了该地区的旅游价值。

旅游经济效益主要包括两个方面：一是直接增加旅游经济收入；二是间接促进地区交通商业、服务业、工艺手工业等的发展。

旅游社会效益主要表现在提供游览、娱乐、休息和体育活动的良好场所，丰富人民的精神生活，增进身心健康，以及提供就业机会等。

旅游环境效益主要有：为发展旅游业对水域及周围山川、道路、村庄等环境进行改善；若因旅游引起对水域的污染，则是一种负效益，须从旅游环境效益中扣除。

二、水产效益

水利工程建成后，水库的水域宽广，水源充沛，水质良好，饵料丰富，可以放养鱼、蟹等水生动物，库边可种植苇、藕、菱等水生植物并饲养鸭、鹅、水獭等。水库养殖的经济效益主要是：直接增加水产品的产量和产值并间接促进水产品加工业的发展。水库养殖的社会效益，主要是丰富人民的生活，增加当地的就业机会等。

三、水土保持效益

为了防治水土流失，保护、改良与开发、利用水土资源，在土地利用规划基础上，对各项水土保持措施作出综合配置，对实施的进度和所需的劳力、经费作出合理安排的总体计划。

水土保持效益有以下三个方面：

（1）经济效益。通过梯田建设、淤地坝建设、植被恢复等水土保持措施，可以提高土地生产力，增加农业产量，促进农民增收，同时减少泥沙对河道、堤防、水库等水利工程的危害，节省清淤费用，延长工程使用寿命。

（2）社会效益。包括水土保持实施区对下游的削洪减沙作用；河道洪水淹没面积减小，通航里程增加；水库淤泥减少、有效库容增加等。

（3）生态效益。蓄水保土为作物的生长创造良好的生态环境，是各项措施最主要的生态效益。

四、水质改善效益

水质改善效益是兴建污水处理厂或增加河流清水流量，提高河湖自净能力等水质改善措施后，所能获得的经济效益、社会效益和环境效益的总称。

（1）经济效益，主要是提高工农业产品的质量，增加经济收入；增加可利用的水资源，减免开发新水源的投资和运行费；减少水污染造成的损失。

（2）社会效益，主要是提高生活用水的卫生标准，降低水污染致病的发病率，增进人民的身体健康；避免工业品、农产品、水产品因水质不良受到污染，减少有害物质对人、畜的危害等。

（3）环境效益，主要是避免或减轻江河、湖泊、土壤及地下含水层等受到污染，保护或改善生态环境；保护旅游水域的环境，提供良好的娱乐、休息场所。

思考与习题

1. 水利工程防洪效益主要表现在哪几个方面？

2. 某坝址有100年实测洪水资料及各年洪灾损失记录，遇到大洪水时洪灾损失很大；遇到中小洪水时洪灾损失很小；遇到一般年份则无洪灾损失；修建水库后洪灾损失大大减轻，试问如何用随机变量表达该水库的防洪年效益？

3. 给出不同地区若干年以前若干省、区典型洪水的灾害损失率的调查资料，如果现在编制某地区防洪工程时拟采用这些数据，如何考虑对这些数据加以修正？

4. 从系统工程观点看，应如何计算水电、火电的投资、年运行费及年费用？

5. 供水工程北段投资61740万元，南段投资67304万元，合计静态投资12.9亿元（1990 年价格水平，尚不包括自来水厂及其配水管网投资），初步估算工业供水水价 0.80 元/m^3，生活用水水价 0.326 元/m^3，农业灌溉用水水价 0.0895 元/m^3，如进一步考虑自来水厂投资及物价上涨因素，应如何确定各类供水水价？

6. 试问多目标水利工程的防洪、发电、灌溉、航运、城镇供水等部门的年效益是否均为随机变量？它们之间存在哪些关系？

7. 一般在什么条件下产生洪、涝、渍、碱灾害？这些灾害既有区别，又有联系，主要区别表现在哪几个方面？相互联系表现在哪几个方面？

8. 计算治涝工程效益一般采用内涝积水量法与合轴相关分析法，其计算理论与计算方法有何区别？各需要什么资料？如采用暴雨笼罩面积法，须收集降雨量 P 及其前期影响雨量 P_α，P 与 P_α 有何区别？如何计算前期影响雨量 P_α？

9. 进行排涝标准扩建工程分析时，如果当社会折现率 $i=12\%$，治涝标准由 3 年一遇提高到 5 年一遇，经济净现值 $ENPV$ 为负值，这说明什么问题？如果进一步计算内部收益率，当治涝标准由 3 年一遇提高到 5 年一遇，$EIRR=8.6\%$，这说明什么问题？

10. 灌水方法有哪几种？各有何优缺点，各在何种条件下适用？

第七章答案

第八章　水利工程项目后评价

【教学内容】水利工程后评价过程中需要注意的问题。水利工程后评价的步骤、方法和主要指标，并通过实例进行水利工程后评价计算。

【基本要求】了解水利工程后评价计算的步骤和常用的评价指标。

【思政教学】开展项目后评价的主要目的和重要作用，引入“批评与自我批评”的学习，进一步认识中国共产党的优良传统和政治优势，坚定学生拥护中国共产党领导的认识，同时激发学生关于开展批评与自我批评的辩证思考。

第一节　概　　述

水利工程建设项目后评价，指的是项目已经建成通过竣工验收并经过一段时期的生产运行后，对项目全过程进行的总结评价。通过对项目前期工作、项目实施、项目运行情况的综合研究，衡量和分析项目的实施运行与经济效益情况及其与预测情况的差距，研究项目预测和立项决策是否正确并分析其原因，从中吸取经验教训，为今后改进项目规划设计、立项、决策、施工、监理、管理运用等工作创造条件，并为提高项目投资效益提出切实可行的对策措施。

我国的建设项目后评价始于20世纪80年代初，国家发展和改革委员会首先提出开展建设项目后评价工作，并选定一些项目进行试点。20世纪90年代，中国国际工程咨询公司组织实施了国家重点建设项目。除中国国际工程咨询公司外，我国国家开发银行、中国人民建设银行及各部委也相继开展了项目后评价工作。水利建设项目方面，在20世纪80年代中期，对葛洲坝和三门峡两项水利工程进行了经济后评价，但较全面的后评价工作是1993年年底，由中国水利经济研究会和丹江口水利枢纽管理局联合组织我国部分水利经济专家教授，对丹江口水利枢纽进行了全面的后评价工作，为1996年上网电价大幅度提高作了重要贡献。从1994年开始，对水利工程项目展开了全面的后评价工作，提出的后评价报告基本肯定了水利工程项目的作用和效益，同时指出其不足之处和存在的问题，总结经验教训，提出结论和建议，为进一步提高水利项目的综合效益作出贡献。水利工程后评价发展较快，已颁布SL 489—2010《水利建设项目后评价报告编制规程》，相应的如《水利建设项目后评价》等著作已出版。

一、水利工程项目后评价的内容

项目后评价实际上是前评价工作的延伸和完善，是实现科学管理的重要组成部分，是水利建设项目技术经济评价体系中不可缺少的一环。评价的内容可分为两类：一类是全过程评价，即从项目的勘测设计、立项决策等前期工作开始，到项目建成投产运营若干年以后的全过程进行评价；另一类是阶段性评价或专项评价，可分为规划设计、立项决策和建设必要性评价、施工监理评价、运行管理评价或经济后评价、防洪后评价、灌溉后评价、发电后评价、环境生态后评价、移民安置后评价等。由于水利的特殊性，它是国民经济的基础设施和基础产业，对社会和环境的影响十分大，内容也较广泛。结合水利项目的特点，本教材后评价内容侧重于后者。

1. 规划、设计和立项决策后评价

根据建成后历年的观测资料和发现的问题，进一步核查原来的地质勘测资料。对于建成运用10年以上或建成后不久即发生特大洪水或遭遇连续干旱年份的水利项目，此时应进行水文水利复核计算，修正原来的水文水利计算成果和工程规划设计。

2. 工程建设后评价

在叙述本工程原来的施工组织设计的基础上，调查研究实际施工情况和竣工、验收报告是否符合施工组织设计要求，实际施工过程有无改进和不足之处，工程质量有无问题，总结经验教训，提出合理化建议。

3. 工程管理后评价

着重研究历年调度运用和经营管理情况，从中发现问题，提出改进办法和措施，并从水工建筑物运行工况和监测数据分析的基础上，分析建筑物的安全稳定，是否存在工程质量问题，最后对整个水利工程提出工程后评价结论和建议。

4. 财务后评价

由于大多数水利工程都处于入不敷出的困难境地，因此在水利工程后评价中，财务后评价是整个后评价的重点。在进行评价时，其参数和计算方法应以《建设项目经济评价方法与参数》（第二版）和DL/T 5441—2010《水电建设项目经济评价规范》为依据。在计算时，首先应进行固定资产重估，对综合利用水利工程还应进行投资分摊。对财务收入和财务支出均采用历年实际数字列表计算，但应考虑物价指数进行调整。

5. 国民经济后评价

国民经济后评价和财务后评价相同，也应以《建设项目经济评价方法与参数》和规范为依据，把财务后评价中的重估投资和重估年运行费换算为影子投资和影子年运行费，效益也应按影子价格进行调整，并应注意采用与财务后评价相同的价格水平年。

6. 移民安置后评价

首先叙述移民安置后评价的目的、意义和要求，接着介绍工程初步设计阶段已批准的移民安置规划，并把目前已实施的移民安置情况和规划进行对比，发现问题，提出对策和建议。

7. 环境影响后评价

介绍工程初步设计阶段已批准的环境保护设计及环境监测站网布置，把目前情况和环境保护设计作对比，发现问题，提出评价结论和建议。

8. 社会影响评价

首先说明本工程过去是否进行社会影响后评价。复核本项目对社会环境、社会经济的影响以及与社会相互适应性分析，并与前评价进行对比，从中发现问题，提出对策和结论及建议。

9. 综合后评价

根据以上各部分的深入调研和评价结论，提出本工程的综合后评价成果。

二、水利项目后评价中的几个问题

根据近年来水利工程后评价情况，需要注意以下几个问题：

(1) 基准年、基准点的选择和价格水平年问题。由于资金的价值随时间而变，相同的资金，在不同的年份，其价值各不相同，因此在后评价中，需要选择一个标准年份，作为基准年。对于后评价，基准年可以选择在工程开工年份、工程竣工年份或者开始进行后评价的年份。为了避免计算的现值太大，一般以选在工程开工年为宜，当然选在工程竣工开始发挥效益年也是可以的。由于基准年较长，因此还有一个基准点的问题，因为所有复利公式都是采用第一年年初作为折算的基准点，后评价时必须选择年初作为折算的基准点，而不能选用年末或年中为基准点。

(2) 固定资产价值重估问题。由于很多水利工程工期在10年以上，有可能发生大幅度物价上涨，原来的投资或固定资产原值已不能反映其真实价值，因此在后评价时，应对其固定资产价值进行重估算。国有固定资产评估方法中的重置成本法比较适合水利工程情况。

(3) 费用和效益计算期不对应问题。大型水利工程的计算期一般长达50年，在进行后评价时，工程的生产运行期往往只有10～20年，甚至更少，此时如果只计算到后评价开始年份（如2005年）为止，这时工程的后期效益尚未发生，因此，就产生费用和效益的计算期不对应问题，导致后评价的国民经济效益和财务效益都过分偏低的虚假现象。对此有两种解决办法：一种是把尚未发生年份的年效益、年运行费和年流动资金均按后评价开始年份（如2005年）的年值或按发展趋势延长至计算期末；另一种是在后评价开始年份（如2005年）列入回收的固定资产余值（残值）和回收的流动资金，作为效益回收。

(4) 后评价要突出重点。后评价内容广泛，应采用两阶段，第一阶段可通过初步调查研究，进行粗评价，发现问题和重点后，再进行第二阶段有目的、有重点的详细评价，深入分析研究，找出问题发生的原因以及可能采取的对策、解决办法等，最后提出后评价的结论和切实可行的建议，并上报上级主管部门和有关单位。因此后评价还要注意“突出重点、解决问题”，切忌面面俱到，不解决问题的后评价。

第二节　水利工程后评价的步骤、方法和主要指标

由于水利工程项目类型多，涉及经济、社会、技术、环境及经营管理等方面，情况复杂，因此，每个项目后评价的内容、方法和步骤并不完全一致。但一般项目的后评价都遵循一个客观的循序渐进的基本程序，都要选适宜的方法，设置一套科学的后评价指标体系，以全面反映项目从准备、决策、实施到运行全过程的实际状况。

一、水利工程后评价的步骤

水利工程后评价的步骤，一般分为提出问题、筹划准备、深入调查搜集资料、选择后评价指标、分析评价和编制后评价报告等。

1. 提出问题

首先要明确后评价的任务、具体对象、目的及要求。提出进行后评价的单位，可以是国家计划部门、银行部门、水利主管部门，也可以是工程管理单位自身。

2. 筹划准备

问题提出，任务明确后，项目后评价的提出单位可以委托工程咨询公司或其他有资格单位进行后评价，也可以自己组织实施。接受任务的承办单位即可组织一个相对独立的后评价小组进行筹备工作，根据拟评价工程的具体情况和适用的评价内容，制订较为详尽的后评价工作计划，其中包括后评价人员的配备、组织机构的建立，评价内容与深度的确定、时间进度的安排和经费预算，以及评价方法、指标的选择等，报请上级有关部门批准后，便可开始进行评价工作。

3. 深入调查搜集资料

后评价成果的可靠性在很大程度上取决于基本资料的精度。因此，对基本资料的调查、搜集、整理、综合分析和合理性检查，是做好后评价工作的重要环节。本阶段的主要任务是制定详细的调查提纲，确定调查对象和调查方法并开展实际调查工作，搜集后评价所需要的各种资料和数据。

(1) 工程规划设计资料。如工程设计任务书或项目建议书、可行性研究报告、初步设计等。包括工程的主要设计方案和设计实物工程量、工程效益、工程成本、环境影响等资料，以及工程国民经济评价和财务评价成果等。

(2) 工程施工建设和竣工资料。如工程竣工验收报告及有关合同文件等。包括实际建成的工程方案和施工方法，实际完成的工程量（与设计施工量项目一一对应），实际完成的投资额（含总投资、分项投资与分年投资），施工建设总结性材料等。

(3) 项目运行管理资料。包括管理体制、机构设置、人员编制及职责等资料；各年的实际年运行费（经营成本）及成本构成、成本计算资料；历年的实际效益，包括经济效益和财务收入（如逐年发电量、减免的洪涝灾害损失、城镇供水量、实际灌溉用水量和灌溉面积，以及用货币表示的效益价值量及其计算依据、单价等）；历年上缴税金及利润等资料；投入运行后工程设备运行工况和工程质量、工程安全复核、工程加固等方面的资料；运行管理中经验教训总结资料等。

(4) 社会经济和社会环境资料。反映项目实施和运行实际影响的有关资料，如移民搬迁安置、移民生产生活恢复、环境监测报告，对项目区社会经济发展的影响等有关资料。

(5) 国家经济政策资料。与项目有关的国家宏观经济政策、产业政策，国家金融、价格、投资、税收政策及其他有关政策法规等。

(6) 本行业有关资料。国内外同类已建、在建和拟建项目的投资、年运行费（经营成本），各种工程量单价和经济效益、社会影响、环境影响等资料。

(7) 与项目后评价有关的其他技术经济资料。国家、省（自治区、直辖市）、地、县的年度国民经济与社会发展报告、年度财政执行报告和统计年鉴，以及各地方、各流域水利年鉴等。

4. 选择后评价指标

选择指标是后评价中关键的一步，要根据工程规划、设计、建设及运行管理状况，结合流域和地区的经济和社会发展计划，针对工程特点，揭示工程本身存在的问题和对工程所在地经济、技术、环境和社会影响，选择合适的评价指标。

5. 分析评价

根据调查资料，对工程进行定量与定性分析评价，一般步骤如下：

（1）对调查资料和数据的完整性和准确性进行检验，并依据核实后的资料数据进行分析研究。

（2）计算各项能够定量的经济、技术、环境及社会评价指标。运用调查资料和各种有关评价参数，通过对过程中历史资料的分析及对同类工程历史经验的参照，对比工程实际效果和原规划设计，对比有、无工程不同的情况，计算出各项定量指标，并评价其优劣，对比后评价实际值与前评价预测值，找出问题所在，总结经验教训。

（3）对难以定量的效益，以及工程与所在地之间的社会因素进行定性分析；判断各定性指标对经济、社会发展目标与环境影响的程度；揭示工程实施过程中当地因工程导致的经济变化、社会变化和实际生产问题，揭示工程存在的经济、社会和环境风险。提出减轻或消除不利影响的措施。

（4）进行综合分析评价。采用有无对比分析法或多目标综合分析评价等方法对工程进行综合评价，得出后评价结论，提出今后的改进措施和建议。

6. 编制后评价报告

将上述调查分析评价成果，写成书面报告，总结经验教训，提出对策和建议，提交委托单位和上级有关部门。

二、水利工程后评价的基本方法

水利工程后评价的基本方法是对比法，包括有无项目的对比、预测和实际的对比、前评价与后评价的对比等。对比的目的是找出不同，为发现问题和分析原因找到重点，以便总结经验教训，提出改进措施和建议。

1. 调查搜集资料方法

调查搜集资料方法很多，有利用现有资料法、参与观察法、访谈法、专题调查会、问卷调查、抽样调查等。一般视水利工程的具体情况，后评价的具体要求和资料搜集的难易程度，选用适宜的方法。在条件许可时，往往采用多种方法对同一调查内容相互验证，以提高调查成果的可信度和准确性。

（1）利用现有资料法。通过搜集各种有关经济、技术、社会及环境资料，摘取其中对后评价有用的相关信息的方法。

（2）参与观察法。这是一种通过后评价人员亲临项目现场，直接观察，从而发现问题的调查方法，该法十分灵活，调查者可能发现一些不愿意在意见征询表或调查会上直接回答的问题，但成本较高，费时较长，同时，实地观察的结果可能带有调查者个人的偏见。

（3）访谈法。访谈也是一种直接调查方法，有助于了解工程涉及的较敏感的经济、技术、社会、环境、文化、政治等方面的问题。更重要的是直接了解访谈对象的观点、态度、意见、情绪等方面的信息。如对移民、业主、决策部门的访谈等。

（4）专题调查会。针对后评价过程中发现的重大问题，邀请有关人员共同研讨，揭示矛盾，分析原因。要事先通知会议的内容，提出探讨的问题。各个部门的人员在会上从不同角度分析产生问题的原因。

（5）问卷调查。这是一种以书面形式提问来搜集有关资料的方法，要求全体被调查者按事先设计好的意见征询表中的问题和格式回答所有同样的问题。问卷调查所获得的资料信息易于定量，便于对比。在水利建设项目社会影响后评价和环境影响评价中，多采用此方法。但存在因各种原因导致问卷回收率低的问题。

（6）抽样调查。当需要调查的面广，调查对象数量多，不可能或没有条件全面调查时，就可以采用此法。例如，在调查项目建成后对社会环境的影响、水库移民安置效果等涉及面广的问题。

2. 分析研究方法

常用的方法有定量分析法、定性分析法、有无项目对比分析法、逻辑框架法和综合评价法等。

（1）定量分析法。在经济、社会、环境或投资、效益、就业、文教、卫生、收益分配、水量、水质等各方面，凡是能够采用定量指标表示其效果的方法。

（2）定性分析法。水利工程经济、技术、社会及环境影响比较广泛，关系复杂，虽然绝大多数可以定量，但是也有一些影响往往很难定量计算，只能进行定性分析。根据水利工程的特点和我国的国情，在项目后评价中，宜采用定量分析和定性分析相结合。

（3）有无项目对比分析法。指有项目情况与无项目情况的对比分析，通过对比分析，可以确定项目实际引起的经济、技术、社会及环境变化，即项目真实的经济效益、社会和环境效益的总体情况，从而判断该项目对经济、技术、社会、环境的作用和影响。要求投入的代价与产出的效果口径一致。

（4）逻辑框架法。将建设项目几个内容紧密相关、必须同步考虑的动态因素组合起来，通过分析它们之间的逻辑关系来评价项目的目标实现程度和原因，以及项目的效果、作用和影响。

（5）综合评价法。对单项有关经济、社会、环境效益进行定量与定性分析评价后，还需进行综合评价，确定工程的经济、技术、社会、环境总体效益的实现程度和对工程所在地的经济等影响程度，得出后评价结论。

三、水利工程后评价主要指标

水利项目后评价指标，应能反映项目从准备阶段到正常运行全过程的状况，并体现水利项目的特点，具有针对性、重点性、可比性和可操作性。同时，要遵循动态指标与静态指标相结合、综合指标与单项指标相结合、项目微观投资效果指标与宏观投资效果指标相结合，以及价值指标与实物指标相结合的原则。

1. 规划设计和立项决策后评价指标

包括能够全面反映开发任务、建设方案与规模、经济效益与社会效益，以及工程量等设计与实际情况的指标。

2. 工程建设后评价指标

（1）实际建设工期。指建设项目从开工之日起至竣工之日止所实际经历的有效日历天数，不包括开工后停、缓建所间隔的时间和竣工后等待验收所花费的时间。工期的长短对项目投资效益影响极大。

（2）实际工期偏离率。反映实际建设工期与计划安排工期的偏离程度，即实际工期与计划工期的比率。通过它可对竣工项目的实际建设速度作出正确的评价。该值大于1，表明项目实际工期比计划工期长；反之则短。

（3）实际投资总额。是投资项目竣工投产后重新核定的实际完成投资额，包括固定资产投资、建设期贷款利息和流动资金投资。实际投资总额包括项目前期工作中实际发生的费用，建筑工程实际投资额、实际机电设备及金属结构购置费、实际机电设备及金属结构安装费，以及实际水库淹没补偿费、引进国外技术和购买国外设备时实际支付的技术资料费、其他费用和流动资金等。

（4）实际投资总额偏离率。反映实际投资总额与项目前评价中预计的投资总额偏离大小的指标，可按实际投资总额与预计投资总额之差占预计投资总额的比率计算。当偏离率较大时，应分析研究其原因。

3. 工程管理后评价主要指标

（1）工程质量复核合格品率。在后评价进行工程质量复核时，达到规定的合格标准的单位工程个数占复核的单位工程总个数的百分比。合格品率越高，表明质量合格的工程所占比例越大。

（2）运行中工况合格率。在后评价时，运行工况合格的单位工程个数占复核的单位工程总个数的比例。

（3）安全复核率。后评价进行工程安全复核时，按断面、抗洪、结构、渗流、抗震等核算结果，均能满足安全要求的工程个数占复核的工程总个数的百分比。

4. 财务后评价主要指标

（1）实际产品成本及其偏离率，是衡量项目前评价成本预测水平的指标。它可以部分地解释实际投资效益与预测效益偏差的原因，也是重新预测项目寿命内产品成本变化情况的依据。产品从投产到后评价时的实际产品成本偏离率，可按实际产品成本与预测成本之差占预测成本的百分率计算。

（2）实际产品价格及其偏离率。

（3）实际运行费用及其偏离率。年运行费用宜按工程的实际年运行费，工程正常运行需要的年运行费可采用调整后固定资产价值的1%～1.5%计。

（4）实际效益及其偏离率。偏离率指实际效益与预测效益之差占预测效益的百分率。

（5）实际财务净现值及其偏离率，实际财务内部收益率及其偏离率，实际借款偿还期及其偏离率。

5. 国民经济后评价主要指标

（1）经济净现值及其偏离率。

（2）经济内部收益率及其偏离率。

（3）经济效益费用比及其偏离率。

6. 移民安置后评价指标

（1）移民安置完成率。包括移民涉及村庄、搬迁人口、生活生产用地、房屋建设等实际完成数占计划的比率。

（2）移民生产生活条件达标率。包括移民居住环境、住房条件、划拨的耕地、发展生产的措施、资金拨付及实际投资等达到规划指标的比率。

7. 环境影响后评价主要指标

包括局地气候、水文、土壤环境、水质、水温、陆生和水生生物、水土流失、农业生态、人群健康、文物景观和移民安置等。

8. 社会影响后评价主要指标

社会就业效果，效益分配效果，项目满足社会需求程度，包括项目满足需求的百分数、受损群众的补偿程度等。

上述各项指标，可以根据水利项目的功能情况增减。如属于社会公益性质或财务收入很少的项目，评价指标可适当减少；涉及外汇收支的项目，应增加经济换汇成本、经济节汇成本等指标。

第三节　某水电站财务和国民经济后评价

一、水电站概况

1956 年 5 月，电力工业部建立水力发电工程局，开始组建施工队伍，1957 年 4 月 1 日，电站主体工程开工，1959 年 9 月 21 日大江截留，水库开始蓄水，1960 年 4 月 22 日第一台 7.25 万 kW 水轮发电机组投产，通过 220kV 高压输电线路连入华东电网。后来由于受各种因素的影响，结尾工程时间拖得长，最后一台机组直到 1977 年 10 月才投产，电站最终装机 9 台，总装机容量为 66.25 万 kW，设计年发电量 18.63 亿 kW·h，其中 5 台机组的单机容量为 7.25 万 kW，4 台机组的单机容量为 7.5 万 kW。

工程施工建设共投用劳动力 2013 万工日，完成土石方量 586 万 m^3，混凝土量 176 万 m^3，金属结构制造和机电设备安装共 40000 余 t，耗用钢材 3.62 万 t，水泥 34.74 万 t，木材 13.55 万 m^3。据该电站工程局 1977 年竣工决算报告，1956—1977 年工程总投资 44068 万元，回收 10995 万元，实际总造价 33073 万元。该水电站为多目标开发工程，以发电为主，兼有防洪、航运、排灌、渔业、林果业、旅游业等综合利用效益。

二、固定资产投资重估

为了进行国民经济后评价和财务后评价，必须重估已建成的水利建设项目的固定资产投资及其年运行费与年效益，尤其 20 世纪 50—60 年代建成的水利工程，当时物价水平较低，其固定资产原值已大大低于其实际价值，据此进行国民经济后评级和财务后评价，不可能得出合理的评价结果。本例水电站于 1957 年正式动工兴建，1960 年正式建成，1977 年全部 9 台机组总装机容量 66.25 万 kW 投入电力系统运行，1994 年固定资产清产核资值为 74300 万元（1992 年价格水平），其中并未包括移民安置等费用。现在看来该值显然是偏低的。现拟用物价指数法及重置费用（重置成本）法，分别重估该水电站的固定资产投资值。

（一）物价指数法

现采用历年中国统计年鉴刊载的全国零售物价指数（简称物价指数），假设以 1995 年为基年，基年的物价指数等于 1.00，已知 1995 年底比 1994 年底零售物价年上涨率为 14.8%，故 1994 年的物价指数为：1.000×(1＋14.8%)＝1.148；又已知 1994 年底比

1993年底零售物价年上涨率为21.7%，故1993年的物价指数为：1.148×(1+21.7%)=1.397。其余类推，可求出1957年的物价指数为4.444。该水电站1957年固定资产投资为5393万元。对基年1995年的价格水平言，相当于5393×4.444=23967(万元)；其余类推，据此可求出水电站固定资产总投资为187500万元（1995年价格水平）。

根据20世纪90年代后期新建成的大型水电站投资资料统计，平均单位千瓦投资约为10000元/kW。已知该水电站装机容量为66.25万kW，可估算水电站的投资重估值约为70亿元，大大高于物价指数法的18.75亿元。因此认为，用物价指数法重估该水电站固定资产投资是偏低的。

（二）重置费用（重置成本）法

重置成本法是指在当前物价水平下重新修建一座同等规模的水电站所需的投资费用。设固定资产投资为I，则

$$I=\sum_{i=1}^{m}W_iP_i$$

式中　W_i——第i类工程量；

m——工程量的种类数；

P_i——第i类工程量的单价。

根据重置成本法，按1995年价格水平，该水电站固定资产总投资估值为798112万元，其中水库淹没补偿费及移民安置费共计589800万元（水库淹没耕地32.58万亩，实际移民29.49万人，重建房屋28万间），拦河坝工程55853万元，水电厂工程74357万元，升船机工程2260万元，运输及通信工程57700万元，住宅文化福利公共建筑1142万元，施工临时工程15000万元，其他工程（包括办公大楼等）2000万元。计算成果见表8-1。

表8-1　水电站固定资产投资重估成果汇总

项　　目	工程量	竣工决算（1977年）		重估值（1995年）	
		综合单价	投资/万元	综合单价	投资/万元
第一部分　永久性工程					
第一项　水库淹没补偿			21527.7	20000元/人	589800
第二项　主要工程项目					
一、拦河坝工程			5880.7552		55855
1. 坝基开挖	692293m^3	8.31元/m^3	575.5294	70元/m^3	4846
2. 基础处理					
固结灌浆	42240m	32.64元/m	137.8713	250元/m	1056
帷幕灌浆	35396m	75.0元/m	265.47	500元/m	1770
3. 坝体混凝土浇捣	1363080m^3	32.0元/m^3	4361.856	320元/m^3	43619
坝体钢筋制作安装	5152t	557.5元/t	287.224	5000/t	2576
坝体冷却系统	155797m	6.25元/m	97.3713	60元/m	935
坝体混凝土预制构件	2475m^3	390.4元/m^3	96.624	2000元/m^3	495
4. 阻水工程	9320m	63.1元/m	58.8092	600元/m	559

续表

项　　目	工程量	竣工决算（1977年）		重估值（1995年）	
		综合单价	投资/万元	综合单价	投资/万元
二、水电厂工程			8275.2062		74355
1. 机组及设备	4台7.5万kW 5台7.25万kW	770万元/台	6930	7000元/台	63000
2. 输水钢管	2347t	1156.6元/t	271.45	8000元/t	1878
3. 厂房混凝土浇捣	134124m^3	35.52元/m^3	476.4084	400元/m^3	5365
厂房钢筋制作安装	4610t	500.2元/t	230.5922	5000元/t	2305
厂房顶承重构架	303t	1003元/t	30.391	8000元/t	242
厂房预制混凝土梁	2234m^3	148元/m^3	33.0632	1500元/m^3	335
厂房顶环氧砂浆	4085m^3	166元/m^3	67.811	1500元/m^3	613
4. 尾水平台混凝土	1332m^3	79元/m^3	10.523	400元/m^3	53
尾水平台钢筋混凝土	2894m^3	161元/m^3	46.5934	600元/m^3	174
5. 开关站混凝土构架	2604m^3	685元/m^3	178.374	1500元/m^3	391
三、升船机工程			235.8566		2260
石方开挖	97586m^3	7元/m^3	68.3012	70元/m^3	683
混凝土浇捣	49281m^3	34元/m^3	167.5554	320元/m^3	1577
四、运输及通信工程			5432.9		57700
公路	300km	9万元/km	2700	80万元/km	24000
铁路	55.4km	38.5万元/km	2132.9	480万元/km	26592
通信工程			600		7108
五、住宅文化福利公共建筑			118.7475		1142
办公大楼	1665m^2	67.4元/m^2	11.2221	600元/m^2	100
家属住宅	13353m^2	58.6元/m^2	78.2485	600元/m^2	801
招待所	1560m^2	130.5元/m^2	20.358	1000元/m^2	156
永久仓库	1058m^2	84.3元/m^2	8.9189	800元/m^2	85
第二部分　施工临时工程			1468.1296		15000
第三部分　其他工程			1132.2415		2000
合计			38638.6366		798112

根据重置成本法所求出的该水电站固定资产投资为798112万元（1995年价格水平），看来是比较合理的。

三、国民经济后评价

（一）影子投资计算

为了推求国民经济后评价所需的影子投资，尚需对表8－1所列出的投资重估值进行调整计算。限于资料条件，拟采用下列简化方法进行调整计算。

1. 扣除投资重估值中属于国民经济内部转移支付的部分 A

这部分例如建筑工程、安装工程中的利润和税金等，有

$$A=(\text{投资重估值}-\text{水库淹没补偿费和移民费}-\text{水电厂机组设备费})\times 8\%$$
$$=(798112-589800-63000)\times 8\%=11625(\text{万元})$$

2. 扣除价差预备费 B

$$B=\text{投资重估值}\times 4.7\%=798112\times 4.7\%=37511(\text{万元})$$

3. 按影子价格调整项目主要材料的差值 C

已知该水电站全部工程耗用钢材 36150t，木材 135500m^3，水泥 347350t，燃料 84200t，其中

$$\text{钢材影子价格}=\text{出厂影子价格}\times(1+\text{贸易费用率})+\text{影子运杂费}$$
$$=2300\times 1.15=2645(\text{元/t})$$

$$\text{木材影子价格}=\text{进口到岸价}\times\text{影子汇率}\times(1+\text{贸易费用率})+\text{影子国内运杂费}$$
$$=850\times 1.3=1105(\text{元/m}^3)$$

$$\text{水泥影子价格}=\text{出厂影子价格}\times(1+\text{贸易费用率})+\text{影子运费}$$
$$=230\times 1.2=276(\text{元/t})$$

$$\text{燃料影子价格}=(\text{燃料出口离岸价}\times\text{影子汇率}-\text{国内影子运费})$$
$$\div(1+\text{贸易费用率})=1750(\text{元/t})$$

$$C=(2645-3000)\times 36150+(1105-1500)\times 135500+(276-300)\times 347350$$
$$+(1750-1964)\times 84200=-9271(\text{万元})$$

4. 按淹没耕地影子总费用调整水库淹没补偿费及移民安置费的差额 D

已知水库淹没耕地 32.58 万亩，其中旱田占 30%，水田占 70%。旱田按种植小麦计，水田均种植水稻，在水库淹没前旱田每亩产量 250kg，水田每亩产量 500kg，亩产量均按年增长率 $g=2\%$逐年递增。

(1) 小麦影子价格计算。小麦为外贸进口货物，1995 年到岸价是 133 美元/t，影子汇率 8.87 元/美元，贸易费用率 6%，产地到口岸国内运杂费 15 元/t，影子运费换算系数 1.84，则

$$\text{小麦影子价格}=(\text{小麦到岸价}\times\text{影子汇率})\times(1+\text{贸易费用率})+\text{国内影子运杂费}$$
$$=(133\times 8.87)\times(1+6\%)+15\times 1.84=1278(\text{元/t})$$

假设小麦生产成本 =1278×40%= 511(元/t)，则生产小麦的净效益=767 元/t，水库淹没占用每亩旱田的机会成本（其中社会折现率 $i=0.12$，$n=50$ 年）

$$OC_1=NB_1\frac{1+g}{i-g}\left[\frac{(1+i)^n-(1+g)^n}{(1+i)^n}\right]=767\times 0.25\times 10.2\times 0.9946=1945(\text{元/亩})$$

(2) 水稻影子价格计算。水稻为外贸出口货物，1995 年大米离岸价是 255 美元/t，折合稻谷离岸价 157 美元/t，贸易费用 6%，产地到口岸的国内影子运杂费为 27.6 元/t，则

$$\text{水稻影子价格}=(\text{离岸价}\times\text{影子汇率}-\text{国内影子运杂费})\div(1+\text{贸易费用率})$$
$$=(157\times 8.87-27.6)\div 1.06=1288(\text{元/t})$$

假设水稻生产成本=1288×40%=515（元/t），则生产稻谷的净效益=773 元/t，水库淹没占用每亩水田的机会成本：

$$OC_2 = NB_2 \frac{1+g}{i-g}\left[\frac{(1+i)^n-(1+g)^n}{(1+i)^n}\right] = 773\times 0.5\times 10.2\times 0.9946 = 3921(\text{元/亩})$$

(3) 水库淹没、占用耕地 32.58 万亩的机会成本＝1945×32.58×30%＋3921×32.58×70%＝108433(万元)。

(4) 水库淹没、占用耕地及迁移、安置移民的新增资源消耗费用。包括剩余劳动力安置、设施拆迁费、征地管理费等在内的新增资源消耗费用，根据统计资料，可按每亩 15000 元计，则水库淹没、占用耕地 32.58 万亩的新增资源消耗费用＝15000×32.58＝488700(万元)。

(5) 水库淹没、占用耕地的影子总费用＝水库淹没、占用耕地的机会成本＋新增资源消耗费用＝108433＋488700＝597133(万元)。

(6) 按水库淹没、占用耕地的影子总费用调整水库淹没补偿费及移民安置费的差额 D＝597133－589800＝7333(万元)。

5. 价格调整

按影子价格调整国产机组设备费及按影子工资调整劳动力费用等，因缺乏资料，拟不加调整，即 E＝0。

6. 水电站国民经济后评价采用的影子投资 I_s

$$\begin{aligned} I_s &= \text{投资重估值} - A - B + C + D + E \\ &= 798112 - 11625 - 37511 - 9271 + 7333 + 0 \\ &= 747038(\text{万元}) \end{aligned}$$

水电站竣工决算投资（1977 年）、投资重估值（1995 年价格水平）及影子投资 I_s 见表 8-2。

表 8-2　　水电站固定资产投资　　单位：万元

项　　目	1977 年竣工决算	1995 年价格投资重估值	1995 年价格影子投资	备　　注
第一部分　永久性工程	41468	781112	734809	
第一项　水库淹没、移民费	21528	589800	597133	淹没耕地 32.58 万亩，实际移民 29.49 万人
第二项　主要工程项目			137676	
拦河坝	5878	55853	40194	混凝土重力坝
水电站	8275	74357	53510	包括水电设备、升压变电站等
升船机	236	2260	1627	
运输及通信	5432	57700	41523	
住宅、办公、福利建筑	119	1142	822	
第二部分　施工临时工程	1468	15000	10795	
第三部分　其他工程	675	2000	1434	
合　　计	43611	798112	747038	

(二) 影子投资在综合利用各部门之间进行分摊

投资分摊的原则是：先按所占库容的比例在防洪与兴利两大部门之间进行分摊，然后按效益比例在兴利各部门之间进行分摊。

1. 在防洪与兴利两大部门之间分摊投资

已知防洪库容 $V_{洪}=47.32-9.5=37.82$(亿 m^3)；兴利库容 $V_{兴}=102.66$ 亿 m^3；设计低水位之下的库容，对该水电站而言主要是为了保证水电站的最小发电水头，故防洪投资的分摊系数 $\alpha_{洪}=\dfrac{V_{洪}}{V_{洪}+V_{兴}+V_{死}}=\dfrac{37.82}{216.22}=17.5\%$，兴利投资的分摊系数 $\alpha_{兴}=\dfrac{V_{兴}+V_{死}}{V_{洪}+V_{兴}+V_{死}}=\dfrac{102.7+75.7}{216.22}=82.5\%$。

已知本工程影子投资=747043 万元，其中水电站专用工程投资 53510 万元，故共用工程投资=747043-53510=693533(万元)，其中

防洪部门应分摊的共同工程投资=693533×17.5%=121368(万元)

兴利部门应分摊的共同工程投资=693533×82.5%=572165(万元)

2. 兴利各部门之间的投资分摊

根据初步统计资料，水力发电效益约占全部兴利效益的 97.53%，灌溉、航运及其他兴利效益合占全部兴利效益的 2.47%，因此，水电站应分摊的共同工程投资=572165×0.9753=558033(万元)，加上影子发电专用工程投资，即得水电站承担的影子投资=558033+53510=611543(万元)。

3. 水电站各年投资分配

已知水电站 1977 年竣工决算投资及其各年投资比例，由上述计算已求出水电站国民经济后评价影子投资 611543 万元，则水电站各年影子投资分配额=国民经济后评价影子投资×竣工决算各年投资比例。

（三）影子年运行费及流动资金

1. 水电站年运行费（1995 年影子价格水平）

根据实际资料，该水电站年运行费约为其固定资产投资的 1%，因此，水电站的正常年运行费=影子投资×0.01=6115 万元/年，现按 6120 万元计（9 台机组）。

至于各年运行费，则根据投产机组台数、管理水平以及其他因素确定。水电站年运行费包括材料费、水费、工资、职工福利基金、维修费以及其他费用，其中水费随发电量多少而有变动。年运行费各部分所占百分比见表 8-3。

表 8-3　　　　水电站年运行费各部分所占百分比

项　　目	水费	材料费	维修费	工资	福利基金	其他
所占百分比/%	13.7	5.0	43.2	18.4	1.5	18.2

注　维修费包括库区维护基金及大修理费等。

2. 水电站流动资金（1995 年影子价格水平）

由于每月向用户定期征收电费，故流动资金稍大于 1 个月的运行费用即可保证工程正常运行所需购买燃料、材料、备品、备件和支付职工工资的周转资金。流动资金应在工程投入运行之前筹措，作为工程总投资的组成部分（总投资=固定资产投资 611543 万元+流动资金 1000 万元）。因流动资金仅占总投资的 0.15%左右，为简化计算，暂不列

入计算。

（四）国民经济年效益

该水电站的国民经济年效益，可按上网年供电量×影子电价确定，由于缺乏1995年该地区影子电价资料，故拟按该地区最优等替代火电站所需的年费用计算。

已知该地区替代火电站的厂用电比水电站多10%，为了向电网提供同等容量，替代火电站的装机容量应比水电站约增加10%。已知水电厂装机容量$N_{水}=66.25$万kW，故替代火电站的装机容量$N_{火}=1.1N_{水}=72.875$万kW。假设替代火电站的机组亦为9台，则每台机组容量为8万kW。根据1995年影子价格水平，该地区替代火电站单位千瓦投资为5000元/kW，考虑到环境保护等要求，替代火电站需额外增加投资25%，故替代火电站总投资$I_{火}=5000$元/kW×(1+25%)×72万kW=450000万元，相当于每台火电机组投资450000/9=50000(万元)。替代火电站建设期为3年，要求与水电站机组同步投产，例如1977年某水电厂第9台机组投入运行，相应替代火电站的各年投资、固定年运行费及燃料费，以便估算某水电站的国民经济效益。

1. 替代火电站固定资产投资$I_{火}$

该水电站于1960年投产2台机组，替代火电站相应于1857年投产2×50000=100000(万元)，以便3年后与某水电厂同步投产2台机组。同理，替代火电站应分别于1958年、1961年、1962年、1963年、1965年、1972年、1974年各投资50000万元，以便于1961年、1964年、1965年、1966年、1968年、1975年、1977年分别投产第3、第4、第5、第6、第7、第8及第9台机组。

2. 替代火电站的固定年运行费$C_{火}$

替代火电站的固定年运行费，包括材料费、维修费、工资和福利费以及其他费用（不包括发电燃煤费用），根据统计资料约为其总投资的8%，即9台机组全部投产后的年固定运行费为450000×8%=36000(万元)，相当于每台机组的固定年运行费为4000万元/年。

3. 替代火电站的燃料费F

已知替代火电站位于负荷中心某市附近，使用热值$Q=16.728$MJ/kg的动力原煤发电，据调查，热值为20.91MJ/kg动力原煤在某市1995年的影子价格为200元/t，则热值为16.728MJ/kg的动力原煤影子价格$=P_{城}+5.77\times(Q-20.91)=200+5.77\times(16.728-20.91)=176$(元/t)。此外，尚需考虑动力原煤运输到替代火电站的影子运费=1.84×2.2=4(元/t)。故运到替代火电站的动力原煤（热值为16.728MJ/kg）的影子价格$P_{城}=176+4=180$(元/t)。

已知替代火电站担任峰荷时的标准煤度电煤耗率为0.45kg/(kW·h)，标准煤热值为29.274MJ/kg，折算为热值16.728MJ/kg的原煤耗率为0.79kg/(kW·h)，由此求出单位发电量燃料费=0.142元/(kW·h)。设已知1995年替代火电站的发电量$E_{火}=1.08E_{水}=22.95\times1.08=24.8$(亿kW·h)，故该年燃料费$F=24.8\times0.142\times10^{4}=35216$(万元)，其他年份类推。水电站各年费用及替代火电站各年费用（即水电站各年效益）计算结果见表8-4。

表 8-4　　水电站国民经济后评价效益费用流量

[计算基准年（点）在 1957 年初，社会折现率 $i_s=12\%$]

年份	水电站装机台数－容量/万 kW	水电站年发电量/(亿 kW·h)	水电站年费用 C/万元			$C_t(1+i_s)^{-t}$	替代火电站各年费用＝水电厂各年效益 B/万元				$B_t(1+i_s)^{-t}$	$(B-C)_t(1+i_s)^{-t}$
			年投资	年运行费	合计		投资	运行费	燃料费	合计		
1957			71248		71248	63617	100000			100000	89290	
1958			130261		130261	103844	50000			50000	39860	
1959			144326		144326	102731						
1960	2－15.5	2.10	68105	2360	70465	44780		8000	3221	11221	7131	
1961	3－21.75	9.77	10714	2640	13354	7577	50000	12000	14987	76987	43682	
1962	3－21.75	11.77	18052	2640	20692	10482	50000	12000	18055	80055	40556	
1963	3－21.75	6.44	10469	2640	13109	5929	50000	12000	9877	71877	32511	
1964	4－29.00	10.94	21404	2720	24124	9744		16000	16782	32782	13241	
1965	5－36.50	10.68	31923	3400	35323	12737	50000	20000	16383	86383	31150	
1966	6－44.00	17.01	35181	3880	39061	12578		24000	26093	50093	16130	
1967	6－44.00	16.27	7461	4080	11541	3318		24000	24958	48958	14075	
1968	7－51.25	11.10	5209	4260	9469	2431		28000	17027	45027	11558	
1969	7－51.25	18.79	21927	4360	26287	6025		28000	28824	56824	13024	
1970	7－51.25	14.34	1646	4460	6106	1250		28000	21997	49997	10229	
1971	7－51.25	17.77	23414	4460	27874	5093		28000	27259	55259	10096	
1972	7－51.25	12.14	420	4340	4760	776	50000	28000	18622	96622	15759	
1973	7－51.25	20.58	520	4240	4760	693		28000	31570	59570	8673	
1974	7－51.25	23.98	600	4160	4760	619	50000	28000	36785	114785	13326	
1975	8－58.75	16.97	870	4510	5380	632		32000	26032	58032	6018	
1976	8－58.75	13.92	400	5040	5440	564		32000	21353	53353	5533	
1977	9－66.25	17.19	1000	5120	6120	567		36000	26370	62370	5775	
1978	9－66.25	9.48	950	5170	6120	605		36000	14542	50542	4175	
1979	9－66.25	4.48	900	5220	6120	452		36000	6872	42872	3164	
1980	9－66.25	11.20	850	5270	6120	403		36000	17180	53180	3505	
1981	9－66.25	18.78	800	5320	6120	360		36000	28808	64808	3811	
1982	9－66.25	16.90	750	5370	6120	321		36000	25924	61924	3251	
1983	9－66.25	20.61	700	5420	6120	287		36000	31615	67615	3171	
1984	9－66.25	17.20	650	5470	6120	256		36000	26385	62385	2614	
1985	9－66.25	16.82	600	5520	6120	229		36000	23010	59010	2207	
1986	9－66.25	14.78	550	5570	6120	205		36000	21905	57905	1934	
1987	9－66.25	13.30	500	5620	6120	183		36000	20402	56402	1682	
1988	9－66.25	15.79	450	5670	6120	163		36000	24222	60222	1604	

续表

年份	水电站装机台数—容量/万kW	水电站年发电量/(亿kW·h)	水电站年费用C/万元			$C_t(1+i_s)^{-t}$	替代火电站各年费用=水电厂各年效益B/万元				$\frac{B_t}{(1+i_s)^{-t}}$	$\frac{(B-C)_t}{(1+i_s)^{-t}}$
			年投资	年运行费	合计		投资	运行费	燃料费	合计		
1989	9—66.25	19.07	400	5720	6120	145		36000	29253	65253	1551	
1990	9—66.25	14.92	350	5770	6120	130		36000	22887	58887	1250	
1991	9—66.25	24.10	300	5820	6120	116		36000	36969	72969	1383	
1992	9—66.25	15.68	250	5870	6120	103		36000	24053	60053	1013	
1993	9—66.25	18.42	200	5920	6120	92		36000	28256	64256	968	
1994	9—66.25	17.76		6120	6120	82		36000	27244	63244	851	
1995	9—66.25	22.95		6120	6120	73		36000	35216	71216	855	
累计			614350			400192					457933	+57741

根据表8-4所列的该水电站国民经济后评价费用流量表折现计算，当计算基准年（点）定在建设期初即1957年初，社会折现率采用$i_s=12\%$，对计算期39年（1957—1995年，其中建设期3年，投产期17年，正常运行期19年）内，某水电站各年费用C_t（包括投资、年运行费）及替代火电站各年费用（包括投资、固定年运行费、燃料费），即水电站各年效益B_t进行折现计算，求出$\sum_{t=1}^{39}B_t(1+i_s)^{-t}=457933$万元，$\sum_{t=1}^{39}C_t(1+i_s)^{-t}=400192$万元。

由此求出：

（1）经济净现值 $ENPV=\sum_{t=1}^{n=39}(B-C)_t(1+i_s)^{-t}=457933-400192=57741$(万元)($>0$)。

（2）经济效益费用比 $EBCR=\dfrac{\sum_{t=1}^{39}B_t(1+i_s)^{-t}}{\sum_{t=1}^{39}C_t(1+i_s)^{-t}}=\dfrac{457933}{400192}=1.14(>1.0)$。

（3）经济内部收益率$EIRR$，可从$\sum_{t=1}^{n=39}(B-C)_t(1+EIRR)^{-t}=0$求出，通过试算，求得$EIRR\approx13\%$（$>i_s=12\%$）。

因而认为：通过国民经济后评价，水电站投入运行36年后，证明在经济上是有利的。由于投产期长达17年，到1977年才装完第9台机组，影响发电效益甚大。

在后评价计算中，未考虑机组设备的中间更新改造费用，亦未考虑水电站在计算期末固定资产余值回收，两者折算计算后可消除部分误差。

（五）国民经济后评价指标计算

水利建设项目国民经济后评价，可根据经济效益内部收益率$EIRR$、经济净现值$ENPV$或经济效益费用比$EBCR$等评价指标进行。

（六）敏感性分析

（1）在国民经济后评价中，计入与不计入流动资金，究竟对计算结果影响多大。据该水电站资料，流动资金约占固定资产原值的0.2%，如果在水电站投产前的1959年投入流动资金$u=1000$万元（1995年影子价格水平），则1960—1995年均需考虑流动资金的年费用$ui_s=1000\times0.12=120$(万元/年)。折现至计算基准年1957年初，$\sum_{t=4}^{39}ui_s(1+i_s)^{-t}=983$万元。该流动资金应于计算期末即1995年底回收作为效益，其现值$=u[P/F,i_s,n]=18$万元。两者差值965万元，约占经济净现值$ENPV$的1.8%。为简化计算，可暂不列入效益费用流量表中计算。

（2）在国民经济后评价中，该水电站投产期长达17年（1960—1976年）。经调查，直到1990年以后每年才开始投资1000万元作为设备更新改造费用，1991—1995年设备更新改造费用折现至计算基准年1957年初，其现值仅约为85万元。另外，在1995年底固定资产投资余值回收为$611543\times10/50\approx122309$(万元)，折现至计算基准年1957年初，其现值$=122309[P/F,i_s,n]=1472$(万元)，两者差值$=1472-85=1387$(万元)，约占经济净现值$ENPV$的2.4%。

（3）如果在国民经济后评价中，既不计入流动资金以及计算期中间的更新改造等费用，又不考虑在计算期末回收固定资金余值作为效益，两者差值$=1383-965=418$(万元)，约占经济净现值的0.8%。考虑到该水电站影子投资计算误差较大，暂不考虑以上各值进入计算是不可行的。

四、财务后评价

根据SL 72—2013《水利建设项目经济评价规范》，对于供水、发电等有一定财务收入的水利建设项目，应按现行的水、电价格体系为基础进行财务评价。其内容包括以下各项。

（一）财务支出

水利建设项目的财务支出，包括建设项目的总投资、年运行费、流动资金和税金等费用。

1. 固定资产投资

该水电站是1957年4月主体工程正式开工，当年投资5393万元，1958年投资9292万元，1959年投资10296万元，1960年投资4994万元，水电站基本建成。由于尾工较大，以后各年仍需投资，但数额明显减少，截至正常运行的1977年前，财务决算总投资为44068万元。其中混凝土拦河坝工程5878万元，发电厂工程8275万元（包括机电设备、升压、变电工程等），升船机工程236万元，运输及通信工程5432万元，住宅、办公、福利等公共建设工程119万元，施工临时工程1468万元，水库淹没处理补偿费及移民安置费用21528万元，其他工程费用1132万元。

该水电站全部投资费用系由政府拨款建成，无论建设期和投产期均无借款利息，亦无固定资产投资方向调节税。在建设期末，回收大型临时建筑工程设备器材和施工设备的购置费以及移交给其他单位的固定资产值，共折合10995万元，从固定资产投资中扣除后确定工程造价为33073万元。

2. 年运行费

年运行费包括材料费、维修费、工资及福利费、燃料及动力费和其他费用等。该水电站的年运行费分为两类：一类为变动费用，从1981年起，遵照国务院的规定，每年从水电站发电收入中按每千瓦时提取0.001元作为水库维护基金；另一类为固定费用，包括材料费、工资、职工福利基金、大修理费和管理费用等。其中材料费包括事故备品、配件、工具和运输用油等辅助材料的费用，职工福利基金按工资总额的11%提取，大修理费自1980年起按固定资产原值的1.4%提取，管理费用包括办公费、水电费、劳动保护费、修缮费、运输费、保险费、研究试验费以及房产税、车船使用税、土地使用税等。

3. 流动资金

流动资金包括维持项目正常运行所需的全部周转资金。水电站的流动资金按定额和非定额两大类实行分口管理：定额流动资金（包括材料、事故备品、低值易耗品、委托加工材料等所需资金）和非定额流动资金中的“特准储备物资”资金，由供应科实行指标管理；其余非定额流动资金由财务科实行控制监督管理。根据该电站实际统计资料，定额流动资金年平均约为年运行费的12%。

4. 产品销售税金及附加

水电站的产品为供电量，销售税金及附加按销售收入（供电量×上网电价）的20%计算。应纳的所得税按应纳税所得额的33%计算。

（二）总成本费用

按照1993年财务制度规定，水利建设项目总成本费用按经济性质分类包括材料、燃料及动力费、工资及福利费、维修费、折旧费、摊销费以及其他费用等项。水电站的折旧费为

年折旧费＝固定资产原值×年综合折旧费率

摊销费是指项目的无形资产和递延资产的年摊销费用，据1994年以前的统计资料，该水电站在总成本费用中尚未考虑计入。

该水电站发电总成本支出，在1961—1979年之间保持在810万元以下，1980年以后，由于物资调价、职工人数增加（现约850人）、工资调整以及库区维护基金、保险费、税金等各种费用支出增加较多，故总成本费用逐年上升，1988年总成本支出达2071万元（其中折旧费932万元、年运行费1139万元）。1994年水利部清产核资组确定其固定资产为74300万元（1992年价格水平），因而1995年的发电总成本上升到8040万元（其中折旧费2700万元，年运行费5340万元）。1977—1988年历年发电成本见表8-5。

表8-5　　1977—1988年历年发电成本（当年价格）

年份	发电总成本/万元	基本折旧费/万元	年运行费/万元						单位成本/[元/(kW·h)]
			小计	材料	工资	职工福利基金	维护及修理费	其他	
1977	737	583	153	35	45		62	11	4.30
1978	798	610	187	40	48		81	18	8.46
1979	805	631	174	36	51		67	20	18.18
1980	1283	700	579	24	57		473	25	11.53
1981	1513	719	607	30	53		474	50	8.09

续表

年　　份	发电总成本/万元	基本折旧费/万元	年运行费/万元						单位成本/[元/(kW·h)]
			小计	材料	工资	职工福利基金	维护及修理费	其他	
1982	1503	727	607	29	55		476	47	8.93
1983	1563	728	630	31	60	7	477	55	7.62
1984	1585	734	680	33	70	8	479	90	9.26
1985	1613	736	710	35	98	10	480	87	9.64
1986	1709	747	814	49	117	12	484	152	11.62
1987	1828	836	859	58	125	13	487	176	13.82
1988	2071	932	983	57	210	17	493	206	13.18

注　1988 以后缺乏正式统计资料。

（三）财务收入

水电站的财务收入为向电网供电所得的销售收入。年财务收入扣除年总成本和年销售税金后为年利润总额，按有关规定交纳所得税后再按财会制度进行分配。有关该水电站的历年财务指标，见表 8-6。

表 8-6　　水电站历年财务指标（当年价格）

年份	固定资产/万元	基本折旧费/万元	年运行费/万元	发电总成本/万元	单位发电成本/[元/(kW·h)]	上网电价/[元/(kW·h)]	销售收入/万元	销售税金/万元
1960	21791	45	33	78	3.71	15.0	315	63
1961	21890	248	123	371	3.80	15.0	1456	293
1962	25198	273	109	382	3.26	15.0	1765	359
1963	25232	274	118	392	6.10	15.0	966	193
1964	26068	493	149	642	5.88	15.0	1641	328
1965	26691	383	138	521	4.89	15.0	1602	320
1966	26671	458	183	641	3.77	15.0	2551	510
1967	26976	508	181	689	4.23	15.0	2440	488
1968	27689	516	166	682	6.15	15.0	1665	333
1969	27695	538	202	740	4.02	15.0	2818	563
1970	27707	539	102	641	4.48	15.0	2151	430
1971	27745	540	97	637	3.60	18.0	3198	639
1972	27744	541	110	651	5.38	18.0	2185	437
1973	27773	542	127	669	3.26	18.0	3704	740
1974	27810	543	153	696	2.91	18.0	4316	863
1975	28780	544	156	700	4.13	18.0	3054	610
1976	28812	581	144	725	5.23	20.0	2784	557
1977	28865	583	154	737	4.30	20.0	3438	687

续表

年份	固定资产/万元	基本折旧费/万元	年运行费/万元	发电总成本/万元	单位发电成本/[元/(kW·h)]	上网电价/[元/(kW·h)]	销售收入/万元	销售税金/万元
1978	30028	610	188	798	8.64	20.0	1896	379
1979	33859	631	174	805	8.18	20.0	896	179
1980	33905	700	583	1283	11.53	20.0	2240	448
1981	34074	719	794	1513	8.09	20.0	3756	751
1982	34113	727	776	1503	8.93	20.0	3380	676
1983	34220	728	835	1563	7.62	36.0	7420	1484
1984	34293	734	851	1585	9.26	36.0	6192	1238
1985	34465	736	877	1613	9.64	36.0	6055	1210
1986	34846	747	962	1709	11.62	36.0	5320	1064
1987	35036	836	992	1828	13.82	36.0	4788	956
1988	35629	923	1139	2071	13.18	65.0	10263	2052
…	…	…	…	…	…	…	…	…
1995	清产核资额 74306	2700	5340	8040	35.03	78.0	17901	3580

注　1988年以后缺乏正式统计资料。

为了把历年财务支出 CO 与财务收入 CI 及该水电站财务现金流量表（表8-7）中的当年净现金流量 $CI-CO$ 均折算为1995年价格水平，拟采用各年的零售物价指数（见历年《中国统计年鉴》）进行计算。例如，1960年当年 $CI-CO=-4775$ 万元，折算为1995年价格水平为 $-4775\times4.0957=-19557$（万元）；1995年当年 $CI-CO=8981$ 万元，折算为1995年价格水平为 $8981\times1.0000=8981$（万元），其余类推，见表8-7。

表8-7　　**水电站财务现金流量表**　　单位：万元

年份	销售收入 CI	CO（当年价格）			当年净现金流量 $CI-CO$	按零售物价指数，1995年价格 $(CI-CO)_t(1+i)^{-t}$			备注
		当年投资	当年运行费	当年税金		当 $i=0$	当 $i=3\%$	当 $i=10\%$	物价指数
1957		5393			−5393	−23966	−23268	−21787	4.4439
1958		9292			−9292	−41284	−38914	−34117	4.4428
1959		10296			−10296	−43470	−39779	−32659	4.2248
1960	315	4994	33	63	−4775	−19558	−17377	−13358	4.0957
1961	1456	805	123	293	244	860	742	534	3.5245
1962	1765	1333	109	359	−36	−122	−102	−69	3.3952
1963	966	790	118	193	−135	−487	−396	−250	3.6080
1964	1641	1523	150	328	−360	−1348	−1064	−629	3.7462
1965	1602	2273	138	320	−1192	−4346	−3330	−1843	3.8492
1966	2551	2496	183	510	−638	−2463	−1832	−949	3.8607

续表

年份	销售收入 CI	CO（当年价格）			当年净现金流量 $CI-CO$	按零售物价指数，1995年价格 $(CI-CO)_t(1+i)^{-t}$			备注
		当年投资	当年运行费	当年税金		当 $i=0$	当 $i=3\%$	当 $i=10\%$	物价指数
1967	2440	530	181	488	1241	4827	3487	1692	3.8896
1968	1665	334	165	333	833	3238	2271	1032	3.8867
1969	2818	1538	202	563	−515	−2024	−1378	−586	3.9309
1970	2151	395	102	430	1224	4841	2128	1275	3.9399
1971	3198	1651	97	639	811	3220	2067	771	3.9702
1972	2185	60	109	437	1579	6283	3916	1367	3.9793
1973	3704	65	127	740	2772	10963	6633	2168	3.9550
1974	4316	70	153	863	3230	12706	7464	2286	3.9340
1975	3054	80	156	610	2208	8673	7246	1418	3.9280
1976	2784	50	143	557	2034	7965	4410	1183	3.9161
1977	3438	100	153	687	2498	9587	5308	1295	3.8378
1978	1896	95	187	379	1235	4708	2532	578	3.8124
1979	896	90	174	179	453	1693	858	198	3.7382
1980	2240	85	582	448	1125	4123	2028	418	3.6650
1981	3756	80	794	751	2131	7627	3643	704	3.5790
1982	3380	75	776	676	1853	6507	3017	546	3.5120
1983	7420	70	835	1484	5031	17407	7837	1328	3.4600
1984	6192	65	850	1238	4039	13595	5942	942	3.3660
1985	6055	60	877	1210	3908	12091	5768	762	3.0940
1986	5320	55	962	1064	3239	7454	3071	542	3.9190
1987	4788	50	991	956	2791	7591	3036	396	2.7200
1988	10263	45	1140	2052	7026	16124	6261	763	2.2950
1989	12395	40	1740	2479	8136	15857	5977	682	1.9490
1990	9698	35	2340	1939	5384	10278	3761	402	1.9090
1991	15665	30	2940	3133	9562	17737	6304	631	1.8550
1992	10192	25	3540	2038	4589	7668	2646	248	1.6710
1993	11973	20	4140	2394	5419	7570	2536	223	1.3970
1994	13852		4740	2770	6342	7280	2367	195	1.1480
1995	17901		5340	3580	8981	8981	2835	218	1.000
现值累计值						117078	−11349	−81450	

（四）财务后评价

该水电站财务后评价，拟根据财务内部收益率、投资回收期、财务净现值、投资利润率、投资利税率等后评价指标进行。

1. 财务内部收益率 $FIRR$

财务内部收益率应以项目计算期内各年净现金流量观测值累计等于零时的折现率表示。其计算公式为

$$\sum_{t=1}^{n}(CI-CO)_t(1+FIRR)^{-t}=0$$

式中　CI——现金流入量，万元，主要指销售电量所得的收入；

CO——现金流出量，万元，主要指固定资产投资、年运行费、销售税金（包括附加，下同）等；

n——计算期，年，包括建设期 3 年，投产期 17 年，正常运行期 19 年，共计 39 年（1957—1995 年）。

在财务内部收益率试算中，暂不考虑流动资金（所占比例很小）、更新改造投资（正常运行期仅 19 年）和固定资产余值回收（计算期 39 年。其折算值不大，且可抵消上述部分计算误差）。通过试算，当财务内部收益率 $FIRR$ 大于或等于电力行业财务基准收益率（i_c=10%）时，才认为该水电站在财务上是可行的。表 8-7 列出水电站的财务现金流量表，表中计算基准年在 1957 年初。

现对表 8-7 水电站财务现金流量表中的折现计算作些说明。

1960 年该水电站两台 7.25 万 kW 水轮发电机组先后投产，当年发电量 E=2.10 亿 kW·h，电价 P=0.015 元/(kW·h)，故销售收入 CI=EP=2.10×10^4×0.015=315(万元)，销售税金=销售收入×20%=315×0.2=63(万元)。当年投资 4994 万元，年运行费 33 万元，故现金流出量 CO=4994+33+63=5090(万元)，当年净现金流量（$CI-CO$）=315－5090=－4775(万元)。1960 年的物价指数为 4.096，故该年净现金流量（$CI-CO$）换算为 1995 年价格水平则为－4775×4.096=－19558(万元)（当 i=0)。当 i=3%，[P/F，i，n=4]=0.8885，故 1960 年末（$CI-CO$）$(1+i)^{1957-1960-1}$=－19558×0.8885=－17377(万元)；当 i=10%，[P/F，i，n=4]=0.6830，故（$CI-CO$）$(1+i)^{-4}$=－19558×0.6830=－13358(万元)，其余类推。全部计算见表 8-7，计算结果见表 8-8。

表 8-8　$FIRR$ 与净现金流量现值累计 $\sum_{t=1}^{39}(CI-CO)_t(1+FIRR)^{-t}$ 的关系

i	当 i=0	当 i=3%	当 i=10%	用内插法，当 i=2.3%
净现金流量现值累计/万元	+117078	－11349	－81450	0

由表 8-8 可知，用内插法可求出水电站的财务内部收益率 $FIRR$=2.3%（小于行业基准收益率 i_c=10%)，因而认为财务上不可行。

2. 财务净现值 $FNPV$

财务净现值是以用行业财务基准收益率 i_c 将项目计算期内各年净现金流量折算到计算期初的现值之和表示。其表达式为

$$FNPV=\sum_{t=1}^{n}(CI-CO)_t(1+i_c)^{-t}$$

已知电力行业财务基准收益率 i_c=10%，由表 8-7 可知，当 i=10%，水电站财务净

现值 $FNPV=-81450$ 万元（<0），因而认为财务上不可行。

3. 投资回收期 P_t

投资回收期是以项目的净现金流量累计等于零时所需要的时间（以年计）表示，从建设开始年算起。其表达式为

$$\sum_{t=1}^{P_t}(CI-CO)_t=0$$

这是一个静态财务指标，由表 8-7，当 $i=0$，可求出 $\sum_{t=1957}^{t=1985}(CI-CO)_t\approx 0$，即投资回收期 $P_t=1985-1957+1=29$(年)（从 1957 年初起算），大大超过一般规定的 10 年以内。

4. 投资利润率

投资利润率应以项目达到设计规模后的一个正常运行年份的年利润总和与项目总投资的比率表示。年利润总额为年财务收入与年销售税金和总成本费用的差值。项目总投资为固定资产投资、流动资金与建设期和部分运行初期的借款利息之和（水利建设项目免交固定资产投资方向调节税）。

已知水电站固定资产投资全部为政府拨款，故无借款利息。存在的问题是，在财务后评价中如何确定该水电站的固定资产投资值（1995 年价格水平）。

设该水电站在建设期（1957 年初至 1959 年底）与投产期（1960—1976 年）内第 t 年的投资为 I，该年物价指数为 k_t，则固定资产投资 $I_{新}=\sum_{t=1957}^{1976}I_tk_t\approx 187500$ 万元（远小于用重置成本法所求出的 $I_{新}=798112$ 万元。

设固定资产形成率为 0.8，则该水电站的固定资产$=187500\times 0.8=150000$(万元)。设 1995 年年折旧费$=150000\times 3.5\%=5250$(万元)，年运行费$=5340$ 万元，则发电总成本$=5250+5340=10590$(万元)。设正常运行期内年平均发电量 16 亿 kW·h，电价按 0.078 元/(kW·h) 计（均以 1995 年价格），则年销售收入$=16\times 10^4\times 0.078=12480$(万元)，销售税金$=2496$ 万元，年利润总额$=12480-(10590+2496)=-606$(万元)，故

$$投资利润率=\frac{年利润}{固定资产投资}=\frac{-606}{187500}=-0.32\%$$

5. 投资利税率

$$投资利税率=\frac{利润+税金}{固定资产投资}=\frac{-606+2496}{187500}=1\%$$

即使在固定资产投资明显偏低的情况下，无论投资回收期、投资利润率、投资利税率等静态评价指标，仍然认为在财务上不可行。

（五）合理上网电价测算

根据 SL 72—2013《水利建设项目经济评价规范》，对于洪水、发电等有一定财务收入的水利建设项目，应按现行的水、电价格体系为基础进行财务评价，如果评价结果不可行时，应按满足行业财务基准收益率 i_c 等要求，测算水价、电价，并分析其现实性和可行性。

从水电站财务后评价指标分析，即使采用物价指数法，相应固定资产投资＝187500万元（1995年价格水平），财务内部收益率 $FIRR=2.3\%$（$<i_c=10\%$）、财务净现值 $FNPV=-81450$ 万元（<0）、投资利润率＝－0.32%，均认为在财务上不可行。解决问题的关键还是在于：在满足行业财务基准收益率 $i_c=10\%$ 的要求下，如何测算合理的上网电价。

1. 上网电价测算

考虑到水电站的厂用电率很低，只占年发电量的5%左右，为简化计算，发电销售收入≈年发电量×上网电价 $P_{电}$。

（1）当上网电价 $P_{电}=0.078$ 元/(kW·h)（1995年价格水平），按物价指数法固定资产投资187500万元，所求出的在计算期（1957—1995年，共39年）末，各年净现金流量现值累计值 $=\sum_{t=1}^{39}(CI-CO)_t(1+i_c)^{-t}=-81450$ 万元（表8－7）。为了使 $\sum_{t=1}^{39}(CI-CO)_t(1+i_c)^{-t}=0$，必须增加 CI 值，通过试算，只有当上网电价调整到 $P_{电}=0.14$ 元/(kW·h) 才能满足此要求。

（2）当上网电价 $P_{电}=0.078$ 元/(kW·h)（1995年价格水平），按重置成本法固定资产投资798112万元，所求出的在计算期末 $\sum_{t=1}^{39}(CI-CO)_t(1+i_c)^{-t}=-1375554$ 万元，为了使该结果等于零，必须调整上网电价，只有当上网电价调整到 $P_{电}=0.34$ 元/(kW·h) 才能满足此要求。

2. 调整某水电站上网电价的现实性与可行性

电网向用户的现行售电价格，见表8－9。

各类电站向电网供电的上网电价，见表8－10。

表8－9 电网向用户的现行售电价格

项目	负荷性质	供电价格/[元/(kW·h)]
居民生活用电	腰荷	0.50
工业用电	腰荷	0.60
商业用电	腰荷	0.75
峰荷电价＝腰荷电价×1.5		
基荷电价＝腰荷电价×0.5		

表8－10 各类电站向电网供电的上网电价

电站	上网电价/[元/(kW·h)]	备注
火电站	0.35	承担腰荷、基电为主
葛洲坝水电站	0.10	基荷
本例水电站	0.078	承担峰荷为主

根据统计，在售电成本中发电成本约占60%，供电成本约占40%，因此该水电站的上网电价明显偏低，具有较大空间的调价现实性和可行性。

考虑到水电站固定资产投资重估值，无论从市场价格类比法或重置费用法（即重置成本法），均应在70亿～80亿元，故应按此进行财务后评价，上网电价应调整到0.34元/(kW·h) 左右。考虑到调价的当前现实可行性，是否可以在3～5年内逐步调整到位。

五、结论与建议

（一）结论

本例水电站主体工程于1957年开工，1960年基本建成并开始投入系统运行，1977年最后一台机组投产，电站最终装机9台，总装机容量66.25万kW，1960—1997年平均年发电量为15.1亿kW·h。根据1977年竣工决算，固定资产投资合计44068万元（按当年价格计算）；现按1995年价格水平，用重置成本法（工程量×1995年单价）可求出固定资产投资应为798112万元（表8-1）。

1. 国民经济后评价

当计算基准年（点）定在建设期初即1957年初，社会折现率$i_s=12\%$，影子投资分摊值=611550万元，年运行费1995年为6120万元，根据国民经济后评价效益费用流量计算结果（表8-4）：经济净现值$ENPV=+52452$万元（>0）；经济效益费用比$EBCR=1.13$（>1.0）；经济内部收益率$EIRR=13\%$（$>i_s=12\%$）。

通过国民经济后评价，认为该水电站投入运行36年（1960—1995年）以来，证明在经济上是有利的。应该指出，由于该水电站投产期（1960—1976年）长达17年，影响发电效益很大。

2. 财务后评价

由于通货膨胀影响，水电站固定资产价值应作相应调整。根据历年《中国统计年鉴》的全国零售物价指数，假设以1995年为基年，该年物价相对指数（简称物价指数）为1.00，则1957年的物价指数为4.444，同理，可以求出其他年份的物价指数，由此可以求出该水电站的固定资产总投资为187500万元（1995年价格水平）。同法可求出该水电站的年运行费及年销售收入。

当计算基准年（点）定在建设初期即1957年初，行业基准收益率$i_c=10\%$，根据该水电站财务后评价现金流量计算结果（表8-8）：财务净现值$FNPV=-81450$万元（<0）；财务内部收益率$FIRR=2.3\%$（$<i_c=10\%$）。

通过财务后评价，即使在固定资产总投资值（187500万元，1995年价格水平）明显偏低的情况下，当规定该水电站的上网电价为0.078元/(kW·h)时，仍然认为在财务上是不可行的。

3. 合理上网电价测算

现拟在满足电力行业财务基准收益率$i_c=10\%$的要求下，测算该水电站合理的上网电价。

（1）按历年《中国统计年鉴》所刊载的全国零售物价指数，作为考虑历年的物价上涨水平，该水电站的固定投资资产重估值为187500万元。通过试算，可以求出合理的上网电价为0.14元/(kW·h)。

（2）按重置成本法重估该水电站的固定资产投资值为798112万元（表8-1），通过试算，同法可求出合理的上网电价为0.34元/(kW·h)（1995年价格水平）。

（二）建议

根据2000年4月调查，电网内的火电站主要承担系统旳基荷和腰荷，平均上网电价为0.35元/(kW·h)；电网内的葛洲坝水电站主要承担系统的基荷，上网电价为0.10元/(kW·h)；而该水电站主要承担系统的峰荷，上网电价只有0.078元/(kW·h)，明显偏低。根据同网、同质、同价的原则，该水电站的上网电价应在3～5年内逐步调整到0.30～0.35元/(kW·h)，其理由如下：

（1）根据电网向用户的现行售电价格，峰荷电价为腰荷电价的1.5倍，腰荷电价为基荷电价的2.0倍，即峰荷电价为基荷电价的3倍。已知葛洲坝水电站（承担系统的基荷）的现行上网电价为0.10元/(kW·h）故本例水电站（主要承担系统的峰荷）的上网电价应为0.30元/(kW·h）左右。

（2）根据重置成本法（工程量×1995年价格）所求出的总投资为798112万元，根据试算所求出的合理上网电价应为0.34元/(kW·h）(1995年价格水平）。

（3）根据重置成本法所求出的某水电站总投资为798112万元，水电站应分摊的投资为611550万元，相当于单位电能投资3.8元/(kW·h）（按年平均发电量16亿kW·h计）。已知该水电站1995年发电总成本8040万元（包括折旧费与年运行费，见表8-6），相当于单位电能成本0.035元/（kW·h），当年单位售电税金0.015元/(kW·h)，设该水电站投资年利润率为8%，则该水电站上网电价＝0.035＋0.015＋3.8×8%＝0.35［元/(kW·h)］。

根据上述分析，该水电站的上网电价应为0.30～0.35元/(kW·h)。鉴于现行上网电价仅为0.078元/(kW·h)，与合理的上网电价差距较大，考虑到调整上网电价的现实性与可行性，故建议在3～5年内逐步调整到位。

思 考 与 习 题

1. 水利工程项目后评价的内容包括哪些？
2. 简述水利建设工程后评价的步骤和具体方法。
3. 针对灌溉工程建设项目，在后评价时，需要哪些主要评价指标？
4. 什么是重置成本法，其在水利工程后评价中的作用是什么？
5. 结合实例，分述如何对水利工程项目进行国民经济后评价和财务后评价。

第八章答案

第九章　工程经济评价与分析实例

【教学内容】 以实例的方式介绍水利工程综合经济评价内容。

【基本要求】 学生能够理解具体工程是如何进行综合经济评价的。

【思政教学】 重大水利工程对国计民生均有重要影响，通常要经过长时间的、多方面的论证分析和决策，其中工程经济分析与评价是重要的论证内容之一，而这部分内容正是工程经济课程的核心知识点。在传统的课程教学中，一般通过介绍部分重大水利工程的长期论证和决策过程，来说明开展项目经济评价和决策的重要性，以此阐述学习本课程的必要性。然而，重大水利工程一般寄托着几代人的梦想，建成后对国民经济发展起到了至关重要的作用，是开展爱国主义教育的生动案例，而且不少重大水利工程均建成为爱国主义教育示范基地。因此，在课程讲授过程中，可以通过讲述重大水利工程决策案例，厚植学生的爱国主义情怀。介绍三峡工程、南水北调工程的论证决策过程以及项目经济评价与决策论证的重要性，树立学生关于“核心技术”“大国重器”托举中华民族伟大复兴中国梦实现的重大意义，以此培养学生的爱国主义情怀，激发学生的崇高理想和报效祖国的雄心壮志。而且，还可以进一步引入“忠诚、干净、担当，科学、求实、创新”新时代水利精神的学习，引导学生学习包括水利精神在做人、做事方面的参考意义，培养学生争做“德才兼备、全面发展”的社会主义事业建设者和接班人的意识。

第一节　柳林县薛家坪提黄灌溉工程的综合经济评价

一、工程背景

工程位于山西省柳林县薛家坪村，向柳林县循环经济工业园区供水，并对沿线的土地实施灌溉。工程由提水工程和灌溉工程两部分组成，泵站位于柳林县薛家坪，规划灌溉面积 2.35 万亩。管道沿线设置排气阀井、排水阀井、检修阀井、流量计井等建筑物，工程的任务是将零级、一级、二级提水后送至官庄垣村附近的高位水池。其中农业灌溉（含红枣林）2.35 万亩，并且满足工业园区企业用水量 4.0 万 m^3/d。灌溉流量为 $0.51m^3/s$，工业供水流量为 $0.49m^3/s$。工程总体布置示意如图 9-1 所示。

二、工程设计比选方案

该供水工程由于是提黄河水，含沙量较大（多年平均含沙量 $17.5kg/m^3$），设计时有三种取水方式可供选择，分别是大口井取水方式、沉砂池取水方式以及浮船泵站取水方式。设计中，分别对不同投资的取水方案进行经济评价，综合考虑进行方案的优化比选。

1. 大口井取水方式

大口井即在河流旁开挖建设的开口较大的井，选择河流旁边，浅层地下水或地表水丰富的地方，孔隙水通过渗流渗透到大口井内部，再通过管路自流至泵站进水前池，为泵站提供水源。

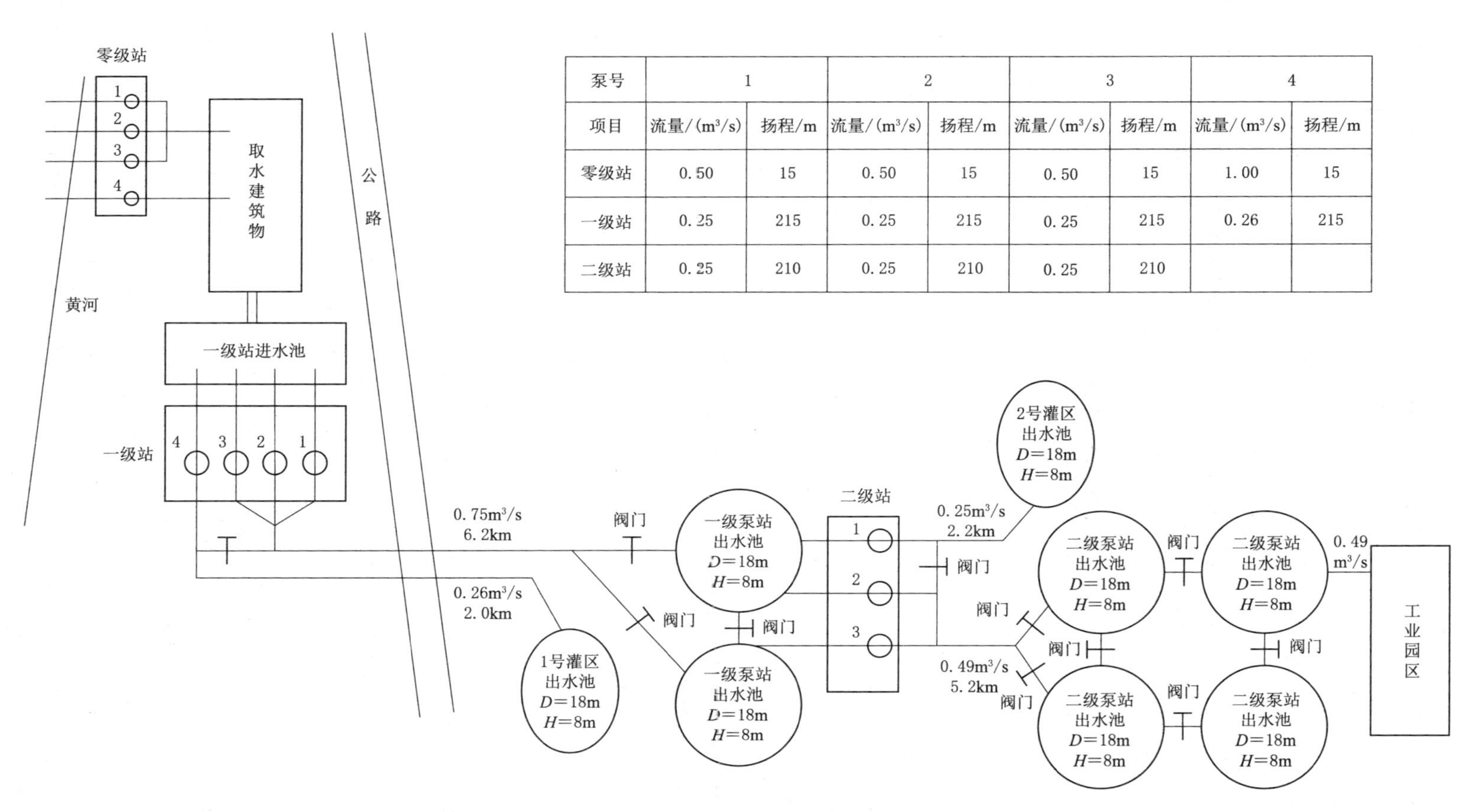

泵号	1		2		3		4	
项目	流量/(m³/s)	扬程/m	流量/(m³/s)	扬程/m	流量/(m³/s)	扬程/m	流量/(m³/s)	扬程/m
零级站	0.50	15	0.50	15	0.50	15	1.00	15
一级站	0.25	215	0.25	215	0.25	215	0.26	215
二级站	0.25	210	0.25	210	0.25	210		

图9-1　工程总体布置示意

2. 沉砂池取水方式

用以沉降挟沙水流中泥沙颗粒大于设计沉降粒径的悬移质泥沙、降低水流中含沙量的建筑物，使水的含沙量符合水质要求并与下游渠道挟沙能力相适应，满足供水的需要。

3. 浮船泵站取水方式

浮船泵站直接从河槽取水，浮体泵站主要结构是钢制浮筒及桁架固定水泵和电机，可以快速拆迁、安装并移动至主流靠岸的位置。

由于三种取水方案所需修建的建筑物不同，造成了施工过程中工程量以及所需设备及安装费用的差别，三种不同取水方案对应的工程总投资不同。工程的建设期为 1.5 年，各方案的静态投资见表 9-1。

表 9-1　各方案工程静态投资及分年度投资　单位：万元

方　案	年　份		合　计
	1	2	
大口井方案	11168.63	2769.07	13937.70
沉砂池方案	11617.19	2802.70	14419.89
浮船泵站方案	12338.70	2957.42	15296.12

该工程设计三级泵站引水流量 $1m^3/s$，装机容量为 7205kW。结合工程运行管理特点，设置柳林县薛家坪提黄灌溉工程管理站，负责组织工程建设和工程建成后的运营管理。根据水利部、财政部 2004 年 5 月颁布的《水利工程管理单位定岗标准》（试点）中《大中型泵站工程管理单位岗位定员》，单位定员级别为 3 级，管理站定员 28 人。

三、经济评价基本参数

1. 计算期及基本参数

工程建成后，总取水量为 2000 万 m^3。项目计算期为 32 年。经济评价采用动态分析法，以建设期第一年为基准年，并以第一年年初作为折算基准点，正常运行期为 30 年，计算期为 32 年。社会折现率采用 8%，财务基准收益率采用 4%。

2. 经济评价分析研究的主要依据

项目的经济评价遵照国家及水利行业有关法律、法规及规程、规范的要求。经济评价的主要依据有：

（1）国家发展改革委和建设部《建设项目经济评价方法与参数》（第三版）。

（2）水利部 SL 72—2013《水利建设项目经济评价规范》。

3. 费用与效益计算

（1）设计静态投资计算。各方案建设总投资及分年度投资见表 9-1。

（2）流动资金计算。根据工程成本计算和推荐水价，项目计算期内营业收入额为 160320 万元，可计算得到流动资金为

$$y=0.001x^{1.014}=0.001\times160320^{1.014}=189.61(\text{万元})$$

流动资金在运行期第一年一次性投入，运行期末一次收回。

（3）固定资产原值形成。固定资产原值即固定资产原始价值或原始成本，指工程在建造、购置固定资产时实际发生的全部费用。

(4) 经营成本和总成本费用。工程成本费用估算采用要素成本法，按生产要素分项进行估算。本工程成本费用包括材料燃料动力费、工资及福利费、其他工程管理费用、工程维护费、固定资产保险费、其他费用、折旧费和利息支出等。

1）材料燃料动力费。根据设计及未来工程运行情况，工程年抽水耗电量为 5100 万 kW・h。其中，工业年抽水耗电量为 4700 万 kW・h，农业年抽水耗电量为 400 万 kW・h。

工业抽水电价按普通工商业电价 0.7167 元/(kW・h)，农业抽水电价按提黄灌溉用电电价 0.07 元/(kW・h) 计算，工程年抽水电费为 3396.49 万元。

2）工资及福利费。该工程人员编制为 28 人，按项目所在地区的有关规定，人均年工资额 25000 元/人，以工资总额为基数，基本福利费按 14%计取。工资及福利费每年为 79.80 万元。

3）其他工程管理费用。以工资总额为基数，医疗保险按 8%计取，养老保险按 28%计取，失业保险金按 3%计取，劳保统筹费按 17%计取，住房基金按 10%计取，其他工程管理费用总额为 46.20 万元。

4）工程维护费。工程维护费（不含库区维护费）包括日常修理费和大修理费，按建设投资的 0.1%估算，各取水方案的工程维护费见表 9-2。

表 9-2　　各方案经营成本　　单位：万元

费用	方案		
	大口井方案	沉砂池方案	浮船泵站方案
材料燃料动力费	3396.49	3396.49	3396.49
工资及福利费	79.80	79.80	79.80
其他工程管理费	46.20	46.20	46.20
工程维护费	13.94	14.42	15.30
固定资产保险费	20.91	21.63	22.95
水资源费	800	800	800
其他费用	6.97	7.21	7.65
经营成本	4364.31	4365.75	4368.39

5）固定资产保险费。固定资产保险费取固定资产原值的 0.15%。各取水方案的工程固定资产保险费见表 9-2。

6）水资源费。根据 2008 年 12 月 30 日省物价局、财政厅、水利厅联合发出《关于促进节约用水调整我省水资源费征收标准的通知》，地表水单方水资源费按 0.50 元计收，按工业取水量计算水资源费的支出。该工程工业年取水量为 1600 万 m^3，则每年的水资源费为 800 万元。

7）其他费用。其他费用取固定资产原值的 0.05%。各取水方案的工程维护费见表 9-2。

8）经营成本。经营成本为以上各项成本费用的总和。各取水方案每年的经营成本见表 9-2。

9）年折旧费。工程折旧费使用直线折旧法来计算，固定资产形成率为 100%，残值率为 5%，折旧年限为 32 年。经计算，大口井取水方案年折旧费为 413.78 万元，沉砂池取水方案年折旧费为428.09万元，浮船泵站取水方案年折旧费为454.10万元。

10）总成本费用。总成本费用为经营成本与年折旧费的总和。经计算各方案总成本费用见表9-3。

表9-3　　各方案总成本费用

方　案	大口井方案	沉砂池方案	浮船泵站方案
静态投资/(万元/年)	4778.09	4793.84	4822.49

四、投资与成本费用的分摊

1. 投资与总成本费用分摊

水利工程项目的费用分摊包括固定资产投资分摊和年运行费分摊，费用分摊后，还应对分摊结果进行合理性检查，以使各功能分摊的费用公平合理。

2. 分摊结果

按照供水量的比例对投资进行分摊。项目建成后，总取水量为2000万m^3，其中农业水利年供水量为400万m^3，工业水利年供水量为1600m^3。各方案投资分摊结果见表9-4。

表9-4　　各方案总投资分摊结果

项　目	类　别		
	工业水利	农业水利	合计
大口井方案/万元	11150.16	2787.54	13937.70
沉砂池方案/万元	11535.91	2883.98	14419.89
浮船泵站方案/万元	12236.90	3059.22	15296.12
投资比例/%	80	20	100

按照“可分离费用-剩余效益”分摊的方法，对农业及工业供水的年运行费进行分摊。农业供水经营成本计算了材料燃料动力费，按管理人员为5人计算工资福利和其他工程管理费用，按供水量400m^3分摊计算了工程维护费、固定资产保险费以及其他费用；工业供水经营成本计算了材料燃料动力费，按管理人员为23人计算工资福利和其他工程管理费用，按供水量1600m^3分摊计算了工程维护费、固定资产保险费、水资源费以及其他费用。各方案年运行费分摊结果见表9-5。

表9-5　　各方案年运行费分摊结果　　单位：万元

项　目	类　别		
	工业水利	农业水利	合计
大口井方案	58.86	4305.45	4364.31
沉砂池方案	59.15	4306.60	4365.75
浮船泵站方案	61.16	4307.23	4368.39

3. 工程成本计算

本工程总成本费用包括固定资产折旧费、经营成本。

各方案工程成本分摊计算成果见表9-6～表9-8。

表9-6　　大口井方案工程成本计算成果

序号	项　目	单位	农业水利	工业水利
1	投资	万元	2787.54	11150.16
2	固定资产原值	万元	2787.54	11150.16
3	水利总成本费	万元	141.62	4636.47
①	基本折旧费	万元	82.76	331.02
②	年运行费	万元	58.86	4305.45
4	水利经营成本费	万元	58.86	4305.45
5	水利总成本	元/m^3	0.35	2.90
6	水利经营成本	元/m^3	0.15	2.69

表9-7　　沉砂池方案工程成本计算成果

序号	项　目	单位	农业水利	工业水利
1	投资	万元	2883.98	11535.91
2	固定资产原值	万元	2883.98	11535.91
3	水利总成本费	万元	144.77	4649.07
①	基本折旧费	万元	85.62	342.47
②	年运行费	万元	59.15	4306.60
4	水利经营成本费	万元	59.15	4306.60
5	水利总成本	元/m^3	0.36	2.91
6	水利经营成本	元/m^3	0.15	2.69

表9-8　　浮船泵站工程成本计算成果

序号	项　目	单位	农业水利	工业水利
1	投资	万元	3059.22	12236.90
2	固定资产原值	万元	3059.22	12236.90
3	水利总成本费	万元	150.69	4672.74
①	基本折旧费	万元	90.82	363.28
②	年运行费	万元	61.16	4307.23
4	水利经营成本费	万元	61.16	4307.23
5	水利总成本	元/m^3	0.38	2.92
6	水利经营成本	元/m^3	0.15	2.69

4. 工程水价预测

考虑到农业灌溉的实际承受能力，工业供水在保障工程有一定的盈利以维持正常运营的前提下，推荐三种取水方案的工程末端农业水价为0.36元/m^3，工业水利水价为3.25元/m^3。

五、财务分析

1. 水利工程运营收入和税金

(1) 财务收入。根据推荐的工程末端水价，经计算，工程每年的营业收入均为5344万元。

(2) 销售税金估算。水利项目涉及的税金包括增值税、销售税金附加和所得税。销售税金附加包括城市维护建设税及教育费附加，城市维护建设税为增值税的5%，教育费附加为增值税的3%。增值税税率为17%，所得税税率为利润总额的25%。经计算工程的营业税金及附加费每年72.68万元。

2. 盈利能力分析

利润总额为财务收入（不含增值税）扣除总成本费用与销售税金及附加。税后利润为利润总额扣除所得税，所得税税率为25%。法定盈余公积金为本年净利润的10%。

(1) 大口井取水方案盈利能力分析。从大口井取水方案的利润与利润分配表（附表1、附表2，限于篇幅附表仅给沉砂池取水方案的计算成果），可以看出，工程投入运行后，年财务收入为5344万元，年利润总额为493.23万元。所得税后可供分配的利润额为369.92万元。

经水利工程经济评价系统计算得出，项目投资财务内部收益率所得税前为4.71%，项目财务净现值1285.72万元，项目投资回收期为17.59年。因此在该方案下，本项目在计算期内具有一定的财务营利能力。

(2) 沉砂池取水方案营利能力分析。沉砂池取水方案年财务收入为5344万元，年利润总额为477.48万元。所得税后可供分配的利润额为358.11万元。经计算项目投资财务内部收益率所得税前为4.43%，项目财务净现值807.13万元，项目投资回收期为18.13年。因此在该方案下，本项目在计算期内具有一定的财务盈利能力。

(3) 浮船泵站取水方案盈利能力分析。浮船泵站年财务收入为5344万元，年利润总额为447.89万元。所得税后可供分配的利润额为335.92万元。经计算项目投资财务内部收益率所得税前为3.96%，项目财务净现值−74.41万元，项目投资回收期为19.17年。显然，浮船泵站取水方案在财务上不可行。

3. 财务分析结论

对各方案财务评价指标（表9-9）分析可以得出，大口井取水方案和沉砂池取水方案的税前财务内部收益率分别为4.71%、4.43%，均大于税前财务基准收益率4%，且财务净现值均大于0，项目投资回收期分别为17.59年、18.13年，均在计算运行期内。说明大口井取水方案和沉砂池取水方案具有一定的财务生存能力和营利能力。

表9-9　各方案财务评价指标

评价指标	方案		
	大口井方案	沉砂池方案	浮船泵站方案
财务内部收益率/%	4.71	4.43	3.96
财务净现值/万元	1285.72	807.13	−74.41

而浮船泵站取水方案的税前财务内部收益率为3.96%，小于税前财务基准收益率

4%，且财务净现值为-74.41万元，小于0。说明浮船泵站取水方案在财务上不可行。

六、经济分析

1. 效益分析

该水利工程的经济效益有工业供水和农业灌溉。

(1) 工业水利效益。该工程建成后工业水利年水利量为1600万m^3，工业水利影子价格为3.25元/m^3，则工业水利年效益为5200万元。

(2) 灌溉效益。项目实施后，可增加供水400万m^3，农业水利影子价格为0.36元/m^3，其年水利效益为144万元。由于农业产量的增加，改善灌溉面积2.35万亩，改善灌溉效益每亩为200元，计算得每年农业灌溉效益为470万元。因而，农业灌溉的总效益为614万元。

(3) 固定资产余值的回收。固定资产残值率为5%，在计算期末一次回收，并计入工程的效益中。

大口井取水方案的固定资产余值为698.89万元；沉砂池取水方案的固定资产余值为720.99万元；浮船泵站取水方案的固定资产余值为764.81万元。

2. 费用分析

费用主要包括工程投资、年运行费和流动资金。

大口井取水方案工程静态总投资扣除投资计算中属于转移支付的税金，调整后的投资为13519.58万元。年运行费为4364.31万元，项目正常运行期需要的流动资金为189.61万元。

沉砂池取水方案工程静态总投资扣除投资计算中属于转移支付的税金，调整后的投资为13987.30万元。年运行费为4365.75万元，项目正常运行期需要的流动资金为189.61万元。

浮船泵站取水方案工程静态总投资扣除投资计算中属于转移支付的税金，调整后的投资为14837.24万元。年运行费为4368.39万元，项目正常运行期需要的流动资金为189.61万元。

3. 经济分析结论

计算经济内部收益率和经济净现值的成果见表9-10。

表9-10　各方案国民经济评价指标

评价指标	方案		
	大口井方案	沉砂池方案	浮船泵站方案
经济内部收益率/%	9.20	8.83	8.23
经济净现值/万元	1566.98	1123.83	317.84

可以得出，该工程在三种取水方案下，经济内部收益率均大于社会折现率8%，经济净现值均大于零，所以大口井、沉砂池和浮船泵站取水方案在经济上都是合理的。

七、经济方案的选择

三种取水方案的综合经济评价分析结论如下：

(1) 大口井取水方案满足财务上的可行性和经济上的合理性，财务内部收益率

(4.71%)和经济内部收益率(9.20%)均比财务基准收益率(4%)和社会折现率(8%)高出较多。

(2)沉砂池取水方案也满足财务上的可行性和经济上的合理性，财务内部收益率(4.43%)和经济内部收益率(8.83%)比财务基准收益率(4%)和社会折现率(8%)高出的幅度适中。

(3)浮船泵站取水方案满足国民经济上的合理性，但在财务分析上内部收益率和财务净现值均小于基准值。

经过工程经济分析比较可以得出，大口井取水方案和沉砂池取水方案均符合经济评价的要求。虽然沉砂池取水方案的投资额较大口井取水方案要多，但水利工程兴建主要目的是方便民众并带动当地经济发展而不是以营利为主，且沉砂池取水方案在财务上和经济上的盈利和收益较大口井取水方案都要少，但已足够满足工程的正常运行要求，因而，从经济评价和社会福利的角度看，沉砂池方案较优。

综上，从经济、社会、工程实际的角度分析，选沉砂池取水方案为最优方案。

在确定沉砂池最优方案的基础上，为提高工程规避风险的能力，确保在运行期内正常运转，经济评价还需要进行敏感性分析。

八、不确定因素的选择

选择工程投资、工程效益作为不确定因素，变化范围如下：①工程固定资产投资：－20%、－10%、－5%、＋5%、＋10%、＋20%；②工程效益：－15%、－10%、－5%、＋5%、＋10%、＋15%。

1. 工程固定资产投资变化敏感性分析

(1)工程固定资产投资变化指标计算。固定资产投资变化时评价指标见表9-11。显然，当工程固定资产投资变化率为＋10%、＋20%时，工程不符合经济上的合理性。

表9-11　固定资产投资变化时评价指标

因素	变化率/%	*EIRR*/%	因素	变化率/%	*EIRR*/%
基本方案	0	8.83	4. 固定资产	＋5	8.34
1. 固定资产	－20	11.32	5. 固定资产	＋10	7.90
2. 固定资产	－10	9.97	6. 固定资产	＋20	7.04
3. 固定资产	－5	9.38			

(2)工程固定资产投资变化对*EIRR*及*ENPV*的敏感程度。分别对*EIRR*和*ENPV*作出敏感性分析，绘出敏感性分析图，如图9-2和图9-3所示。

从以上的图表可以看出，当工程固定资产投资变化率为－20%、－10%、－5%、＋5%时，经济内部收益率大于社会折现率8%，净现值大于0，符合工程经济上的要求。当投资变化率为＋10%、＋20%时，经济内部收益率小于国家规定的社会折现率8%，不符合工程经济上的要求。

从图9-4、图9-5中可以看出随着固定资产的变化*EIRR*和*ENPV*呈线性趋势。通过对图中曲线的拟合，可以求出固定资产变化对*EIRR*和*ENPV*影响的临界值。

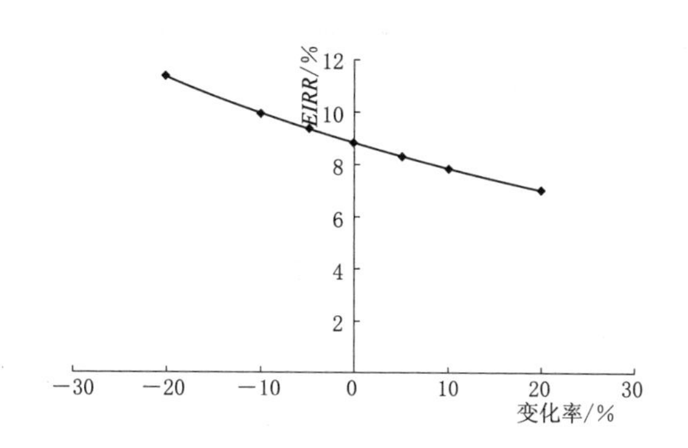

图 9-2　工程投资变化 *EIRR* 敏感性分析

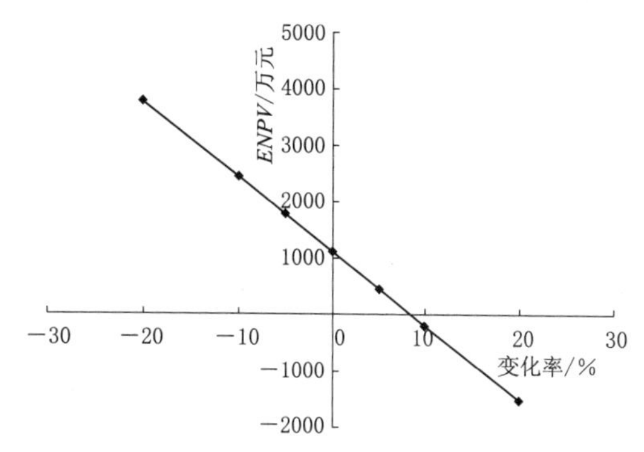

图 9-3　工程投资变化 *ENPV* 敏感性分析

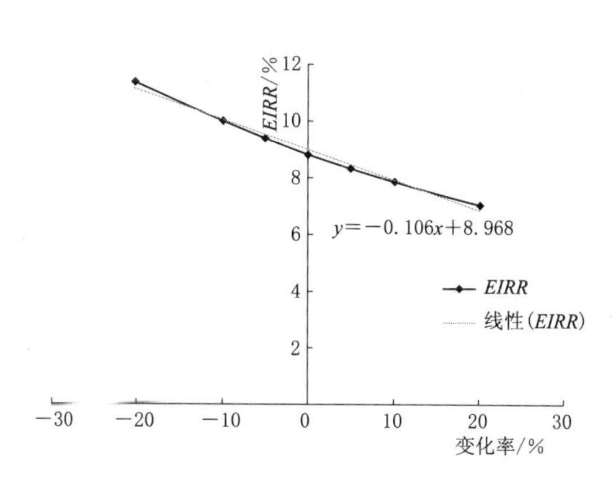

图 9-4　拟合趋势线 *EIRR* 敏感性分析

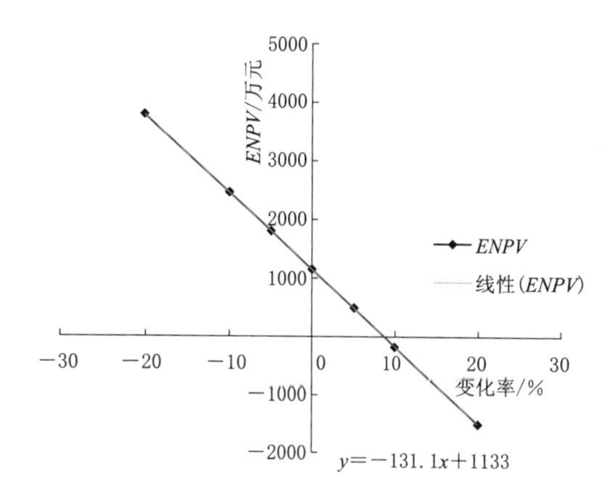

图 9-5　拟合趋势线 *ENPV* 感性分析

当经济内部收益率为其基准值社会折现率 8%时，即 $y=8$ 时，由拟合的线性曲线公式 $y=-0.106x+8.968$ 可以得出，此时 $x=9.13$。即若工程固定资产投资增加 9.13%，其经济内部收益率将降至基准值，如果再增加投资，则项目在经济上就不可行了。

当经济净现值为 0 时，即 $y=0$ 时，由拟合的线性曲线公式 $y=-131.1x+1133$ 可以得出，此时 $x=8.64$。即若工程固定资产投资增加 8.64%，其经济净现值将小于 0，如果再增加投资，则项目在经济上就不可行了。

综上可以得出，该工程的固定资产投资增加额度不能超过 8.64%，否则工程在经济上不合理。

2. 工程效益变化敏感性分析

(1) 工程效益变化指标计算。当工程效益变化为 −15%、−10%、−5%、+5%、+10%、+15%时，计算评价指标见表 9-12 及表 9-13。

(2) 工程效益变化对 *EIRR* 及 *ENPV* 的敏感程度。分别对 *EIRR* 和 *ENPV* 作出敏感性分析，据此绘出敏感性分析如图 9-6 和图 9-7 所示。

表 9-12　　工程效益变化 *EIRR* 敏感性分析

因素	变化率/%	*EIRR*/%	因素	变化率/%	*EIRR*/%
基本方案	0	8.83	4. 工程效益	+5	10.81
1. 工程效益	−15	1.48	5. 工程效益	+10	12.68
2. 工程效益	−10	4.30	6. 工程效益	+15	14.46
3. 工程效益	−5	6.69			

表 9-13　　工程效益变化 *ENPV* 敏感性分析

因素	变化率/%	*ENPV*	因素	变化率/%	*ENPV*
基本方案	0	1123.83	4. 工程效益	+5	3929.59
1. 工程效益	−15	−7293.45	5. 工程效益	+10	6735.35
2. 工程效益	−10	−4487.69	6. 工程效益	+15	9541.11
3. 工程效益	−5	−1681.93			

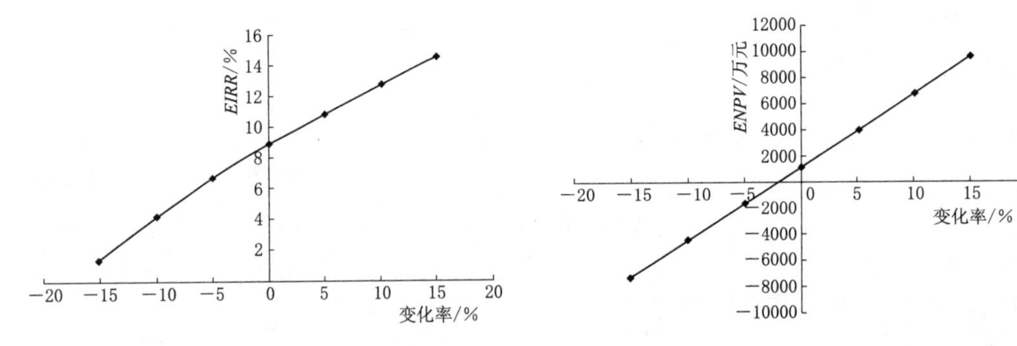

图 9-6　添加趋势线工程效益变化 *EIRR* 敏感性分析　图 9-7　添加趋势线工程效益变化 *ENPV* 敏感性分析

从以上的图表分析中可以看出，当工程效益变化率为+5%、+10%、+15%时，经济内部收益率大于社会折现率 8%，净现值大于 0，符合工程经济上的要求。当工程效益变化率为−15、−10%、−5%时，经济内部收益率小于国家规定的社会折现率 8%，不符合工程经济上的要求。

同理，也对经济 *EIRR* 和 *ENPV* 的敏感性分析图中的曲线进行拟合（图 9-8、图 9-9），可得到两个线性公式以计算出不确定因素的临界值。

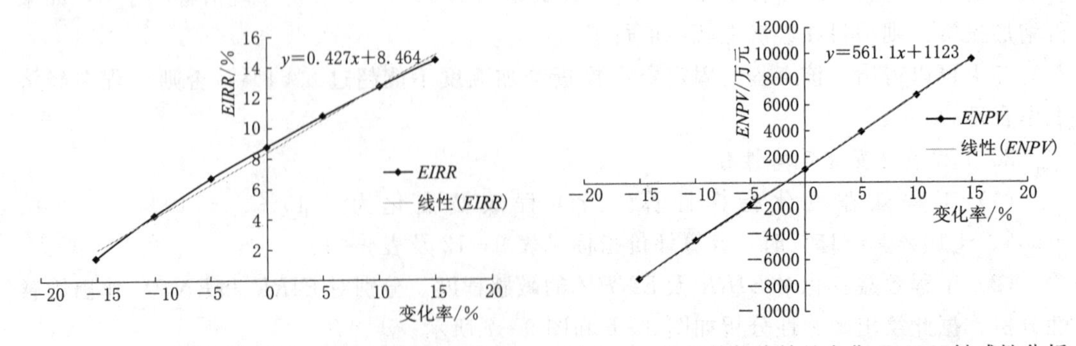

图 9-8　添加趋势线效益变化 *EIRR* 敏感性分析　　图 9-9　添加趋势线效益变化 *ENPV* 敏感性分析

当经济内部收益率为其基准值社会折现率8%时，即 $y=8$ 时，由拟合的线性曲线公式 $y=0.427x+8.464$ 可以得出，此时 $x=-1.09$。即若工程效益减少1.09%时，其经济内部收益率将降至基准值，如果工程效益继续减少，则项目在经济上就不可行了。

当经济净现值为0时，即 $y=0$ 时，由拟合的线性曲线公式 $y=561.1x+1123$ 可以得出，此时 $x=-2$。即若工程效益减少2%时，其经济净现值将小于0，如果工程效益继续减少，则项目在经济上就不可行了。

综上可以得出，该工程的工程效益减少不得低于1.09%，否则工程在经济上不合理。

3. 综合分析结论

通过对比工程固定资产投资和工程效益允许变动的幅度，可以得出工程效益对项目经济评价指标的影响程度较大，其允许变动的幅度较小，较工程固定资产投资而言，项目的经济效果对工程效益的变动更为敏感。

第二节 水电工程经济评价

一、工程概况

某河流域的水能源条件好，地处华中大别山区，电力紧缺，交通不便，原计划进行梯级开发，已先后建成一、二、三级电站，一级电站有总库容1.4亿 m^3 的不完全多年调节水库，调节性能较好。根据经济发展，拟建四级电站，本例对该水力发电工程进行经济评价。

本电站装机容量6000kW，年发电量1984万kW·h，属小水电范畴。在三级电站尾水处建浆砌石重力滚水坝一座，长80m，高14.2m；梯形块石护砌引水明渠一条，长3.7km，流量18.0m^3/s；冲沙渠一条，长120m，流量3.0m^3/s；厂房为钢筋混凝土框架结构。原一、二、三级电站发电升至35kW与电网联网运行，四级电站建成后，容量增大，须升至110kV送至30km与大电网并网运行。联网设备线路投资由本工程支付。上网电价按120元/(MW·h)计算，本电站只发不供。

二、基本数据

1. 工程投资与进程

(1) 工程投资估算见表9-14。

表9-14　　工程投资估计　　单位：万元

序号	工程、费用项目	建筑及安装	设备	合计
1	坝	91.42	4.58	96.00
2	引水渠	298.15		298.15
3	前池	108.71	7.5	116.21
4	压力管	69.15		69.15
5	厂房	211.10	307.10	518.20
6	升压站及送电联网	68.43	228.32	296.75
7	尾水渠	23.05	2.75	25.80

续表

序号	工程、费用项目	建筑及安装	设备	合计
8	公路	29.50		29.50
9	其他工程	75.50	11.50	87.00
10	其他费用	40.98		40.98
合计		1015.99	561.75	1577.74

(2) 工程投资来源。县自筹以电养电资金578万元；建设银行贷款500万元，年利率3.6%，15年还清；工商银行贷款200万元，年利率14.4%，10年还清；农业银行贷款300万元，年利率19.26%，10年还清，均按复利计息。建设期3年，第3年末试车验收。投资安排见表9-15。

表9-15　　工程进度与资金安排　　单位：万元

资金来源单位	建设期（含试车验收）			生产期	资金合计
	1	2	3	4	
自筹资金	200	200	178		578
建设银行	300	200			500
工商银行		200			200
农业银行			300		300
合计	500	600	478		1578

(3) 建设期利息与工程造价。投资贷款复利计算，当年借款按年中利息，即按1/2计息，见表9-16。

表9-16　　建设期借款利息　　单位：万元

单位	建设银行			工商银行		农业银行	合计
年利率	3.6			14.4		19.26	
年序	1	2	3	2	3	3	
当年借款	300	200	0	200	0	300	1000
利息	5.4	14.5944	18.7198	14.4	30.8736	28.89	112.8778
年末累计	305.40	519.9944	538.7142	214.40	245.2736	328.89	1112.8778

工程造价，可行性研究阶段，固定资产形成率为1，工程造价分计算建设期利息，用于计算成本中的折旧费；不计算建设期利息，用于计算大修费。计算建设期工程利息的工程造价为1690.88万元，不计算建设期利息工程造价为1578万元。

2. 年运行费数据

(1) 电站职工定员，根据水利部农村水电司《小水电建设项目经济评价暂行规程》(1989年12月) 定员52人，人均年工资2000元，职工福利计算费为工资总额的12%，年工资福利为11.65万元。

(2) 材料费用是指计算建设项目运行、维修、事故处理等耗用的材料，根据《小水电建设项目经济评价暂行规程》取4.5元/kW。

(3) 其他费用包括公费差旅费和科研教育费等，因地区偏僻，根据《小水电建设项目经济评价暂行规程》取10.8元/kW。

(4) 水费，本电站属小水电站，梯级用水，根据水费计收办法，标准为0.36分/(kW·h)，按售电量计算。

(5) 大修费按不计算建设期利息基本折旧费的40%计算。

3. 折旧费

根据单项工程基本折旧费，计算电站综合折旧率为2.8%。

4. 税金

根据产品税条例规定，小水电站产品税率5%；小水电站“以电养电”，地方免征所得税；实行“以电养电”政策，免征所得税的企业，均免征调节税；教育费附加为产品税额的2%；因地处偏僻山区，免纳城市维护建设税；本电站不投保，不计保险费。

5. 能源交通建设基金

按基本折旧费的15%上交；国家预算调节基金，按基本折旧费的10%缴纳。

6. 线损率等指标

厂用电率1%；上网线损费2%；有效电量系数按《小水电建设项目经济评价暂行规程》选用0.95。

7. 有关数据

社会折现率 $I_s=10\%$；基准收益率 $I_c=10\%$；基准年为建设开始；建设期3年；生产期计算到20年，计算期末收回固定资产余值。

8. 影子价格调整

投入采用1.25的调整系数，进行投资和运行费的调整计算；产出采用《建设项目经济评价参数》1990年调整发布华中全网平均电力影子价格20.34分/(kW·h)，根据《小水电建设项目经济评价暂行规程》取与大电网关系调整系数 $K_1=1.5$；缺电情况 $K_2=1.3$；交通运输条件调整系数 $K_2=1.15$；当地经济条件调整系数 $K_4=1.00$。根据水能计算和已建梯级电站，季节性电量占15%，质量调整系数0.5；可靠电量占65%，调整系数1.0；调峰电量占20%，调整系数1.5。

三、财务评价

根据现行财税制度，计算本电站的成本、收入、税金、利润，核算偿债能力，计算财务内部收益率等评价指标。

1. 成本与利润

根据计算编制成本和利润表（表9-17）计算投资利润率和投资利税率。

表9-17　成本和利润

序号	项目	生产期（4～23）	合计	说明
一	年发电量/(万kW·h)	1984×20	39680	
	厂用电率/%	1		
	上网线损率/%	2		
	有效电量系数	0.95		

续表

序号	项目	生产期（4～23）	合计	说明
一	售电量/(万 kW·h)	1828.63×20	36572.6	
二	售电收入/万元	219.44×20	4388.8	
三	发电总成本/万元	92.42×20	1848.4	
1	水费/万元	6.58×20	131.6	
2	材料及其他费用/万元	9.18×20	183.6	
3	工资/万元	10.40×20	208.0	
4	职工福利/万元	1.25×20	25	
5	大修费/万元	17.67×20	353.4	
6	年折旧费/万元	47.34×20	946.8	
四	税金/万元	11.19×20	223.8	
1	产品税/万元	10.97×20	219.4	
2	教育费附加/万元	0.22×20	4.4	
五	销售利润/万元	115.83×20	2316.6	
六	售电经营成本/万元	45.08×20	901.6	年运行费

（1）年运行费（经营成本）。

年工资总额＝52×0.2＝10.40(万元)

职工福利费＝10.4×12％＝1.25(万元)

材料及其他费＝(4.5＋10.8)×6000＝9.18(万元)

大修费＝1578×2.8％×40％＝17.67(万元)

水费＝1984×(1－1％)×(1－2％)×0.95×36÷10000＝6.58(万元)

年经营成本合计 45.08 万元。

（2）基本折旧费。

基本折旧费＝工程造价(含建设期利息)×综合折旧率＝1690.88×2.8％＝47.34(万元)

发电总成本＝经营成本＋基本折旧费＝45.08＋47.34＝92.42(万元)

售电量＝1984×(1－1％)×(1－2％)×0.95＝1828.63(万 kW·h)

单位发电经营成本＝45.08/1984＝0.0227 元/(kW·h)

单位售电经营成本＝45.08/1828.63＝0.0247 元/(kW·h)

（3）售电收入。

售电收入＝售电量×售电价＝1828.63×120＝219.44(万元)

（4）税金。税金包括产品税与教育费附加，共 11.19 万元。

产品税＝219.44×5％＝10.97(万元)

教育费附加＝10.97×2％＝0.22(万元)

（5）利润。

利润＝售电收入－发电总成本－税金＝219.44－92.42－11.19＝115.83(万元)

（6）年利税。

年利税总额＝219.44－92.42＝127.02(万元)

投资利润率＝(115.83/1690.88)×100％＝6.85％

投资利税率＝(127.02/1690.88)×100％＝7.51％

单位千瓦投资＝1690.88/6000＝2818 元/kW

单位电能投资＝1690.88/1984＝0.852 元/(kW·h)

2. 借款偿还期

共贷款 1000 万元，还款方案在满足还款期要求的前提下，先还利率高的借款，由利率高到低的顺序偿还，还款期为借款日至还期日，例如第 1 年借建设银行 300 万元，在第 15 年末以前还清即可，依此第 2 年借款 200 万元，应在第 16 年末以前还清。

（1）还贷资金来源。一是利润扣除企业发展基金和奖励基金，余额可用于还贷；二是基本折旧费扣除交通能源基金和国家预算调用基金，余额前 3 年 80％用于还贷，20％企业留用，3 年后 50％用于还贷，50％企业留用。

企业发展基金一般为利润的 1％～3％，本企业取 2％，奖励基金为工资的 12％。

还贷利润＝115.83×(1－2％)－1.25＝112.26(万元)

还贷折旧＝47.34×0.75×80％＝28.40(万元)

前 3 年：还贷折旧＝47.34×0.75×50％＝17.75(万元)

3 年后：前 3 年还贷能力每年为 140.66 万元，3 年后为 130.01 万元。

（2）编制偿还贷款资金计划表，见表 9－18。

表 9－18　偿还贷款资金计划　单位：万元

单位	利率	年序	当年借款	本年计息基数	本年利息	本年还本付息	年末贷款累计
农业银行	19.26％	3	300	150	28.89	0	328.89
		4	0	258.56	49.7987	140.66	238.0287
		5	0	167.6987	32.2988	140.66	129.6675
		6	0	59.3375	11.4284	140.66	0.4359
		7	0	0.218	0.042	0.4779	0
工商银行	14.40％	6	0	320.9984	46.2238	0	367.2222
		8	0	216.2388	31.1384	130.01	182.3722
		9	0	117.3672	16.9009	130.01	69.2631
		10	0	34.6316	4.987	74.2501	0
建设银行	3.60％	10	0	638.1856	22.9747	55.7599	633.2803
		11	0	568.2753	20.4579	130.01	523.7282
		12	0	458.7232	16.514	130.01	410.2322
		13	0	345.2272	12.4282	130.01	292.6504
		14	0	227.6454	8.1952	130.01	170.8356
		15	0	105.8306	9.8099	130.01	44.6355
		16	0	22.3178	0.8034	45.4389	0

由表 9-18 可见，农业银行贷款 300 万元 5 年偿还，工商银行贷款 9 年偿还，建设银行第一年 300 万元 13 年偿还，第 2 年 200 万元 14.4 年偿还，说明本工程的偿还能力能满足要求。偿还贷款后，第 16 年尚余还折旧 11.55 万元，转入企业留用折旧，还贷利润余 73.02 万元，转入以电养电基金，以后各年均依次统计。

3. 编制财务现金流量表

根据以上计算结果编制财务现金流量表，见表 9-19，计算财务内部收益率和财务净现值。因计算期末电站未到使用寿命，用造价 1690.88 万元减去折旧费之和 946.8 万元，余值为 744.08 万元，见表 9-20。

表 9-19　　　　**财 务 现 金 流 量**　　　　单位：万元

项　目		建设期			生产期		合计	现值
		1	2	3	4～22	23		
现金流入	售电收入 固定资产余值				219.44×19	219.44 744.08	4388.8 744.08	$i=10\%$，1486.70 $i=8\%$，1836.94
现金流出	固定资产投资	500	600	478			1578.0	
	税金				11.19×19	11.19	223.8	$i=10\%$，1669.42
	年运行费				45.08×19	45.08	901.6	$i=8\%$，1795.31
	流出小计	500	600	478	56.27×19	59.27	2703.4	

$$\text{财务内部收益率 } IRR=IRR_1+(IRR_2-IRR_1)\frac{|NPV_1|}{|NPV_1|+|NPV_2|}$$

$$\text{则财务内部收益率}=8\%+(10\%-8\%)\times\frac{|41.63|}{|41.63|+|-182.72|}=8.37\%$$

$$\text{财务净现值}=1486.7-1669.42=-182.72(\text{万元})$$

$$\text{净投资回收期}=1578/163.17=9.7(\text{年})(\text{不含建设期})$$

4. 编制财务平衡表

为了全面掌握财务状况，规定要求编制财务平衡表，见表 9-20。

表 9-20　　　　**财 务 资 金 平 衡**　　　　单位：万元

项　目	建设期			生产期							合计
	1	2	3	4	5	6	7～15	16	17～22	23	
资金来源 1. 销售利润				115.83	115.83	115.83	115.83×9	115.83	115.83×6	115.83	2316.6
2. 折旧费				47.34	47.34	47.34	47.34×9	47.34	47.34×6	47.34	946.8
3. 自筹资金	200.0	200.0	178.0								578.0
4. 上级借款	300.0	200.0									500.0
5. 工商农业银行借款		200.0	300.0								500.0
6. 回收固定资产余额										744.08	744.08
资金来源小记	500.0	600.0	478.0	163.17	163.17	163.17	163.17×9	163.17	163.17×6	907.25	5585.48

续表

项 目	建设期			生产期							合计
	1	2	3	4	5	6	7～15	16	17～22	23	
资金运用 1. 固定资产投资	500.0	600.0	478.0								1578.0
2. 能源交通基金				7.10	7.10	7.10	7.10×9	7.10	7.10×6	7.10	142.0
3. 企业留用折旧				7.11	7.11	7.11	17.76×9	29.31	35.51×6	35.51	459.05
4. 预算调节基金				4.73	4.73	4.73	4.73×9	4.73	4.73×6	4.73	94.6
5. 企业留利				3.57	3.57	3.57	3.57×9	3.57	3.57×6	3.57	71.4
6. 还贷折旧				28.40	28.40	28.40	17.75×9	6.20	0	0	251.15
7. 还贷利润				112.26	112.26	112.26	112.26×9	39.24	0	0	1386.36
8. 以电养电基金								73.03	112.26×6	856.34	1602.92
资金运用小计	500.0	600.0	478.0	163.17	163.17	163.17	163.17×9	163.17	163.17×6	907.25	5585.48

表中以电养电的计算：第 16 年还贷利润还清贷款后尚余 73.03 万元，转为以电养电基金；第 17 年到第 20 年每年 112.26 万元利润，均列入此栏；计算期末回收固定资产余值，作为以电养电基金。

由此可知，计算期除按规定偿还贷款、上交能源交通基金、预算调节基金税外，尚有企业留利 71.4 万元，留用折扣 459.05 万元和以电养电基金 1602.92 万元，财务状况较好。

财务内部收益率小于基准收益率，不作敏感性分析。

四、国民经济评价

国民经济评价是从综合评价角度，分析评价建设项目对国民经济的贡献。此评价以财务评价数据为依据，采用影子价格对费用和效益进行调整，计算经济内部收益率、经济净现值和投资净现值，判别建设项目的经济合理性。

1. 费用调整

（1）投资调整。按影子价格和调整系数对材料、设备、人工和土地等进行计算，得到国民经济评价投资为 1972.5 万元，不计利息的财务评价投资为 1578 万元，两者的比值为 1.25。按此系数调整各年投资，见表 9－21。

表 9－21　　投 资 调 整

年序	1	2	3
调整投资/万元	500.00	600.00	478.00
调整系数	1.25		
调整后投资/万元	625.0	750.0	597.5

（2）年运行费和固定资产余值调整。均用调整系数进行调整，年运行费调整为 56.35 万元，固定资产余值调整为 930.1 万元。

（3）单位经营成本，按上网电量 1828.63 万 kW・h 计算，则

$$发电经营成本=56.36/1828.63=0.03 元/(kW \cdot h)$$

供电经营成本，按电网统计为 0.01 元/(kW·h)。

2. 效益调整

(1) 电力影子价格。以电力影子价格 0.02034 元/(kW·h) 为基础，根据小水电的特殊条件，调整小水电影子价，本电站的影子价为

$$S = K_1 K_2 K_3 K_4 \times 20.34\ \text{分/(kW·h)} = 1.15 \times 1.30 \times 1.15 \times 1.0 \times 20.34$$
$$= 34.97[\text{分/(kW·h)}]$$

质量调整系数＝0.15×0.5＋0.65 1＋0.2×1.5＝1.025

本电站售电影子价＝1.71925×1.025×20.34＝35.84[分/(kW·h)]

(2) 发供电环节分摊，售电影子价是通过发电与供电两个环节创造的，因此需要分摊，分摊比例按供电 30%、发电 70%。

单位售电毛利＝售电影子价－发、供电经营成本＝35.84－(1.0＋3.0)
＝31.84[分/(kW·h)]

影子电价减去单位经营成本，扣除折旧的成本，称毛利，以便与利润区别。

供电环节毛利＝31.84×30% ＝9.55[分/(kW·h)]

发电环节毛利＝31.84－9.55＝22.92[分/(kW·h)]

供电环节收益＝9.55＋1.0＝10.55[分/(kW·h)]

发电环节收益＝22.29＋3.0＝ 25.29[分/(kW·h)]

(3) 发电年收益，在发供电收益分摊后，发供电单位电量收益与上网电量收益电量的乘积，即为发电年收益。

发电年收益＝1828.63×25.29÷100＝462.46(万元)

3. 编制国民经济现金流量表

根据调整后的数据编制国民经济现金流量表，见表 9-22，贷款利息、税金等属于国民经济内部费用转移，均不计入。由表 9-22 的结果计算评价指标。

表 9-22　　国民经济现金流量

序号	项　目	建设期			生产期		合计	现值	
		1	2	3	4～22	23		I/%	金额
一	现金流入							10　1	1958.02
1	售电收益				462.46×19	162.46	9249.2	2	103.87
								3	3061.89
2	回收固定资产余额					930.10	930.10	16　1	1756.75
								2	30.60
								3	1787.35
								18　1	1506.62
								2	20.65
3	流入小计				462.46×19	1392.56	10179.3	3	1527.27

续表

序号	项目	建设期			生产期		合计	现值	
		1	2	3	4～22	23		I/%	金额
二	现金流出						1972.5	10 1	1636.89
1	固定资产投资	625.0	750.0	597.5				2	360.89
								3	1997.32
								16 1	1479.03
2	年运行费				56.35×19	56.35	1127.0	2	214.06
								3	1693.09
								18 1	1431.98
								2	183.58
3	流出小计	625.0	750.0	597.5	56.35×19	56.35	3099.5	3	1615.56
三	净现金流量	－625.0	－750.0	－597.5	－406.11×19	1336.21	7079.8		1064.57

（1）编制国民经济现金流量表。

（2）结果计算国民经济评价指标。

$$经济内部收益率=16\%+(18\%-16\%)\times\frac{|94.26|}{|94.26|+|-88.26|}=17.03\%$$

$$经济净现值\ I_s=3061.89-1997.32=1064.57\ (万元)$$

$$经济净现值率=\frac{1064.57}{1636.89}\times100\%=65\%$$

4. 敏感性分析

设投资增加 20%，收益减少 20%，投资增加 20%的同时收益减少 20%，分别计算经济内部收益率，分析抗风险能力，见表 9-23。

表 9-23　　经济敏感性分析

不固定因素变幅	估计值不变	投资增加 20%	收益减少 20%	投资增加 20% 收益减少 20%
EIRR/%	17.03	14.22	13.26	10.88

在投资增加 20%的同时收益减少 20%，经济内部收益率为 10.88%，但仍然大于社会折现率，说明投资方案具有较强的抗风险能力。

五、结论与建议

从计算结果看经济内部收益率为 17.03%，大于社会折现率 10%；在投资增加 20%、收益减少 20%的情况同时发生，内部收益率仍达到 10.88%，说明经济上合理可行，效益好，能抗风险。

财务内部收益率为 8.19%，小于基准收益率 10%，但能依靠自身的经济力量，按期偿还固定资产借款的本息。

财务可行与不可行不能只凭借内部收益率大于基准收益率从财务评价计算看，578 万元的自筹资金，不仅按期偿还贷款本息，在计算期末，上缴税金、能源交通、预算调节基金共 460.4 万元，企业留利和折旧共计 530.45 万元，以电养电基金 1602.92 万元。这些数据说明，企业不但可以生存，而且还有求得经济发展的力量。

此外，电站兴建对缓解电力紧缺，促进地方经济发展，增加就业机会等社会效益也显而易见。

鉴于以上分析，建议尽快修建此项小水电工程，以满足经济发展的需要。

参 考 文 献

[1] 许志方，沈佩君. 水利工程经济学 [M]. 北京：水利电力出版社，1987.
[2] 吴恒安. 实用水利经济学 [M]. 北京：水利电力出版社，1988.
[3] 傅家骥，仝允桓. 工业技术经济学 [M]. 3版. 北京：清华大学出版社，1996.
[4] 陈守伦. 工程经济学 [M]. 南京：河海大学出版社，1996.
[5] 陈卫东，周华明. 工程经济分析简明教程 [M]. 上海：同济大学出版社，1997.
[6] 吴添祖. 技术经济学概论 [M]. 北京：高等教育出版社，1998.
[7] 颜学恭，邹进泰. 中国水利技术经济 [M]. 北京：中国水利水电出版社，1999.
[8] 刘亚臣. 工程经济学 [M]. 大连：大连理工大学出版社，1999.
[9] 水利部国际合作与科技司. 水利建设项目社会评价指南 [M]. 北京：中国水利水电出版社，1999.
[10] 虞和锡. 工程经济学 [M]. 北京：中国计划出版社，2002.
[11] 丁红岩. 工程经济与管理 [M]. 天津：天津大学出版社，2003.
[12] 刘新梅. 工程经济分析 [M]. 西安：西安交通大学出版社，2003.
[13] 蒋景楠，佘金凤，庄火林，等. 工程经济与项目评估 [M]. 上海：华东理工大学出版社，2004.
[14] 葛宝山，邬文康. 工程项目评估 [M]. 北京：清华大学出版社，2004.
[15] 赵国杰. 工程经济学 [M]. 2版. 天津：天津大学出版社，2004.
[16] 中国水利经济研究会. 水利建设项目后评价理论与方法 [M]. 北京：中国水利水电出版社，2004.
[17] 袁俊森，潘纯. 水利工程经济 [M]. 北京：中国水利水电出版社，2005.
[18] 施熙灿. 水利工程经济 [M]. 北京：中国水利水电出版社，2005.
[19] 黄有亮. 工程经济学 [M]. 南京：东南大学出版社，2006.
[20] 刘玉明. 工程经济学 [M]. 北京：清华大学出版社，2006.
[21] 徐向阳. 实用技术经济学教程 [M]. 南京：东南大学出版社，2006.
[22] 国家发展改革委，建设部. 建设项目经济评价方法与参数 [M]. 3版. 北京：中国计划出版社，2006.
[23] 张文洁. 水利建设项目后评价 [M]. 北京：中国水利水电出版社，2008.
[24] 张铁山. 技术经济学·原理·方法·应用 [M]. 北京：清华大学出版社，2008.
[25] 王丽萍. 水利工程经济学 [M]. 北京：中国水利水电出版社，2008.
[26] 李建峰，刘立国. 工程经济 [M]. 北京：中国电力出版社，2009.
[27] 贾湖. 工程经济学 [M]. 天津：天津大学出版社，2009.
[28] 刘秋华. 技术经济学 [M]. 北京：机械工业出版社，2010.
[29] 顾圣平. 工程经济学 [M]. 北京：中国水利水电出版社，2010.
[30] 王珊珊，臧冽，张志航. C++程序设计教程 [M]. 北京：机械工业出版社，2011.
[31] 李艳玲，张光科，王东，等. 水利工程经济学 [M]. 北京：中国水利水电出版社，2011.
[32] 王松林，潘志新. 水利工程经济 [M]. 郑州：黄河水利出版社，2011.
[33] 黄喜兵，颜笑春. 工程经济学 [M]. 成都：西南交通大学出版社，2011.
[34] 高瑞忠，程冬玲，陈运春，等. 工程经济学 [M]. 郑州：黄河水利出版社，2012.
[35] 黄洋，熊慧，杜蓓. 工程经济 [M]. 武汉：武汉大学出版社，2014.

[36] 曾淑君，高洁，赫桂梅，等. 工程经济学 [M]. 南京：东南大学出版社，2014.
[37] 李长花，王艳丽，段宗志，等. 工程经济学 [M]. 武汉：武汉大学出版社，2015.
[38] 河海大学《水利大辞典》编辑修订委员会. 水利大辞典 [M]. 上海：上海辞书出版社，2015.
[39] 王少文，邵炜星，鲁春辉，等. 工程经济学 [M]. 北京：北京理工大学出版社，2017.
[40] 陈自然. 工程经济教与学 [M]. 北京：北京理工大学出版社，2017.
[41] 方国华. 水利工程经济学 [M]. 2版. 北京：中国水利水电出版社，2017.
[42] 佘渝娟，陈明燕，刘洪峰. 工程经济学 [M]. 重庆：重庆大学出版社，2018.
[43] 鹿雁慧，冯晓丹，薛婷，等. 工程经济学 [M]. 北京：北京理工大学出版社，2019.
[44] 马锋，刘保华，张晓华. 工程经济学 [M]. 成都：西南交通大学出版社，2019.
[45] 张子贤，王文芬. 水利工程经济 [M]. 北京：中国水利水电出版社，2020.
[46] 朱成立，陈丹，汪精海. 灌排工程经济分析与评价 [M]. 北京：中国水利水电出版社，2020.
[47] 何元斌，杜永林，罗倩蓉. 工程经济学 [M]. 2版. 成都：西南交通大学出版社，2021.
[48] 吕翠美，凌敏华，管新建，等. 水利工程经济与管理 [M]. 北京：中国水利水电出版社，2021.
[49] 黄金芳. 建设工程经济 [M]. 北京：中国建材工业出版社，2021.
[50] 张洪勋. 水利经济的现状及水利产业化发展的动力 [D]. 南京：河海大学，1998.
[51] 顾强生. 水利经济系统分析与实证研究 [D]. 南京：河海大学，2000.
[52] 黄少敏. 西门水电工程经济分析与研究 [D]. 武汉：武汉大学，2003.
[53] 邓锐. 工程项目经济综合评价及风险分析 [D]. 武汉：武汉大学，2004.
[54] 朱卫东. 综合利用水利工程经济特征分析及管理体制研究 [D]. 南京：河海大学，2004.
[55] 吴丹. 工程项目评价的理论和方法 [D]. 南京：东南大学，2004.
[56] 黄建文. 水利工程项目经济评价理论及应用研究 [D]. 宜昌：三峡大学，2005.
[57] 刘树庄. 灌区经济评价方法与应用 [D]. 南京：河海大学，2005.
[58] 杨晓宁. 铁路建设项目不确定性分析及经济评价 [D]. 济南：山东大学，2006.
[59] 吴风平. 水利工程中“联合体”项目国民经济评价研究 [D]. 北京：北京工业大学，2006.
[60] 徐尚友. 水利基建项目经济评价指标体系及运行管理模式研究 [D]. 南京：河海大学，2006.
[61] 顾海军. 公共项目经济评价问题研究 [D]. 南京：河海大学，2006.
[62] 蒋胜春. 湖南省皂市水利枢纽工程经济评价 [D]. 武汉：武汉大学，2006.
[63] 李鹏. 综合利用水利工程投资费用分摊问题研究 [D]. 天津：天津大学，2007.
[64] 冯峰. 河流洪水资源利用效益识别与定量评估研究 [D]. 大连：大连理工大学，2009.
[65] 姜春黎. 谢寨灌区续建配套与节水改造工程经济评价 [D]. 哈尔滨：哈尔滨工程大学，2010.
[66] 丛旭. A酒店投资项目财务评估研究 [D]. 青岛：中国海洋大学，2011.
[67] 刘新征. 跨流域调水技术经济问题研究 [D]. 泰安：山东农业大学，2011.
[68] 徐艳娟. 小流域坡面径流集散工程投资效益评价指标体系的研究 [D]. 西安：长安大学，2011.
[69] 赵长伟. 水利工程投资影响因素分析与管理方法研究 [D]. 西安：西安理工大学，2011.
[70] 张锋. 临清市城南水库项目经济评价研究 [D]. 济南：山东大学，2012.
[71] 顾丹丹. 小型农田水利重点建设县工程经济与社会评价研究 [D]. 南京：南京农业大学，2014.
[72] 赵丽娟. 柳林县薛家坪提黄灌溉工程经济评价分析研究 [D]. 太原：太原理工大学，2014.
[73] 毕磊. 天津临港工业区一号码头项目经济效益评价研究 [D]. 青岛：中国海洋大学，2016.
[74] 邵李芙蓉. 水利工程经济后评价指标体系的建立及评价方法研究 [D]. 乌鲁木齐：新疆农业大学，2016.
[75] 匡川. 基于系统动力学的水利工程项目经济评价 [D]. 赣州：江西理工大学，2016.
[76] 林斌. 七里村采油厂污水处理项目经济评价研究 [D]. 西安：西安石油大学，2016.
[77] 罗圆. 基于不确定性分析的山区铁路选线方案评价方法研究 [D]. 成都：西南交通大学，2017.
[78] 陈世兵. YNH水电站项目可行性研究 [D]. 成都：电子科技大学，2017.

[79] 张晶. 某市自来水管网融资租赁项目经济评价研究 [D]. 济南：山东大学，2018.

[80] 章晓平. 荒沟抽水蓄能电站建设项目经济评价研究 [D]. 哈尔滨：哈尔滨工程大学，2018.

[81] 张若愚. 济南市埝头水库项目经济效益评价研究 [D]. 济南：山东大学，2019.

[82] 束双宏. 贵阳小河污水处理厂提标改造污染物去除效果分析与技术经济评价 [D]. 贵阳：贵州大学，2019.

[83] 严声乐. 基于财务视角的水环境治理项目经济评价问题的研究 [D]. 广州：暨南大学，2021.

[84] 蒋频. 基于国民经济评价方法的客货共线铁路列车速度匹配研究 [D]. 成都：西南交通大学，2022.

[85] 郭璐骁. 巴西某深水油田项目经济评价与风险分析 [D]. 北京：中国石油大学，2022.

[86] 涂燕宁，肖焕雄. 水电工程经济评价的不确定性及其研究现状 [J]. 水科学进展，2001，12 (1)：125 - 129.

[87] 马玖东，邱文阁. 万家寨水利工程经济评价中的不确定性分析方法研究 [J]. 华北水利水电学院学报，2003，24 (2)：78 - 80.

[88] 王少丽，王修贵，瞿兴业，等. 灌区沟水再利用泵站工程经济评价与结构模式探讨 [J]. 农业工程学报，2010，26 (7)：66 - 70.

[89] Cheng，Wu，Chen，et al. Economic evaluation model for post - earthquake bridge repair/rehabilitation：Taiwan case studies [J]. Automation in Construction，2009，18 (2)：204 - 218.

[90] Sohn，Kim. Economic evaluation model for international standardization of correlated technologies [J]. IEEE Transactions on Engineering Management，2010，58 (2)：189 - 198.

[91] Koo，Park，Shin，et al. Economic evaluation of renewable energy systems under varying scenarios and its implications to Korea's renewable energy plan [J]. Applied Energy，2011，88 (6)：2254 - 2260.

[92] Luo，Dai，Xia. Economic evaluation based policy analysis for coalbed methane industry in China [J]. Energy，2011，36 (1)：360 - 368.

[93] Vanthoor，Gázquez，Magán，et al. A methodology for model - based greenhouse design：part 4，economic evaluation of different greenhouse designs：a Spanish case [J]. Biosystems Engineering，2012，111 (4)：336 - 349.

[94] Prado，Dalmolin，Carareto，et al. Supercritical fluid extraction of grape seed：Process scale - up，extract chemical composition and economic evaluation [J]. Journal of Food Engineering，2012，109 (2)：249 - 257.

[95] Melchior，Madlener. Economic evaluation of IGCC plants with hot gas cleaning [J]. Applied Energy，2012，97：170 - 184.

[96] Kang，Kim，Hur. Economic evaluation of biogas and natural gas co - firing in gas turbine combined heat and power systems [J]. Applied Thermal Engineering，2014，70 (1)：723 - 731.

[97] Zhang，Cardin，Kazantzis，et al. Economic evaluation of flexibility in the design of IGCC plants with integrated membrane reactor modules [J]. Systems Engineering，2015，18 (2)：208 - 227.

[98] Song，Cui. Economic evaluation of Chinese electricity price marketization based on dynamic computational general equilibrium model [J]. Computers & Industrial Engineering，2016，101：614 - 628.

[99] Mukaida，Katoh，Shiotani，et al. Benchmarking of economic evaluation models for an advanced loop - type sodium cooled fast reactor [J]. Nuclear Engineering and Design，2017，324：35 - 44.

[100] Sievers，Stickel，Grundl，et al. Technical performance and economic evaluation of evaporative and membrane - based concentration for biomass - derived sugars [J]. Industrial & Engineering Chemistry Research，2017，56 (40)：11584 - 11592.

[101] Zhang，Zhang，Wang，et al. Models for economic evaluation of multi - purpose apple harvest platform and software development [J]. International Journal of Agricultural and Biological Engineer-

ing, 2019, 12 (1): 74 - 83.

[102] Lu, Zhang, Qin, et al. Integrated emergy and economic evaluation of an ecological engineering system for the utilization of Spartina alterniflora [J]. Journal of Cleaner Production, 2020, 247: 119592.

[103] Lukin, Pietzka, Gross, et al. Economic evaluation of rotating packed bed use for aroma absorption from bioreactor off - gas [J]. Chemical Engineering and Processing - Process Intensification, 2020, 154: 108011.

[104] Wu. Application and research of engineering economic evaluation based on multi - objective intelligent grey target decision system [J]. Academic Journal of Business & Management, 2021, 3 (10): 33 - 38.

[105] Ponomarenko, Marin, Galevskiy. Economic evaluation of oil and gas projects: justification of engineering solutions in the implementation of field development projects [J]. Energies, 2022, 15 (9): 3103.

附　　录

附表 1

沉砂池方案总成本费用计算表

单位：万元

序号	项目	合计	计算期															
			1	2	3	4	5	6	7	8	9	10	11	12	13	14	15	16
1	材料燃料动力费	101894.7			3396.49	3396.49	3396.49	3396.49	3396.49	3396.49	3396.49	3396.49	3396.49	3396.49	3396.49	3396.49	3396.49	3396.49
2	工资及福利费	2394			79.8	79.8	79.8	79.3	79.8	79.8	79.8	79.8	79.8	79.8	79.8	79.8	79.8	79.8
3	其他工程管理费	1386			46.2	46.2	46.2	46.2	46.2	46.2	46.2	46.2	46.2	46.2	46.2	46.2	46.2	46.2
4	工程维护费	432.6			14.42	14.42	14.42	14.42	14.42	14.42	14.42	14.42	14.42	14.42	14.42	14.42	14.42	14.42
5	固定资产保险费	648.9			21.63	21.63	21.63	21.63	21.63	21.63	21.63	21.63	21.63	21.63	21.63	21.63	21.63	21.63
6	水资源费	24000			800	800	800	80C	800	800	800	800	800	800	800	800	800	800
7	其他费用	216.3			7.21	7.21	7.21	7.21	7.21	7.21	7.21	7.21	7.21	7.21	7.21	7.21	7.21	7.21
8	经营成本	130972.5			4365.75	4365.75	4365.75	4365.75	4365.75	4365.75	4365.75	4365.75	4365.75	4365.75	4365.75	4365.75	4365.75	4365.75
9	折旧费	12842.7			428.09	428.09	428.09	428.09	428.09	428.09	428.09	428.09	428.09	428.09	428.09	428.09	428.09	428.09
10	摊销费	0			0	0	0	0	0	0	0	0	0	0	0	0	0	0
11	利息支出	0			0	0	0	0	0	0	0	0	0	0	0	0	0	0
11.1	长期借款利息	0			0	0	0	0	0	0	0	0	0	0	0	0	0	0
11.2	流动资金借款利息	0			0	0	0	0	0	0	0	0	0	0	0	0	0	0
12	总成本费用合计	274787.7			9159.59	9159.59	9159.59	9159.59	9159.59	9159.59	9159.59	9159.59	9159.59	9159.59	9159.59	9159.59	9159.59	9159.59

续表

序号	项目	计算期															
		17	18	19	20	21	22	23	24	25	26	27	28	29	30	31	32
1	材料燃料动力费	3396.49	3396.49	3396.49	3396.49	3396.49	3396.49	3396.49	3396.49	3396.49	3396.49	3396.49	3396.49	3396.49	3396.49	3396.49	3396.49
2	工资及福利费	79.8	79.8	79.8	79.8	79.8	79.8	79.8	79.8	79.8	79.8	79.8	79.8	79.8	79.8	79.8	79.8
3	其他工程管理费	46.2	46.2	46.2	46.2	46.2	46.2	46.2	46.2	46.2	46.2	46.2	46.2	46.2	46.2	46.2	46.2
4	工程维护费	14.42	14.42	14.42	14.42	14.42	14.42	14.42	14.42	14.42	14.42	14.42	14.42	14.42	14.42	14.42	14.42
5	固定资产保险费	21.63	21.63	21.63	21.63	21.63	21.63	21.63	21.63	21.63	21.63	21.63	21.63	21.63	21.63	21.63	21.63
6	水资源费	800	800	800	800	800	800	800	800	800	800	800	800	800	800	800	800
7	其他费用	7.21	7.21	7.21	7.21	7.21	7.21	7.21	7.21	7.21	7.21	7.21	7.21	7.21	7.21	7.21	7.21
8	经营成本	4365.75	4365.75	4365.75	4365.75	4365.75	4365.75	4365.75	4365.75	4365.75	4365.75	4365.75	4365.75	4365.75	4365.75	4365.75	4365.75
9	折旧费	428.09	428.09	428.09	428.09	428.09	428.09	428.09	428.09	428.09	428.09	428.09	428.09	428.09	428.09	428.09	428.09
10	摊销费	0	0	0	0	0	0	0	0	0	0	0	0	0	0	0	0
11	利息支出	0	0	0	0	0	0	0	0	0	0	0	0	0	0	0	0
11.1	长期借款利息	0	0	0	0	0	0	0	0	0	0	0	0	0	0	0	0
11.2	流动资金借款利息	0	0	0	0	0	0	0	0	0	0	0	0	0	0	0	0
12	总成本费用合计	9159.59	9159.59	9159.59	9159.59	9159.59	9159.59	9159.59	9159.59	9159.59	9159.59	9159.59	9159.59	9159.59	9159.59	9159.59	9159.59

附表 2

沉砂池方案利润及利润分配

序号	项目	合计	计算期															
			1	2	3	4	5	6	7	8	9	10	11	12	13	14	15	16
1	营业收入	160320			5344	5344	5344	5344	5344	5344	5344	5344	5344	5344	5344	5344	5344	5344
2	营业税金及附加	2180.4			72.68	72.68	72.68	72.68	72.68	72.68	72.68	72.68	72.68	72.68	72.68	72.68	72.68	72.68
3	总成本费用	274787.7			9159.59	9159.59	9159.59	9159.59	9159.59	9159.59	9159.59	9159.59	9159.59	9159.59	9159.59	9159.59	9159.59	9159.59
4	补贴收入	0			0	0	0	0	0	0	0	0	0	0	0	0	0	0
5	利润总额	14324.4			477.48	477.48	477.48	477.48	477.48	477.48	477.48	477.48	477.48	477.48	477.48	477.48	477.48	477.48
6	弥补以前年度亏损	0			0	0	0	0	0	0	0	0	0	0	0	0	0	0
7	应纳税所得额	14324.4			477.48	477.48	477.48	477.48	477.48	477.48	477.48	477.48	477.48	477.48	477.48	477.48	477.48	477.48
8	所得税	3581.1			119.37	119.37	119.37	119.37	119.37	119.37	119.37	119.37	119.37	119.37	119.37	119.37	119.37	119.37
9	净利润	10743.3			358.11	358.11	358.11	358.11	358.11	358.11	358.11	358.11	358.11	358.11	358.11	358.11	358.11	358.11
10	期初未分配利润	0			0	0	0	0	0	0	0	0	0	0	0	0	0	0
11	可供分配的利润	10743.3			358.11	358.11	358.11	358.11	358.11	358.11	358.11	358.11	358.11	358.11	358.11	358.11	358.11	358.11
12	提取法定盈余公积金	10743.3			358.11	358.11	358.11	358.11	358.11	358.11	358.11	358.11	358.11	358.11	358.11	358.11	358.11	358.11
13	可供投资者分配的利润	9668.97			322.299	322.299	322.299	322.299	322.299	322.299	322.299	322.299	322.299	322.299	322.299	322.299	322.299	322.299
14	应付优先股股利	0			0	0	0	0	0	0	0	0	0	0	0	0	0	0
15	提取任意盈余公积金	0			0	0	0	0	0	0	0	0	0	0	0	0	0	0
16	应付普通股股利	0			0	0	0	0	0	0	0	0	0	0	0	0	0	0
17	未分配利润	9668.97			322.299	322.299	322.299	322.299	322.299	322.299	322.299	322.299	322.299	322.299	322.299	322.299	322.299	322.299
	附：息税前利润	14324.4			477.48	477.48	477.48	477.48	477.48	477.48	477.48	477.48	477.48	477.48	477.48	477.48	477.48	477.48
	息税折旧摊销前利润	27167.1			905.57	905.57	905.57	905.57	905.57	905.57	905.57	905.57	905.57	905.57	905.57	905.57	905.57	905.57

续表

序号	项目	计算期															
		17	18	19	20	21	22	23	24	25	26	27	28	29	30	31	32
1	营业收入	5344	5344	5344	5344	5344	5344	5344	5344	5344	5344	5344	5344	5344	5344	5344	5344
2	营业税金及附加	72.68	72.68	72.68	72.68	72.68	72.68	72.68	72.68	72.68	72.68	72.68	72.68	72.68	72.68	72.68	72.68
3	总成本费用	9159.59	9159.59	9159.59	9159.59	9159.59	9159.59	9159.59	9159.59	9159.59	9159.59	9159.59	9159.59	9159.59	9159.59	9159.59	9159.59
4	补贴收入	0	0	0	0	0	0	0	0	0	0	0	0	0	0	0	0
5	利润总额	477.48	477.48	477.48	477.48	477.48	477.48	477.48	477.48	477.48	477.48	477.48	477.48	477.48	477.48	477.48	477.48
6	弥补以前年度亏损	0	0	0	0	0	0	0	0	0	0	0	0	0	0	0	0
7	应纳税所得额	477.48	477.48	477.48	477.48	477.48	477.48	477.48	477.48	477.48	477.48	477.48	477.48	477.48	477.48	477.48	477.48
8	所得税	119.37	119.37	119.37	119.37	119.37	119.37	119.37	119.37	119.37	119.37	119.37	119.37	119.37	119.37	119.37	119.37
9	净利润	358.11	358.11	358.11	358.11	358.11	358.11	358.11	358.11	358.11	358.11	358.11	358.11	358.11	358.11	358.11	358.11
10	期初未分配利润	0	0	0	0	0	0	0	0	0	0	0	0	0	0	0	0
11	可供分配的利润	358.11	358.11	358.11	358.11	358.11	358.11	358.11	358.11	358.11	358.11	358.11	358.11	358.11	358.11	358.11	358.11
12	提取法定盈余公积金	358.11	358.11	358.11	358.11	358.11	358.11	358.11	358.11	358.11	358.11	358.11	358.11	358.11	358.11	358.11	358.11
13	可供投资者分配的利润	322.299	322.299	322.299	322.299	322.299	322.299	322.299	322.299	322.299	322.299	322.299	322.299	322.299	322.299	322.299	322.299
14	应付优先股股利	0	0	0	0	0	0	0	0	0	0	0	0	0	0	0	0
15	提取任意盈余公积金	0	0	0	0	0	0	0	0	0	0	0	0	0	0	0	0
16	应付普通股股利	0	0	0	0	0	0	0	0	0	0	0	0	0	0	0	0
17	未分配利润	322.299	322.299	322.299	322.299	322.299	322.299	322.299	322.299	322.299	322.299	322.299	322.299	322.299	322.299	322.299	322.299
	附：息税前利润	477.48	477.48	477.48	477.48	477.48	477.48	477.48	477.48	477.48	477.48	477.48	477.48	477.48	477.48	477.48	477.48
	息税折旧摊销前利润	905.57	905.57	905.57	905.57	905.57	905.57	905.57	905.57	905.57	905.57	905.57	905.57	905.57	905.57	905.57	905.57

附表 3　　沉砂池方案财务计划现金流量　　单位：万元

序号	项目	合计	计算期															
			1	2	3	4	5	6	7	8	9	10	11	12	13	14	15	16
1	筹资活动净现金流量	0																
1.1	现金流入	0																
1.1.1	项目资本金投入	0																
1.1.2	建设投资借款	0																
1.1.3	流动资金借款	0																
1.1.4	债券	0																
1.1.5	短期借款	0																
1.1.6	其他流入	0																
1.2	现金支出	0																
1.2.1	各种利息支出	0																
1.2.2	偿还债务本金	0																
1.2.3	应付利润	0																
1.2.4	其他流出	0																
2	净现金流量	8976.49	−11617.2	−2802.7	596.59	786.2	786.2	786.2	786.2	786.2	786.2	786.2	786.2	786.2	786.2	786.2	786.2	786.2
3	累计盈余资金		−11617.2	−14420	−13823	−13037	−12251	−11465	−10679	−9892	−9106	−8320	−7533.7	−6747.5	−5961	−5175	−4389	−3603

续表

序号	项目	计算期															
		17	18	19	20	21	22	23	24	25	26	27	28	29	30	31	32
1	筹资活动净现金流量																
1.1	现金流入																
1.1.1	项目资本金投入																
1.1.2	建设投资借款																
1.1.3	流动资金借款																
1.1.4	债券																
1.1.5	短期借款																
1.1.6	其他流入																
1.2	现金支出																
1.2.1	各种利息支出																
1.2.2	偿还债务本金																
1.2.3	应付利润																
1.2.4	其他流出																
2	净现金流量	786.2	786.2	786.2	786.2	786.2	786.2	786.2	786.2	786.2	786.2	786.2	786.2	786.2	786.2	786.2	786.2
3	累计盈余资金	−2816.51	−2030.3	−1244.1	−457.9	328.29	1114.5	1900.7	2686.9	3473.1	4259.3	5045.5	5831.7	6617.9	7404.1	8190.3	8976.5

附表 4　　**沉砂池方案项目投资财务现金流量**　　单位：万元

序号	项目	合计	计算期															
			1	2	3	4	5	6	7	8	9	10	11	12	13	14	15	16
1	现金流入	161231	0	0	5344	5344	5344	5344	5344	5344	5344	5344	5344	5344	5344	5344	5344	5344
1.1	营业收入	160320	0	0	5344	5344	5344	5344	5344	5344	5344	5344	5344	5344	5344	5344	5344	5344
1.2	补贴收入	0																
1.3	回收固定资产原值	720.99																
1.4	回收流动资金	189.61																
2	现金流出	147762	11617.2	2802.7	4628	4438.4	4438.4	4438.4	4438.4	4438.4	4438.4	4438.4	4438.4	4438.4	4438.4	4438.4	4438.4	4438.4
2.1	建设投资	14419.9	11617.2	2802.7														
2.2	流动资金	189.61			189.61													
2.3	经营成本	130973			4365.8	4365.8	4365.8	4365.8	4365.8	4365.8	4365.8	4365.8	4365.8	4365.8	4365.8	4365.8	4365.8	4365.8
2.4	营业税金及附加	2180.4			72.68	72.68	72.68	72.68	72.68	72.68	72.68	72.68	72.68	72.68	72.68	72.68	72.68	72.68
2.5	维持运营投资	0																
3	所得税前净现金流量	13468.2	−11617.2	−2802.7	715.96	905.57	905.57	905.57	905.57	905.57	905.57	905.57	905.57	905.57	905.57	905.57	905.57	905.57
4	累计所得税前净现金流量		−11617.2	−14419.9	−13704	−12798	−11893	−10937	−10082	−9176.1	−8271	−7365	−6459	−5553.8	−4648.2	−3743	−2837.1	−1932
5	调整所得税	6744.37			178.99	226.39	226.39	226.39	226.39	226.39	226.39	226.39	226.39	226.39	226.39	226.39	226.39	226.39
6	所得税后净现金流量	6723.82	−11617.2	−2802.7	536.97	679.18	679.18	679.18	679.18	679.18	679.18	679.18	679.18	679.18	679.18	679.18	679.18	679.18
7	累计所得税后净现金流量		−11617.2	−14419.9	−13883	−13204	−12525	−11845	−11166	−10487	−9808	−9128.7	−8450	−7770.3	−7091.2	−6412	−5732.8	−5054

续表

序号	项目	计算期															
		17	18	19	20	21	22	23	24	25	26	27	28	29	30	31	32
1	现金流入	5344	5344	5344	5344	5344	5344	5344	5344	5344	5344	5344	5344	5344	5344	5344	6254.6
1.1	营业收入	5344	5344	5344	5344	5344	5344	5344	5344	5344	5344	5344	5344	5344	5344	5344	5344
1.2	补贴收入																
1.3	回收固定资产原值																720.99
1.4	回收流动资金																189.61
2	现金流出	4438.4	4438.4	4438.4	4438.4	4438.4	4438.4	4438.4	4438.4	4438.4	4438.4	4438.4	4438.4	4438.4	4438.4	4438.4	4438.4
2.1	建设投资																
2.2	流动资金																
2.3	经营成本	4365.8	4365.8	4365.8	4365.8	4365.8	4365.8	4365.8	4365.8	4365.8	4365.8	4365.8	4365.8	4365.8	4365.8	4365.8	4365.8
2.4	营业税金及附加	72.68	72.68	72.68	72.68	72.68	72.68	72.68	72.68	72.68	72.68	72.68	72.68	72.68	72.68	72.68	72.68
2.5	维持运营投资																
3	所得税前净现金流量	905.57	905.57	905.57	905.57	905.57	905.57	905.57	905.57	905.57	905.57	905.57	905.57	905.57	905.57	905.57	905.57
4	累计所得税前净现金流量	−1025.96	−120.39	785.18	1690.7	2596.3	3501.9	4407.5	5313	6218.6	7124.2	8029.7	8935.3	9840.9	10746	11652	13468
5	调整所得税	226.39	226.39	226.39	226.39	226.39	226.39	226.39	226.39	226.39	226.39	226.39	226.39	226.39	226.39	226.39	226.39
6	所得税后净现金流量	679.18	679.18	679.18	679.18	679.18	679.18	679.18	679.18	679.18	679.18	679.18	679.18	679.18	679.18	679.18	679.18
7	累计所得税后净现金流量	−4374.45	−3695.27	−3016.1	−2337	−1657.7	−978.6	−299.4	379.4	1059	1738.2	2417.3	3096.5	3775.7	4454.9	5134	6723.8

附表 5

沉砂池方案项目经济效益费用流量

序号	项目	合计	计算期															
			1	2	3	4	5	6	7	8	9	10	11	12	13	14	15	16
1	效益流量	174420			5814	5814	5814	5814	5814	5814	5814	5814	5814	5814	5814	5814	5814	5814
1.1	项目直接效益	174420			5814	5814	5814	5814	5814	5814	5814	5814	5814	5814	5814	5814	5814	5814
1.1.1	工业供水效益	156000			5200	5200	5200	5200	5200	5200	5200	5200	5200	5200	5200	5200	5200	5200
1.1.2	灌溉效益	18420			614	614	614	614	614	614	614	614	614	614	614	614	614	614
1.2	资产余值回收	720.99																
1.3	项目间接效益	0																
2	费用流量	145150.9	11268.4	2718.9	4555.41	4365.8	4365.8	4365.8	4365.8	4365.8	4365.8	4365.8	4365.8	4365.8	4365.8	4365.8	4365.8	4365.8
2.1	期初建设投资	13987.3	11268.4	2718.9														
2.2	期间维持运营投资	0																
2.3	流动资金	189.61			189.61													
2.4	经营费用	130974			4365.8	4365.8	4365.8	4365.8	4365.8	4365.8	4365.8	4365.8	4365.8	4365.8	4365.8	4365.8	4365.8	4365.8
2.5	项目间接费用	0																
3	净效益流量	29990.08	−11268.4	−2718.9	1258.59	1448.2	1448.2	1448.2	1448.2	1448.2	1448.2	1448.2	1448.2	1448.2	1448.2	1448.2	1448.2	1448.2

续表

序号	项目	计算期															
		17	18	19	20	21	22	23	24	25	26	27	28	29	30	31	32
1	效益流量	5814	5814	5814	5814	5814	5814	5814	5814	5814	5814	5814	5814	5814	5814	5814	5814
1.1	项目直接效益	5814	5814	5814	5814	5814	5814	5814	5814	5814	5814	5814	5814	5814	5814	5814	5814
1.1.1	工业供水效益	5200	5200	5200	5200	5200	5200	5200	5200	5200	5200	5200	5200	5200	5200	5200	5200
1.1.2	灌溉效益	614	614	614	614	614	614	614	614	614	614	614	614	614	614	614	614
1.2	资产余值回收																720.99
1.3	项目间接效益																
2	费用流量	4365.8	4365.8	4365.8	4365.8	4365.8	4365.8	4365.8	4365.8	4365.8	4365.8	4365.8	4365.8	4365.8	4365.8	4365.8	4365.8
2.1	期初建设投资																
2.2	期间维持运营投资																
2.3	流动资金																
2.4	经营费用	4365.8	4365.8	4365.8	4365.8	4365.8	4365.8	4365.8	4365.8	4365.8	4365.8	4365.8	4365.8	4365.8	4365.8	4365.8	4365.8
2.5	项目间接费用																
3	净效益流量	1448.2	1448.2	1448.2	1448.2	1448.2	1448.2	1448.2	1448.2	1448.2	1448.2	1448.2	1448.2	1448.2	1448.2	1448.2	21692